《中国古脊椎动物志》编辑委员会主编

中国古脊椎动物志

第二卷
两栖类　爬行类　鸟类

主编 李锦玲 ｜ 副主编 周忠和

第四册（总第八册）
基干主龙型类　鳄型类　翼龙类

吴肖春　李锦玲　汪筱林 等 编著

科学技术部基础性工作专项（2006FY120400）资助

科学出版社

北京

内 容 简 介

　　本册志书是对 2016 年 12 月以前在中国发现并已发表的基干主龙型类、鳄型类和翼龙类化石材料的系统厘定总结。书中包括 29 科 86 属 102 种（不包括存疑属种和未定种）。每个属、种均有鉴别特征、产地与层位。在科级以上的阶元中并有概述，对该阶元当前的研究现状、存在问题等做了综述。在部分阶元的记述之后有一评注，为编者在编写过程中对发现的问题或编者对该阶元新认识的阐述。书中附有 159 张化石照片及插图。

　　本书是我国凡涉及地学、生物学、考古学的大专院校、科研机构、博物馆有关科研人员及业余古生物爱好者的基础参考书，也可为科普创作提供必要的基础参考资料。

图书在版编目（CIP）数据

中国古脊椎动物志. 第2卷. 两栖类、爬行类、鸟类. 第4册，基干主龙型类、鳄型类、翼龙类：总第8册 / 吴肖春等编著. —北京：科学出版社，2017.8

ISBN 978-7-03-054169-7

I. ①中… II. ①吴… III. ①古动物 – 脊椎动物门 – 动物志 – 中国②古动物 – 爬行纲 – 动物志 – 中国 IV. ①Q915.86

中国版本图书馆CIP数据核字（2017）第199641号

责任编辑：胡晓春 / 责任校对：张小霞
责任印制：肖　兴 / 封面设计：黄华斌

科 学 出 版 社 出版

北京东黄城根北街16号
邮政编码：100717
http://www.sciencep.com

中国科学院印刷厂 印刷

科学出版社发行　　各地新华书店经销

*

2017年8月第　一　版　　开本：787×1092　1/16
2017年8月第一次印刷　　印张：19 3/4
字数：408 000

定价：198.00元

（如有印装质量问题，我社负责调换）

Editorial Committee of Palaeovertebrata Sinica

PALAEOVERTEBRATA SINICA

Volume II

Amphibians, Reptilians, and Avians

Editor-in-Chief: **Li Jinling** | Associate Editor-in-Chief: **Zhou Zhonghe**

Fascicle 4 (Serial no. 8)

Basal Archosauromorphs, Crocodylomorphs, and Pterosaurs

By **Wu Xiaochun, Li Jinling, Wang Xiaolin et al.**

Supported by the Special Research Program of Basic Science and Technology
of the Ministry of Science and Technology (2006FY120400)

Science Press
Beijing

本册撰写人员分工

基干主龙型类   吴肖春 E-mail: xcwu@mus-nature.ca

鳄型大目导言   吴肖春

鳄型大目系统记述   李锦玲 E-mail: li.jinling@ivpp.ac.cn

          吴肖春

翼龙目导言   汪筱林 E-mail: wangxiaolin@ivpp.ac.cn

          蒋顺兴 E-mail: jiangshunxing@ivpp.ac.cn

"喙嘴龙亚目"   程 心 E-mail: cheng_xin1982@126.com

          汪筱林

翼手龙亚目   蒋顺兴

          汪筱林

（吴肖春所在单位为加拿大国家自然博物馆古生物学部，渥太华；李锦玲、汪筱林、蒋顺兴、程心所在单位为中国科学院古脊椎动物与古人类研究所、中国科学院脊椎动物演化与人类起源重点实验室；汪筱林所在单位还为中国科学院大学）

Contributors to this Fascicle

Basal Archosauromorphs   **Wu Xiaochun** E-mail: xcwu@mus-nature.ca

Introduction to Crocodylomorpha   **Wu Xiaochun**

Crocodylomorpha   **Li Jinling** E-mail: li.jinling@ivpp.ac.cn

    Wu Xiaochun

Introduction to Pterosauria   **Wang Xiaolin** E-mail: wangxiaolin@ivpp.ac.cn

    Jiang Shunxing E-mail: jiangshunxing@ivpp.ac.cn

Suborder "Rhamphorhynchoidea"   **Cheng Xin** E-mail: cheng_xin1982@126.com

    Wang Xiaolin

Suborder Pterodactyloidea   **Jiang Shunxing**

    Wang Xiaolin

(Wu Xiaochun is from the Section of Palaeobiology, Canadian Museum of Nature, Ottawa, Canada; Li Jinling, Wang Xiaolin, Jiang Shunxing and Cheng Xin are from the Institute of Vertebrate Paleontology and Paleoanthropology, Chinese Academy of Sciences, Key Laboratory of Vertebrate Evolution and Human Origin of Chinese Academy of Sciences, Beijing; Wang Xiaolin is also from the University of Chinese Academy of Sciences)

总　序

　　中国第一本有关脊椎动物化石的手册性读物是 1954 年杨钟健、刘宪亭、周明镇和贾兰坡编写的《中国标准化石——脊椎动物》。因范围限定为标准化石，该书仅收录了 88 种化石，其中哺乳动物仅 37 种，不及德日进（P. Teilhard de Chardin）1942 年在《中国化石哺乳类》中所列举的在中国发现并已发表的哺乳类化石种数（约 550 种）的十分之一。所以这本只有 57 页的小册子还不能算作一本真正的脊椎动物化石手册。我国第一本真正的这样的手册是 1960 – 1961 年在杨钟健和周明镇领导下，由中国科学院古脊椎动物与古人类研究所的同仁们集体编撰出版的《中国脊椎动物化石手册》。该手册共记述脊椎动物化石 386 属 650 种，分为《哺乳动物部分》（1960 年出版）和《鱼类、两栖类和爬行类部分》（1961 年出版）两个分册。前者记述了 276 属 515 种化石，后者记述了 110 属 135 种。这是对自 1870 年英国博物学家欧文（R. Owen）首次科学研究产自中国的哺乳动物化石以来，到 1960 年前研究发表过的全部脊椎动物化石材料的总结。其中鱼类、两栖类和爬行类化石主要由中国学者研究发表，而哺乳动物则很大一部分由国外学者研究发表。"文化大革命"之后不久，1979 年由董枝明、齐陶和尤玉柱编汇的《中国脊椎动物化石手册》（增订版）出版，共收录化石 619 属 1268 种。这意味着在不到 20 年的时间里新发现的化石属、种数量差不多翻了一番（属为 1.6 倍，种为 1.95 倍）。

　　自 20 世纪 80 年代末开始，国家对科技事业的投入逐渐加大，我国的古脊椎动物学逐渐步入了快速发展的时期。新的脊椎动物化石及新属、种的数量，特别是在鱼类、两栖类和爬行动物方面，快速增加。1992 年孙艾玲等出版了《The Chinese Fossil Reptiles and Their Kins》，记述了两栖类、爬行类和鸟类化石 228 属 328 种。李锦玲、吴肖春和张福成于 2008 年又出版了该书的修订版（书名中的 Kins 已更正为 Kin），将属种数提高到 416 属 564 种。这比 1979 年手册中这一部分化石的数量（186 属 219 种）增加了大约 1 倍半（属近 2.24 倍，种近 2.58 倍）。在哺乳动物方面，20 世纪 90 年代初，中国科学院古脊椎动物与古人类研究所一些从事小哺乳动物化石研究的同仁们，曾经酝酿编写一部《中国小哺乳动物化石志》，并已草拟了提纲和具体分工，但由于种种原因，这一计划未能实现。

　　自 20 世纪 90 年代末以来，我国在古生代鱼类化石和中生代两栖类、翼龙、恐龙、鸟类，以及中、新生代哺乳类化石的发现和研究方面又有了新的重大突破，在恐龙蛋和爬行动物及鸟类足迹方面也有大量新发现。粗略估算，我国现有古脊椎动物化石种的总数已经超过 3000 个。我国是古脊椎动物化石赋存大国，有关收藏逐年增加，在研究方面正在努力进入世界强国行列的过程之中。此前所出版的各类手册性的著作已落后于我国古脊椎动物研究发展的现状，无法满足国内外有关学者了解我国这一学科领域进展的迫切需求。美国古生物学家 S. G. Lucas，积 5 次访问中国的经历，历时近 20 年，于 2001 年出版了一部 370 多页的《Chinese Fossil Vertebrates》。这部书虽然并非以罗列和记述属、种为主旨，而且其资料的收集限于 1996 年以前，却仍然是国外学者了解中国古脊椎动物学发展脉络的重要读物。这可以说是从国际古脊椎动物研究的角度对上述需求的一种反映。

2006 年，科技部基础研究司启动了国家科技基础性工作专项计划，重点对科学考察、科技文献典籍编研等方面的工作加大支持力度。是年 10 月科技部召开研讨中国各门类化石系统总结与志书编研的座谈会。这才使我国学者由自己撰写一部全新的、涵盖全面的古脊椎动物志书的愿望，有了得以实现的机遇。中国科学院南京地质古生物研究所和古脊椎动物与古人类研究所的领导十分珍视这次机遇，于 2006 年年底前，向科技部提交了由两所共同起草的"中国各门类化石系统总结与志书编研"的立项申请。2007 年 4 月 27 日，该项目正式获科技部批准。《中国古脊椎动物志》即是该项目的一个组成部分。

在本志筹备和编研的过程中，国内外前辈和同行们的工作一直是我们学习和借鉴的榜样。在我国，"三志"（《中国动物志》、《中国植物志》和《中国孢子植物志》）的编研，已经历时半个多世纪之久。其中《中国植物志》自 1959 年开始出版，至 2004 年已全部出齐。这部煌煌巨著分为 80 卷，126 册，记载了我国 301 科 3408 属 31142 种植物，共 5000 多万字。《中国动物志》自 1962 年启动后，已编撰出版了 126 卷、册，至今仍在继续出版。《中国孢子植物志》自 1987 年开始，至今已出版 80 多卷（不完全统计），现仍在继续出版。在国外，可以作为借鉴的古生物方面的志书类著作，有原苏联出版的《古生物志》（《Основы Палеонтологии》）。全书共 15 册，出版于 1959 – 1964 年，其中古脊椎动物为 3 册。法国的《Traité de Paléontologie》（实际是古动物志），全书共 7 卷 10 册，其中古脊椎动物（包括人类）为 4 卷 7 册，出版于 1952 – 1969 年，历时 18 年。此外，C. M. Janis 等编撰的《Evolution of Tertiary Mammals of North America》（两卷本）也是一部对北美新生代哺乳动物化石属级以上分类单元的系统总结。该书从 1978 年开始构思，直到 2008 年才编撰完成，历时 30 年。

参考我国"三志"和国外志书类著作编研的经验，我们在筹备初期即成立了志书编辑委员会，并同步进行了志书编研的总体构思。2007 年 10 月 10 日由 17 人组成的《中国古脊椎动物志》编辑委员会正式成立（2008 年胡耀明委员去世，2011 年 2 月 28 日增补邓涛、尤海鲁和张兆群为委员，2012 年 11 月 15 日又增加金帆和倪喜军两位委员，现共 21 人）。2007 年 11 月 30 日《中国古脊椎动物志》"编辑委员会组成与章程"、"管理条例"和"编写规则"三个试行草案正式发布，其中"编写规则"在志书撰写的过程中不断修改，直至 2010 年 1 月才有了一个比较正式的试行版本，2013 年 1 月又有了一个更为完善的修订本，至今仍在不断修改和完善中。

考虑到我国古脊椎动物学发展的现状，在汲取前人经验的基础上，编委会决定：①延续《中国脊椎动物化石手册》的传统，《中国古脊椎动物志》的记述内容也细化到种一级。这与国外类似的志书类都不同，后者通常都停留在属一级水平。②采取顶层设计，由编委会统一制定志书总体结构，将全志大体按照脊椎动物演化的顺序划分卷、册；直接聘请能够胜任志书要求的合适研究人员负责编撰工作，而没有采取自由申报、逐项核批的操作程序。③确保项目经费足额并及时到位，力争志书编研按预定计划有序进行，做到定期分批出版，努力把全志出版周期限定在 10 年左右。

编委会将《中国古脊椎动物志》的编写宗旨确定为："本志应是一套能够代表我国古脊椎动物学当前研究水平的中文基础性丛书。本志力求全面收集中国已发表的古脊椎动物化石资料，以骨骼形态性状为主要依据，吸收分子生物学研究的新成果，尝试运用分支系统学的理论和方法认识和阐述古脊椎动物演化历史、改造林奈分类体系，使之与演化历史更为吻合；着重对属、种进行较全面、准确的文字介绍，并尽可能附以清晰的模式标本图照，但不创建新的分类单元。本志主要读者对象是中国地学、生物学工作者及爱好者，高校师生，自然博物馆类机构的工作人员和科普工作者。"

编委会在将"代表我国古脊椎动物学当前研究水平"列入撰写本志的宗旨时，已经意识到实现这一目标的艰巨性。这一点也是所有参撰人员在此后的实践过程中越来越深刻地感受到的。正如在本志第一卷第一册"脊椎动物总论"中所论述的，自 20 世纪 50 年代以来，在古生物学和直接影响古生物学发展的相关领域中发生了可谓"翻天覆地"的变化。在 20 世纪七八十年代已形成了以 Mayr 和 Simpson 为代表的演化分类学派（evolutionary taxonomy）、以 Hennig 为代表的系统发育系统学派 [phylogenetic systematics，又称分支系统学派（cladistic systematics，或简化为 cladistics）] 及以 Sokal 和 Sneath 为代表的数值分类学派（numerical taxonomy）的"三国鼎立"的局面。自 20 世纪 90 年代以来，分支系统学派逐渐占据了明显的优势地位。进入 21 世纪以来，围绕着生物分类的原理、原则、程序及方法等的争论又日趋激烈，形成了新的"三国"。以演化分类学家 Mayr 和 Bock 为代表的"达尔文分类学派"（Darwinian classification），坚持依据相似性（similarity）和系谱（genealogy）两项准则作为分类基础，并保留林奈套叠等级体系，认为这正是达尔文早就提出的生物分类思想。在分支系统学派内部分成两派：以 de Quieroz 和 Gauthier 为代表的持更激进观点的分支系统学家组成了"系统发育分类命名法规学派"（简称 PhyloCode）。他们以单一的系谱（genealogy）作为生物分类的依据，并坚持废除林奈等级体系的观点。以 M. J. Benton 等为代表的持比较保守观点的分支系统学家则主张，在坚持分支系统学核心理论的基础上，采取某些折中措施以改进并保留林奈式分类和命名体系。目前争论仍在进行中。到目前为止还没有任何一个具体的脊椎动物的划分方案得到大多数生物和古生物学家的认可。我国的古生物学家大多还处在对这些新的论点、原理和方法以及争论论点实质的不断认识和消化的过程之中。这种现状首先影响到志书的总体架构：如何划分卷、册？各卷、册使用何种标题名称？系统记述部分中各高阶元及其名称如何取舍？基于林奈分类的《国际动物命名法规》是否要严格执行？……这些问题的存在甚至对编撰本志书的科学性和必要性都形成了质疑和挑战。

在《中国古脊椎动物志》立项和实施之初，我们确曾希望能够建立一个为本志书各卷、册所共同采用的脊椎动物分类方案。通过多次尝试，我们逐渐发现，由于脊椎动物内各大类群的研究历史和分类研究传统不尽相同，对当前不同分类体系及其使用的方法，在接受程度上差别较大，并很难在短期内弥合。因此，在目前要建立一个比较合理、能被广泛接受、涵盖整个脊椎动物的分类方案，便极为困难。虽然如此，通过多次反复研讨，参撰人员就如何看待分类和究竟应该采取何种分类方案等还是逐渐取得了如下一些共识：

1）分支系统学在重建生物演化过程中，以其对分支在演化过程中的重要作用的深刻认识和严谨的逻辑推导方法，而成为当前获得古生物学家广泛支持的一种学说。任何生物分类都应力求真实地反映生物演化的过程，在当前则应力求与分支系统学的中心法则（central tenet）以及与严格按照其原则和方法所获得的结论相符。

2）生物演化的历史（系统发育）和如何以分类来表达这一历史，属于两个不同范畴。分类除了要真实地反映演化历史外，还肩负协助人类认知和记忆的功能。两者不必、也不可能完全对等。在当前和未来很长一段时期内，以二维和文字形式表达演化过程的最好方式，仍应该是现行的基于林奈分类和命名法的套叠等级体系。从实用的观点看，把十几代科学工作者历经250余年按照演化理论不断改进的、由近200万个物种组成的庞大的阶元分类体系彻底抛弃而另建一新体系，是不可想象的，也是极难实现的。

3）分类倘若与分支系统学核心概念相悖，例如不以共祖后裔而单纯以形态特征为分类依据，由复系类群组成分类单元等，这样的分类应予改正。对于分支系统学中一些重要但并非核心的论点，诸如姐妹群需是同级阶元的要求，干群（"Stammgruppe"）的分类价值和地位的判别，以及不同大类群的阶元级别的划分和确立等，正像分支系统学派内部有些学者提出的，可以采取折中措施使分支系统学的基本理论与以林奈分类和命名法为基础建立的现行分类体系在最大程度上相互吻合。

4）对于因分支点增多而所需阶元数目剧增的矛盾，可采取以下折中措施解决。①对高度不对称的姐妹群不必赋予同级阶元。②对于重要的、在生物学领域中广为人知并广泛应用、而目前尚无更好解决办法的一些大的类群，可实行阶元转移和跃升，如鸟类产生于蜥臀目下的一个分支，可以跃升为纲级分类单元（详见第一卷第一册的"脊椎动物总论"）。③适量增加新的阶元级别，例如1997年McKenna和Bell已经提出推荐使用新的主阶元，如Legion（阵）、Cohort（部）等，和新的次级阶元，如Magno-（巨）、Grand-（大）、Miro-（中）和Parvo-（小）等。④减少以分支点设阶的数量，如仅对关键节点设立阶元、次要节点以顺序先后（sequencing）表示等。⑤应用全群（total group）的概念，不对其中的并系的干群（stem group 或 "Stammgruppe"）设立单独的阶元等。

5）保留脊椎动物现行亚门一级分类地位不变，以避免造成对整个生物分类体系的冲击。科级及以下分类单元的分类地位基本上都已稳定，应尽可能予以保留，并严格按照最新的《国际动物命名法规》（1999 年第四版）的建议和要求处置。

根据上述共识，我们在第一卷第一册的"脊椎动物总论"中，提出了一个主要依据中国所有化石所建立的脊椎动物亚门的分类方案（PVS-2013）。我们并不奢求每位参与本志书撰写的人员一定接受它，而只是推荐一个可供选择的方案。

对生物分类学产生重要影响的另一因素则是分子生物学。依据分支系统学原理和方法，借助计算机高速数学运算，通过分析分子生物学资料（DNA、RNA、蛋白质等的序列数据）来探讨生物物种和类群的系统发育关系及支系分异的顺序和时间，是当前分子生物学领域的热点之一。一些分子生物学家对某些高阶分类单元（例如目级）的单系性和这些分类单元之间的系统关系进行探索，提出了一些令形态分类学家和古生物学家耳目一新的新见解。例如，现生哺乳动物 18 个目之间的系统和分类关系，一直是古生物学家感到十分棘手的问题，因为能够找到的目之间的共有裔征（synapomorphy）很少，而经常只有共有祖征（symplesiomorphy）。相反，分子生物学家们则可以在分子水平上找到新的证据，将它们进行重新分解和组合。例如，他们在一些属于不同目的"非洲类型"的哺乳动物（管齿目、长鼻目、蹄兔目和海牛目）和一些非洲土著的"食虫类"（无尾猬、金鼹等）中发现了一些共同的基因组变异，如乳腺癌抗原 1（BRCA1）中有 9 个碱基对的缺失，还在基因组的非编码区中发现了特有的"非洲短散布核元件（AfroSINES）"。他们把上述这些"非洲类型"的动物合在一起，组成一个比目更高的分类单元（Afrotheria，非洲兽类）。根据类似的分子生物学信息，他们把其他大陆的异节类、真魁兽啮型类和劳亚兽类看作是与非洲兽类同级的单元。分子生物学家们所提出的许多全新观点，虽然在细节上尚有很多值得进一步商榷之处，但对现行的分类体系无疑具有重要的参考价值，应在本志中得到应有的重视和反映。

采取哪种分类方案直接决定了本志书的总体结构和各卷、册的划分。经历了多次变化后，最后我们没有采用严格按照节点型定义的现生动物（冠群）五"纲"（鱼、两栖、爬行、鸟和哺乳动物）将志书划分为五卷的办法。其中的缘由，一是因为以化石为主的各"纲"在体量上相差过于悬殊。现生动物的五纲，在体量上比较均衡（参见第一卷第一册"脊椎动物总论"中有关部分），而在化石中情况就大不相同。两栖类和鸟类化石的体量都很小：两栖类化石目前只有不到 40 个种，而鸟类化石也只有大约五六十种（不包括现生种的化石）。这与化石鱼类，特别是哺乳类在体量上差别很悬殊。二是因为化石的爬行类和冠群的爬行动物纲有很大的差别。现有的化石记录已经清楚地显示，从早期的羊膜类动物中很早就分出两大主要支系：一支通过早期的下孔类演化为哺乳动物。下孔类，按照演化分类学家的观点，虽然是哺乳动物的早期祖先，但在形态特征上仍然和爬行类最为接近，因此应该归入爬行类。按照分支系统学家的观点，早期下孔类和哺乳动物共同组成一个全群（total group），两者无疑应该分在同一卷内。该全群的名称应该叫做下孔类，亦即：下孔类包含哺乳动物。另一支则是所有其他的爬行动物，包括从蜥臀类恐龙的虚骨龙类的一个分支演化出的鸟类，因此鸟类应该与爬行类放在同一卷内。上述情况使我们最后决定将两栖类、不包括下孔类的爬行类与鸟类合为一卷（第二卷），而早期下孔类和哺乳动物则共同组成第三卷。

在卷、册标题名称的选择上，我们碰到了同样的问题。分支系统学派，特别是系统发育分类命名法规学派，虽然强烈反对在分类体系中建立绝对阶元级别，但其基于严格单系分支概念的分类名称则是"全套叠式"的，亦即每个高阶分类单元必须包括其成员最近的共同祖先及由此祖先所产生的所有后代。例如传统意义中的鱼类既然包括肉鳍鱼类，那么也必须包括由其产生的所有的四足动物及其所有后代。这样，在需要表述某一"全套叠式"的名称的一部分成员时，就会遇到很大的困难，会出现诸如"非鸟恐龙"之类的称谓。相反，林奈分类体系中的高阶分类单元名称却是"分段套叠式"的，其五纲的概念是互不包容的。从分支系统学的观点看，其中的鱼纲、两栖纲和爬行纲都是不包括其所有后代的并系类群（paraphyletic groups），只有鸟纲和哺乳动物纲本身是真正的单系分支（clade）。林奈五纲的概念在生物学界已经根深蒂固，不会引起歧义，因此本志书在卷、册的标题名称上还是沿用了林奈的"分段套叠式"的概念。另外，由于化石类群和冠群在内涵和定义上有相当大的差别，我们没有直接采用纲、目等阶元名称，而是采用了含义宽泛的"类"。第三卷的名称使用了"基干下孔类 哺乳类"是因为"下孔类"这一分类概念在学界并非人人皆知，若在标题中舍弃人人皆知的哺乳类，而单独使用将哺乳类包括在内的下孔类这一全群的名称，则会使大多数读者感到茫然。

在编撰本志书的过程中我们所碰到的最后一类问题是全套志书的规范化和一致性的问题。这类问题十分烦琐，我们所花费时间也最多。

首先，全志在科级以下分类单元中与命名有关的所有词汇的概念及其用法，必须遵循《国际动物命名法规》。在本志书项目开始之前，1999 年最新一版（第四版）的《International Code of Zoological Nomenclature》已经出版。2007 年中译本《国际动物命名法规》（第四版）也已出版。由于种种原因，我国从事这方面工作的专业人员，在建立新科、属、种的时候，往往很少认真阅读和严格遵循《国际动物命名法规》，充其量也只是参考张永辂 1983 年出版的《古生物命名拉丁语》中关于命名法的介绍，而后者中的一些概念，与最新的《国际动物命名法规》并不完全符合。这使得我国的古脊椎动物在属、种级分类单元的命名、修订、重组，对模式的认定，模式标本的类型（正模、副模、选模、副选模、新模等）和含义，其选定的条件及表述等方面，都存在着不同程度的混乱。

这些都需要认真地予以厘定，以免在今后以讹传讹。

其次，在解剖学，特别是分类学外来术语的中译名的取舍上，也经常令我们感到十分棘手。"全国科学技术名词审定委员会公布名词"（网络2.0版）是我们主要的参考源。但是，我们也发现，其中有些术语的译法不够精准。事实上，在尊重传统用法和译法精准这两者之间有时很难做出令人满意的抉择。例如，对phylogeny的译法，在"全国科学技术名词审定委员会公布名词"中就有种系发生、系统发生、系统发育和系统演化四种译法，在其他场合也有译为亲缘关系的。按照词义的精准度考虑，钟补求于1964年在《新系统学》中译本的"校后记"中所建议的"种系发生"大概是最好的。但是我国从1922年杜就田所编撰的《动物学大词典》中就使用了"系统发育"的译法，以和个体发育（ontogeny）相对应。在我国从1978年开始的介绍和翻译分支系统学的热潮中，几乎所有的译介者都沿用了"系统发育"一词。经过多次反复斟酌，最后，我们也采用了这一译法。类似的情况还有很多，这里无法一一列举，这些抉择是否恰当只能留待读者去评判了。

再次，要使全套志书能够基本达到首尾一致也绝非易事。像这样一部预计有3卷23册的丛书，需要花费众多专家多年的辛勤劳动才能完成；而在确立各种体例和格式之类的琐事上，恐怕就要花费其中一半的时间和精力。诸如在每一册中从目录列举的级别、各章节排列的顺序，附录、索引和文献列举的方式及详简程度，到全书中经常使用的外国人名和地名、化石收藏机构等的缩写和译名等，都是非常耗时费力的工作。仅仅是对早期文献是否全部列入这一点，就经过了多次讨论，最后才确定，对于19世纪中叶以前的经典性著作，在后辈学者有过系统而全面的介绍的情况下（例如Gregory于1910年对诸如Linnaeus、Blumenbach、Cuvier等关于分类方案的引述），就只列后者的文献了。此外，在撰写过程中对一些细节的决定经常会出现反复，需经多次斟酌、讨论、修改，最后再确定；而每一次反复和重新确定，又会带来新的、额外的工作量，而且确定的时间越晚，增加的工作量也就越大。这其中的烦琐和日久积累的心烦意乱，实非局外人所能体会。所幸，参加这一工作的同行都能理解：科学的成败，往往在于细节。他们以本志书的最后完成为己任，孜孜矻矻，不厌其烦，而且大多都能在规定的时限内完成预定的任务。

本志编撰的初衷，是充分发挥老科学家的主导作用。在开始阶段，编委会确实努力按照这一意图，尽量安排老科学家担负主要卷、册的编研。但是随着工作的推进，编委会越来越深切地感觉到，没有一批年富力强的中年科学家的参与，这一任务很难按照原先的设想圆满完成。老科学家在对具体化石的认知和某些领域的综合掌控上具有明显的经验优势，但在吸收新鲜事物和新手段的运用、特别是在追踪新兴学派的进展上，却难以与中年才俊相媲美。近年来，我国古脊椎动物学领域在国内外都涌现出一批极为杰出的人才，其中有些是在国外顶级科研和教学机构中培养和磨砺出来的科学家。他们的参与对于本志书达到"当前研究水平"的目标起到了关键的作用。值得庆幸的是，我们所邀请的几位这样的中年才俊，都在他们本已十分繁忙的日程中，挤出相当多时间参与本志有关部分的撰写和／或评审工作。由于编撰工作中技术性任务量大、质量要求高，一部分年轻的学子也积极投入到这项工作中。最后这支编撰队伍实实在在地变成了一支老中青相结合的队伍了。

大凡立志要编撰一本专业性强的手册性读物，编撰者首要的追求，一定是原始资料的可靠和记录及诠释的准确性，以及由此而产生的权威性。这样才能经得起广大读者的推敲和时间的考验，才能让读者放心地使用。在追求商业利益之风日盛、在科普读物中往往充斥着种种真假难辨的猎奇之词的今天，这一点尤其显得重要，这也是本编辑委员会和每一位参撰人员所共同努力追求并为之奋斗的目标。虽然如此，由于我们本身的学识水平和认识所限，错误和疏漏之处一定不少，真诚地希望读者批评指正。

感谢　《中国古脊椎动物志》编研工作得以启动，首先要感谢科技部具体负责此项工作的基础研究司的领导，也要感谢国家自然科学基金委员会、中国科学院和相关政府部门长期以来对古脊椎动物学这一基础研究领域的大力支持。令我们特别难以忘怀的是几位参与我国基础性学科调研并提出宝贵建议的地学界同行，如黄鼎成和马福臣先生，是他们对临界或业已退休、但身体尚健的老科学工作者的报国之心的深刻理解和积极奔走，才促成本专项得以顺利立项，使一批新中国建立后成长起来的老古生物学家有机会把自己毕生积淀的专业知识的精华总结和奉献出来。另外，本志书编委会要感谢本专项的挂靠单位，中国科学院古脊椎动物与古人类研究所的领导和各处、室，特别是标本馆、图书室、负责照相和绘图的技术室，以及财务处的同仁们，对志书工作的大力支持。编委会要特别感谢负责处理日常事务的本专项办公室的同仁们。在志书编撰的过程中，在每一次研讨会、汇报会、乃至财务审计等活动中，他们忙碌的身影都给我们留下了难忘的印象。我们还非常幸运地得到了与科学出版社的胡晓春编辑共事的机会。她细致的工作作风和精湛的专业技能，使每一个接触到她的参撰人员都感佩不已。在本志书的编撰过程中，还有很多国内外的学者在稿件的学术评审过程中提出了很多中肯的批评和改进意见，使我们受益匪浅，也使志书的质量得到明显的提高。这些在相关册的致谢中都将做出详细说明，编委会在此也向他们一并表达我们衷心的感谢。

《中国古脊椎动物志》编辑委员会

2013 年 8 月

编委会说明：在 2015 年出版的各册的总序第 vi 页第二段第 3-4 行中"**其最早的祖先**"叙述错误，现已更正为"**其成员最近的共同祖先**"。书后所附"《中国古脊椎动物志》总目录"也根据最新变化做了修订。敬请注意。　　　　　　　　　　　　　　　　　　　2017 年 6 月

特别说明：本书主要用于科学研究。书中可能存在未能联系到版权所有者的图片，请见书后与科学出版社联系处理相关事宜。

本 册 前 言

主龙型爬行动物作为一单系类群是由 Gauthier 等在 1988 年研究羊膜动物（Amniots，本志书中为超纲级别 -Superclass Amniota）系统关系时界定的，代表了爬行动物双孔下纲（Infraclass Diapsida）两冠群中的一支，这里界定为"小纲"级别，即主龙型小纲（Parviclass Archosauromorpha）或主龙型类（archosauromorphs）。在有关的中文文献中，主龙型爬行动物经常叫做初龙类爬行动物（又名祖龙类、古龙类）。如在《中国的假鳄类》一书中（杨钟健，1964a）。"Archosaur"在希腊文意为"具优势的蜥蜴"，是双孔类爬行动物中最主要的一个演化支系，它包含恐龙类（包括鸟类）、翼龙类和鳄型类等和许多在中生代已绝灭的类群。依据希腊文原意，这里把"archosaur"译成"主龙"使用。

关于主龙型的定义和特征。在 1988 年 Gauthier 等确立了主龙型爬行动物之后，Laurin 于 1991 年在研究双孔类爬行动物系统关系时对主龙型类的定义和支持裔征作了进一步修订，即定义主龙型爬行类包括原蜥形类（*Prolacerta* 为代表）、三棱龙类（*Trilophosaurus* 为代表）和喙龙类（*Hyperodapedon* 为代表）最近的共同祖先及其所有的后裔。该定义的支持裔征主要有：前颌骨侧背突楔入上颌骨和外鼻孔之间，外鼻孔靠近头骨背中线，成体没有脊索管，所有颈肋双头，躯干部脊椎横突适当加长，缺失肱骨内髁孔，没有中央腕骨，跟骨、距骨间为凹 - 凸关节，跟骨有一侧结节及第四蹠骨加长。当时的原蜥形类（Prolacertiformes）包括原龙类（protorosaurs）和原蜥科（Prolacertidae）。在 2004 年，Modesto 和 Sues 的研究认为原蜥类不是单系类群，它只包括原蜥本身，比原龙类更接近主龙形类（archosauriforms）。

在有些书或文章中，主龙下纲（Archosauria）或主龙类（archosaurians）等于主龙型小纲或主龙型类，包括后者的所有成员，如 Benton 和 Clark（1988）的文章、Benton（2005）的《Vertebrate Palaeontology》一书等。目前，越来越多的学者认可主龙类（这里称之为主龙巨目——Magnorder Archosauria）只包括具有现生代表的两支系（即进化到鸟类的一支和进化到鳄类的一支），是主龙型类的顶级冠类群。

本册所涉及的基干主龙型类（basal archosauromorphs）、鳄型大目（Grandorder Crocodylomorpha）和翼龙目（Order Pterosauria）代表了除恐龙大目（Grandorder Dinosauria）及与其相关的少数类群以外的我国已经记述的主龙型小纲里的所有古爬行动物属种。虽然基干主龙型类、鳄型大目和翼龙目彼此间有着或近或远的系统关系，但它们中有的却与恐龙类更亲近，例如翼龙目。在阅读本册内容之前，读者一定要先了解一下它们之间的系统关系，即谁与谁亲缘关系较近。具体可参照主龙型类部分的图1。因本册志书涉及的爬行动物类群彼此间系统关系疏远，对它们的定义、系统发育、形态特征、化石分布和研究历史等，将在各有关章节的导言中分别介绍。

另外，这里必须说明，本册以"某某类"表示的一群动物，一般情况都代表一单系分类单元。例如，上述的"主龙类"又称"主龙巨目"，它在主龙型小纲中代表一单系类群，亦即该分类单元包括了其最近的祖先及由此祖先所产生的所有后代（见总序）。然而，有些以"类"代表的不一定是单系；如"基干主龙型类"，它只包括一祖先及其所产生的部分后裔，在分支系统学上称"并系"（见总序）。本册采用林奈分类体系中的高阶分类单元纲、目、亚目等也大多代表单系类群，但也有些不是单系而是并系。不是单系的会以"并系"在有关"单元"旁标出。例如，鳄型大目中的楔形鳄目（并系）。在很多情况下，"某某纲"、"某某目"等高阶分类单元也会以"某某类"来叙述。其实，分类单元是否是单系和并系，在有关的支序图中一目了然。单系为"全套叠式"分支，如基干主龙型类图1中除"基干主龙型类"以外的所有不同级别的分类单元就是。本册在"基干主龙型类"、"鳄型大目"和"翼龙目"章节中都会有支序图表明有关分类单元或类群的系统关系。

孙艾玲先生组织编写的《The Chinese Fossil Reptiles and Their Kins》一书（Sun et al., 1992）系统全面地总结了当时中国的化石两栖类、爬行类和鸟类。该书于本世纪初进行了修订（Li et al., 2008）。在该修订版的基础上，本册志书加入了近年来记述的新属种并以分支系统学观点对各级分类单元进行了定义。

本册志书的基干主龙型类由吴肖春编写，其中前言部分分享了李锦玲和汪筱林等的贡献；鳄型大目中导言部分由吴肖春完成，系统记述主要由李锦玲完成；翼龙部分由汪筱林、蒋顺兴和程心编写，其中导言由汪筱林和蒋顺兴撰写，"喙嘴龙亚目"由程心和汪筱林编写，翼手龙亚目由蒋顺兴和汪筱林编写。此外，孟溪参与了古神翼龙科的部分工作。最后各部分由李锦玲综合成册。

在此，我们要感谢所有为中国基干主龙型类、鳄型类和翼龙类做出贡献的人们，特别是中国科学院古脊椎动物与古人类研究所杨钟健先生、孙艾玲先生、叶祥奎先生和中国地质科学院程政武先生等前辈。没有他们和后继者、及各级博物馆和大专院校专家们的付出和杰出工作，就没有今天有关门类研究的丰硕成果。同时，我们要指出，本册志书的完成、出版都是集体劳动的成果。我们要感谢所有为本册志书做出贡献的领导和同仁们。

本册志书各部分的所有正型标本，大多数保存在中国科学院古脊椎动物与古人类研究所和各地的博物馆中，在对部分博物馆的有关化石标本进行查询、观察、照相等工作中，得到了下列各有关单位许多同行的帮助，在此一并感谢。他们包括中国地质科学院地质研究所姬书安和吕君昌，北京自然博物馆孟庆金、李建军、张玉光和刘迪，中国地质博物馆卢立伍、谭锴、靳悦高、郭昱和王明时，南京地质博物馆周晓丹和陈妍瑾，哈密博物馆马迎霞、陈红燕和严枫，常州中华恐龙园盛全，自贡恐龙博物馆彭光照，吉林大学古生物学与地层学研究中心孙春林和孙跃武，河南地质博物馆蒲含永、徐莉和贾松海，重庆自然博物馆欧阳辉，沈阳师范大学古生物学院孙革和周长付，浙江自然博物馆赵丽君等。还有一些化石照片、线条图和素描图则直接来源于论文文献。感谢高伟和张杰等拍摄部分照片，以及杨明婉、黄金玲和李飒绘制和处理部分素描图和线条图。

因我们水平有限，本册志书中难免有不当之处，敬请读者谅解。最后，我们希望本册志书能为中国古脊椎动物学的研究、发展和普及起到引导和促进作用。

吴肖春

2016 年 8 月

本册涉及的机构名称及缩写

【缩写原则：1. 本志书所采用的机构名称及缩写仅为本志使用方便起见编制，并非规范名称，不具法规效力。2. 机构名称均为当前实际存在的单位名称，个别重要的历史沿革在括号内予以注解。3. 原单位已有正式使用的中、英文名称及 / 或缩写者（用 * 标示），本志书从之，不做改动。4. 中国机构无正式使用之英文名称及 / 或缩写者，原则上根据机构的英文名称或按本志所译英文名称字串的首字符（其中地名按音节首字符）顺序排列组成，个别缩写重复者以简便方式另择字符取代之。】

（一）中国机构

*BMNH — 北京自然博物馆 Beijing Museum of Natural History

BPM — 北票博物馆（辽宁）Beipiao Museum (Liaoning Province)

BXGM — 本溪地质博物馆（辽宁）Benxi Geological Museum (Liaoning Province)

*CBFNG — 朝阳鸟化石国家地质公园（辽宁）Chaoyang Bird Fossil National Geopark (Liaoning Province)

CDL — 中华恐龙园（江苏 常州）China Dinosaur Land (Changzhou, Jiangsu Province)

CQMNH — 重庆自然博物馆 Chongqing Museum of Natural History

CRL — 新生代研究室（北京）Cenozoic Research Laboratory (Beijing)

CUP — 原辅仁大学（北京）The Catholic University of Peking

*DLNHM — 大连自然博物馆（辽宁）Dalian Natural History Museum (Liaoning Province)

GLGM — 桂林龙山地质博物馆（广西）Guilin Longshan Geological Museum (Zhuang Autonomous Region of Guangxi)

*GMC — 中国地质博物馆（北京）Geological Museum of China (Beijing)

*GMPKU — 北京大学地质博物馆 Geological Museum of Peking University (Beijing)

*HNGM — 河南省地质博物馆（郑州）Henan Geological Museum (Zhengzhou)

*IGCAGS — 中国地质科学院地质研究所（北京）Institute of Geology, Chinese Academy of Geological Sciences (Beijing)

*IVPP — 中国科学院古脊椎动物与古人类研究所（北京）Institute of Vertebrate Paleontology and Paleoanthropology, Chinese Academy of Sciences (Beijing)

JLUM — 吉林大学博物馆（长春）Jilin University Museum (Changchun)

JPM — 热河古生物博物馆（承德）Jehol Paleontology Museum (Chengde)

*JZMP — 锦州古生物博物馆（辽宁）Jinzhou Museum of Paleontology (Liaoning Province)

*NGM — 南京地质博物馆（江苏）Nanjing Geological Museum (Jiangsu Province)

NMNS — 台湾自然科学博物馆（台中）National Museum of Natural Science (Taichung)

*PMOL — 辽宁古生物博物馆（沈阳）Paleontological Museum of Liaoning (Shenyang)

SWPM — 山旺古生物化石博物馆（山东 临朐）Shanwang Paleontological Museum (Linqu, Shandong Province)

*SXMG — 山西地质博物馆（太原）Shanxi Museum of Geology (Taiyuan)

*WIGM — 武汉地质和矿产资源研究所（湖北）Wuhan Institute of Geology and Mineral Resources (Hubei Province)

YZFM — 宜州化石馆（辽宁 义县）China Yizhou Fossil Museum (Yixian, Liaoning Province)

*ZDM — 自贡恐龙博物馆（四川）Zigong Dinosaur Museum (Sichuan Province)

*ZMNH — 浙江自然博物馆（杭州）Zhejiang Museum of Natural History (Hangzhou)

（二）外国机构

*AMNH — American Museum of Natural History (New York) 美国自然历史博物馆（纽约）

DM — Dinosaur Museum (Blanding, USA) 恐龙博物馆（美国布兰丁）

*GIN — Institute of Geology, Mongolian Academy of Sciences (Ulaanbaatar) 蒙古科学院地质研究所（乌兰巴托）

*IMGPUT — Institut und Museum für Geologie und Paläontologie, Universität der Tübingen (Germany) 蒂宾根大学地质古生物研究所博物馆（德国）

NSMT — National Sciences Museum, Tokyo (Japen) 东京国家科学博物馆（日本）

目　　录

第一部分　基干主龙型类

基干主龙型类导言

一、基干主龙型类定义及系统关系

（一）概　　述

如本册前言中所述，基干主龙型类不是个单系类群，它们与其他主龙型类，如翼龙类、恐龙类及鳄型类等类群的系统关系如图 1 所示。为简便起见，本部分被称为基干主龙型类，而实际上它是一个广义的界定，包括了主龙型类中几个逐次低阶分类单元 / 支系里的基干类群；即它们不但有真正意义（狭义）上的主龙型小纲里的基干类群，也包含了更低阶的主龙形亚小纲（Subparviclass Archosauriformes）里、主龙巨目（Magnorder

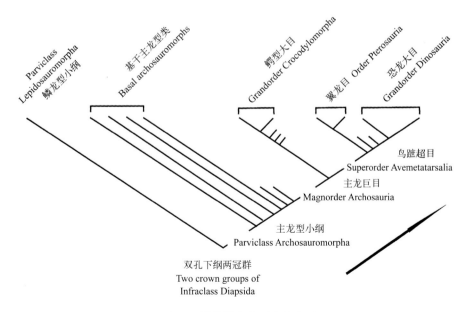

图 1　简化的主龙型类支序图

显示基干主龙型类（广义）、鳄型大目和翼龙目之间的系统关系（据 Gauthier et al., 1988 和 Laurin, 1991 改编），箭头表示亲缘关系趋势

Archosauria）中假鳄超目（Superorder Pseudosuchia）里、副鳄型类（Paracrocodylomorphs）中坡坡龙大目（Grandorder Poposauroidea）里较早分化出来的基干类群（见图 2）。有关种类具体涉及原龙目（Order Protorosauria）、原蜥科（Family Prolacertidae）、古鳄科（Family Proterosuchidae）、引鳄科（Family Erythrosuchidae）[①]、植龙目（Order Phytosauria）、派克鳄科（Family Euparkeriidae）、纤细鳄科（Family Gracilisuchidae）和几个不同等级上的坡坡龙属。

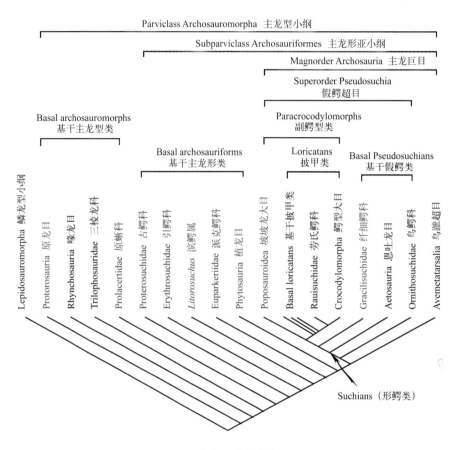

图 2　主龙型小纲支序图

显示其主要类群间系统关系，红色是本册志书涉及的种类，蓝色是中国还没有发现的种类（根据 Sues，2003；Modesto et Sues, 2004；Nesbitt, 2011；Li et al., 2012, Butler et al., 2014 和 Li et al., 2016 综合而来）

（二）定义和特征

如前述，基干主龙型类实际上是一群不同级别的分类单元中早期分化出来的支系或类群的集合，它们不构成一个单系而是不同级别上的一个个并系类群，只分别包括一祖

---

① 引鳄科 (Erythrosuchidae) 是依据引鳄属（*Erythrosuchus*）衍生来的。杨钟健先生最初把 *Erythrosuchus* 和 Erythrosuchidae 翻译成引鳄属和引鳄科是不确切的；"Erythro-"的原意应为"红色"。由于"引鳄"及其衍生用法已广为使用，为避免新名字出现引起混乱，我们仍旧将错就错，继续使用"引鳄"及有关名字。

先及其部分后裔。有关成员没有共享任何裔征，即共近裔性状（synapomorphy）。因此，把基干主龙型类或不同级别支系中的基干类群集合起来作为一类群时就不可能给该'类群'下定义及发现类群成员共享的裔征。当然，各个基干类群所属的支系是可以定义并有一组裔征来界定的。在本册前言中，我们给出了主龙型（Archosauromorpha）的定义和支持特征。Nesbitt（2011）全面、详细研究了主龙形（Archosauriformes）爬行动物的系统关系，目前他的成果在同行的研究中得到进一步的证实（如 Li et al., 2012；Butler et al., 2014；Sookias et al., 2014）。根据 Nesbitt 和后来同行们的工作，本册志书中涉及的主龙形类及其各次级单元（见图2）的定义和支持特征可简述如下。

主龙形亚小纲 (Subparviclass Archosauriformes) 等于 Gauthier 等（1988）定义的 Archosauriformes，在这里它包括古鳄科（Proterosuchidae）、引鳄科（Erythrosuchidae）、滨鳄属（*Litorosuchus*）、派克鳄科（Euparkeriidae）、植龙目（Phytosauria）和主龙巨目（Archosauria）最近的共同祖先及其产生的所有后裔。支持这个定义的裔征主要有：头骨没有顶孔，轭骨方轭骨连接，翼骨翼侧缘完全由外翼骨构成，侧蝶骨骨化，眶前孔形成（个别基干类群和鳄目中二次关闭），下颌外孔形成（个别基干类群和翼龙中二次关闭）和牙齿具有锯齿。

主龙巨目 (Magnorder Archosauria) 等于 Benton（1999）的鸟鳄类（Avesuchia）。Archosauria 由 Cope 在 1869 年建立，在这里它包括现生鳄类和鸟类最近的共同祖先及其产生的所有后裔。支持这个定义的裔征主要有：两侧上颌骨腭突在中线相接，内耳蜗突（lagenar/cochlea process）拉长、管状，外展神经孔位于前耳骨上，眶前凹扩展到泪骨、上颌骨的背支和上颌骨后支（眶前孔腹边缘）背侧缘，鸟喙骨的后腹部有一肿大的结节，尺骨近端具侧结节（桡侧结节），最长的掌骨达最长的蹠骨的一半长，股骨近端具前内结节，距骨上的胫骨关节面分隔为后内和前外两盆状凹陷，跟骨结节/突相对于横切面向后指向 50°到 90°方向。

假鳄超目 (Superorder Pseudosuchia) 可定义为鳄类和相对于鸟类系统关系与鳄类更近的所有主龙类。支持这个定义的裔征主要有：具有副蝶骨突，尺骨远端平整，胫骨外侧髁的近侧面凹陷和胫骨远侧部后面有一背腹指向的沟或间隙。假鳄类由 Zittel 在 1887–1890 年的文章中命名，当时包括表面像鳄类的两个恩吐龙（aetosaurs）和 *Dyoplax*。在 20 世纪中叶，假鳄类构成了现已废弃的槽齿目（Thecodontia Owen, 1859）中一亚目（Suborder Pseudosuchia），而 Zittel 的恩吐龙则在槽齿目自成一亚目（Suborder Aetosuria）。此外，槽齿目里还有植龙亚目（Suborder Phytosauria）和古鳄亚目（Suborder Proterosuchia）。在"槽齿类"爬行动物的研究中，假鳄类常被当作分类上的一个"废纸篓"，即所有无法分类的"槽齿类"动物都被归入假鳄类，例如在 Romer（1966）的《Vertebrate Paleontology》一书中。Gauthier 和 Padian (1985) 及 Gauthier (1986) 首先以系统发育系统学方法界定了假鳄类，同时确定其为主龙巨目中另一支系鸟蹠超目 [Superorder

Avemetatarsalia (Benton, 1999) = Ornithodira (Gauthier, 1986)] 的姊妹群。显然，系统发育系统学界定的假鳄类（本书采用的）与传统意义上的假鳄类所包含的成员是大不相同的。

另外，与现在定义的假鳄类相似的分类单元有"Crocodylotarsi——鳄型踝关节类"（Benton et Clark, 1988）及"Crurotarsi——胫踝关节类"（Sereno, 1991）。这两分类单元都是建立在系统发育系统学基础上的，它们包含的内容与假鳄类不尽相同，前者范围较小，只包括了大多数的假鳄类成员，例如我国的吐鲁番鳄（*Turfanosuchus*）和永和鳄（*Yonghesuchus*）就不包括在内，而后者范围则更大，也包括植龙类。

（三）系统关系和分类

要弄清楚不同级别支系中基干主龙型类的系统关系，就等于要理清主龙型小纲中各类群／支系之间的系统关系。传统上，对主龙型中的各类群的系统关系争论较大。近年，各路学者对主龙型中各类群的系统关系的认识日趋一致，尤其是中国新种类的发现及对中国已知老种类的重新研究起了很大的促进作用（如 Li et al., 2006；Nesbitt et al., 2010a；Wang et al., 2013；Butler et al., 2014；Sookias et al., 2014；Liu et al., 2015）。图 2 支序图显示了目前为大多数学者接受的主龙型爬行动物各类群间系统关系。

图 2 中也列出了喙龙目（Rhynchosauria）、三棱龙科（Trilophosauridae）、鸟鳄科（Ornithosuchidae）、恩吐龙目（Aetosauria）等我国目前尚没有发现化石的门类。把这些在中国没有代表的类群保留在支序图中是为了便于读者全面了解主龙型爬行动物中各主要类群之间的系统关系，同时也提醒专家们，在今后的野外工作中要注意这些门类的发现。

图 2 中有一分类单元叫"形鳄类"（Suchians），它包括除鸟鳄科以外的所有假鳄超目中的类群。"Suchia"原意为"鳄"，这里叫"形鳄"，这样叫无他意、实为避免与真正的"鳄型类"（Crocodylomorpha）的中文叫法相混淆。在形态上，形鳄类中有关类群确实是朝着有现生代表的"鳄型类"演化的。

另外，这里要对喙龙目、植龙目等多说几句。传统上喙龙类与楔齿蜥类（sphenodontidans）组成一分类单元叫喙头目（Rhynchocephalia），归鳞龙型小纲（Lepidosauromorpha）。Gauthier 等（1988）在他们的羊膜动物的系统关系分析中首次以喙龙类（Rhynchosauria）列出、与楔齿蜥类相区别，并确认它为主龙型中一基干类群。这一结果在 Laurin（1991）的分析中得到支持，尽管当时他只以 *Hyperodapedon* 一属来代表喙龙类。自此以后，有关研究大多把喙龙类作为主龙型里的基干类群之一，虽然其系统位置在不同的研究中不尽相同（如 Sues, 2003；Lee, 2013）。植龙类在文献中经常被叫做副鳄亚目（Suborder Parasuchia）或副鳄类（parasuchians），如在《中国的假鳄类》一书中（杨钟健，1964a）。在英文文献中大多同时列出"phytosaurians（植龙类）和"parasuchians"（副鳄类），如在《Vertebrate Paleontology and Evolution》一书中（Carroll, 1988）。近年来，更多的文章只用"植龙目"来代表（如 Nesbitt, 2011；Li et al., 2012；Stocker, 2012；

Butler et al.，2014）。这里我们也只以植龙目表示。植龙类一直被认为是主龙类的一员，直到 2011 年 Nesbitt 首次把它排除出主龙类，认为其与主龙类为姊妹群关系；近几年对有关种类的研究大多支持这一观点（如 Li et al.，2012；Butler et al.，2014；Sookias et al.，2014），该观点在这里也被采纳。

还有在这里要提到的就是离龙类（choristoderes）或离龙目（Order Choristodera）。至今，学者们对离龙类在双孔下纲中的系统位置仍未达成一致，尽管近年国内外众多有关三叠纪水生爬行动物的文章中它被归于主龙型类（如 Jiang D. Y. et al.，2008, 2014；Wu et al.，2011；Shang et al.，2011；Li et al.，2012, 2014；Neenan et al.，2013；Cheng Y. N. et al.，2012；Cheng L. et al.，2014；Sato et al.，2014a, b）。在传统的演化分类学（evolutionary taxonomy）分类中，离龙类经常被归于鳞龙类（如 Cope，1876；von Huene，1935；Hoffstetter，1955；Romer，1956；Erickson，1972, 1985）。对于离龙类在爬行动物中的分类位置，Sigogneau-Russell 和 Russell（1978）持开放态度，表示还需更多工作。是 Currie（1981）首先把离龙类与主龙型类拉上关系，随后 Erickson（1987）跟进。这个结论在用系统发育系统学方法分析羊膜动物的系统关系的文章中多次得到支持（如 Gauthier et al.，1988；Evans，1990；Storrs et Gower，1993；Rieppel，1993, 1994；Storrs et al.，1996；Rieppel et Reisz，1999）。然而，那些后来的文章中有关离龙类系统关系分析的数据都是源于 Rieppel（1994）的文章，该文基本上用 Gauthier 等（1988）文章中的分析数据，尽管该数据在随后的研究中不时有所增加，尤其是在上述关于三叠纪水生爬行动物的文章中。另外，离龙类也常被认为是由主龙型和鳞龙型爬行动物组成的一支系的姊妹群，即既不属主龙型也不属鳞龙型（如 Evans，1988；Gao et Fox，1998；Dilkes，1998；Müller，2004）。近几十年来，在我国辽西等地和日本等国家发现了较多新的离龙类，来自新属种的新信息必将有力促进离龙类的系统关系之研究。为此，在这些新信息没有被完全用于系统发育系统分析之前，本志书编辑委员会决定把离龙类当作双孔下纲中的而不是主龙型或鳞龙型中的一基干类群、不包括在本册之内。

二、基干主龙型类的演化

（一）骨骼形态演化

主龙型动物是双孔型爬行动物，顾名思义，基干主龙型类的头骨应是双孔型的，即头骨表面两侧除眼眶和鼻孔之外另有一对颞孔，那就是上颞孔（supratemporal 或 upper temporal fenestra）和下颞孔（infratemporal 或 lower temporal fenestra）或侧颞孔（lateral temporal fenestra），如图 3A。然而，一些基干主龙型类的头骨产生了变异、不呈现标准的双孔型，即下颞孔腹缘（下颞弓）不完整或完全缺失，如原龙类和原蜥类（图 3B）。

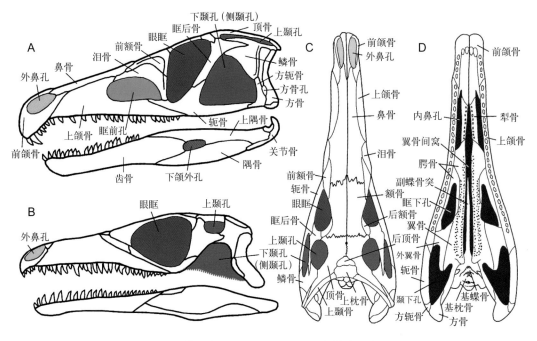

图 3　基干主龙型 / 形类头骨和下颌基本形态

A, C, D. 古鳄科弗氏古鳄 (*Proterosuchus fergusi*) 的头骨侧视、背视和腹视; B. 原蜥科步氏原蜥 (*Prolacerta broomi*) 的头骨侧视 (A, B 据 Nesbitt, 2011 重绘; C, D 据 Cruickshank, 1972 重绘; 原比例尺未保留)

在主龙型类中, 头骨演化主要体现在骨块数的减少和愈合、开孔的增加及腭面牙齿退化。例如, 在基干主龙型类中普遍存在的上颞骨 (supratemporal) 和后顶骨 (postparietal) 到主龙形类动物中只在极少数种类中保留 (图 3C); 在更进步的主龙巨目中后额骨 (postfrontal) 经常和眶后骨 (postorbital) 愈合; 在基干主龙型类及主龙形类最基干的古鳄科 (Proterosuchidae) 腭面存在的犁骨齿、翼骨齿和腭骨齿 (图 3D), 在进步的种类中退化、只局限在腭面的后部, 在主龙巨目中基本消失。眶前孔 (antorbital fenestra) 和下颌外孔 (external mandibular fenestra) 到主龙形类才开始出现。古鳄科, 其典型代表为采自南非下三叠统的古鳄 (*Proterosuchus*) 及我国新疆早三叠世地层中出土的 "袁氏加斯马吐龙 (*Chasmatosaurus yuani*)"。早期的研究认为古鳄科还没有产生下颌外孔 (如 Cruickshank, 1972); 近年研究 (Nesbitt, 2011; Ezcurra et al., 2014) 确认 *Proterosuchus* (*P. fergusi*) 已有下颌外孔了。

真正的基干主龙型类身体没有披任何骨板 (osteoderms), 最基干的两主龙形支系 (古鳄科和引鳄科) 中也没有确切的骨板记载。从我国的滨鳄 (*Litorosuchus*) 开始, 较进步的主龙形类及主龙类躯体或多或少披有骨板, 有的甚至全身完全被骨板包裹。这些外披骨板在鸟臀类中大大退化或完全消失, 只是在剑龙和甲龙等进步的鸟臀类中次生性地发育了形态不同的背骨板。

基干主龙型类大多是四足行走、爬卧式, 行动相对缓慢。主龙形类主要行半直立行走方式, 行动相对敏捷; 其中不少种类为双足行走, 可快速奔跑, 如派克鳄等 (图 4)。

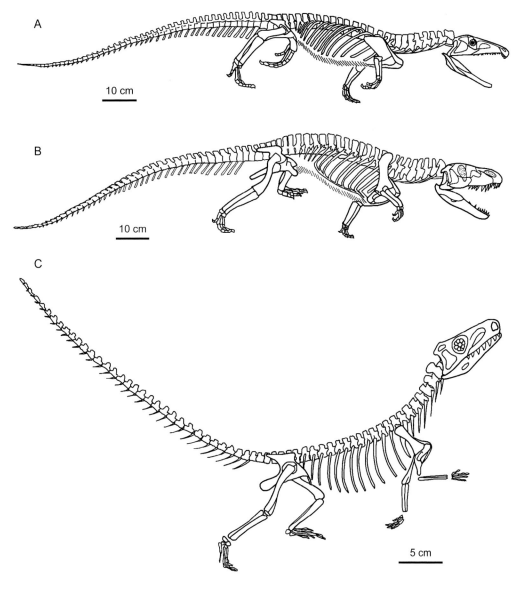

图 4　基干主龙形类基本形态

A. 古鳄科弗氏古鳄（*Proterosuchus fergusi*）的全身复原侧视；B. 引鳄科三头肋武氏鳄（*Vjushkovia triplicostata*）的全身复原侧视；C. 派克鳄科开普派克鳄（*Euparkeria capensis*）的全身复原侧视（据 Benton, 2014 重绘）

在鸟蹠类，大多数种类能四足或双足直立行走，如恐龙类。这些行动方式的改变都是与肩带和腰带诸骨及四肢的形态变化分不开的，尤以前肢腕部和后肢蹠部骨块的减少和愈合及踝部跟、距骨的变化为最。

（二）地质历史

主龙型类起源于二叠纪晚期，二叠纪的代表有其基干类群之一的原龙类的原龙——

Protorosaurus (von Meyer, 1830) 和主龙形类中最基干的主龙——*Archosaurus* (Tatarinov, 1960)；前者来自德国上二叠统，后者来自俄罗斯上二叠统。二叠纪末期的生物大灭绝事件给主龙型类爬行动物在三叠纪的繁盛创造了条件。众多主龙型类群起源于三叠纪，其中大部分又灭绝于该纪。除鸟蹠类中的兽脚类恐龙，只有假鳄超目中的鳄型类经历了整个中生代、延续至今。在世界上，主龙型动物往往是有关动物群的重要成员，并占据了食物链的顶端。其化石种类广布于世界各大洲。

三、中国基干主龙型类化石的分布

主龙型类起源于晚二叠世，即古生代末，至今经历了二亿五千多万年。全世界古生代的主龙型类化石不多，就只有上述的基干主龙型的原龙和基干主龙形的主龙。前者来自德国，后者在俄罗斯和波兰都有发现。中国还没有古生代的主龙型类代表发现，所有的基干主龙型类化石都局限于三叠纪的不同时期。在地理分布上，中国的基干主龙型类化石主要分布在四个区域，即西北、华北、华中和西南的不同地层中（见图5）。

西北区基干主龙型类化石限于新疆维吾尔自治区的天山南、北。天山北麓只有准噶尔盆地吉木萨尔出产的早三叠世吉木萨尔类原蜥（*Prolacertoides jimusarensis*）。在天山南麓，化石集中于吐鲁番盆地，例如，有早三叠世的"袁氏加斯马吐龙"和中三叠世的中国武氏鳄（*Vjushkovia sinensis*）等。它们分别是水龙兽动物群和肯氏兽动物群中的顶级捕食者。

华北区的基干主龙型类化石主要分布在内蒙古自治区、陕西省和山西省的毗邻地区、黄河两岸的早三叠世到晚三叠世地层中。如陕西府谷县早三叠世晚期的沙坪戏楼鳄（*Xilousuchus sapingensis*）和贺家畔府谷鳄（*Fugusuchus hejiapanensis*），山西榆社、武乡、吉县等地中三叠世早期的山西山西鳄（*Shansisuchus shansisuchus*）和择义王氏鳄（*Wangisuchus tzeyii*）等。

华中区只有湖南桑植中三叠世的无齿芙蓉龙（*Lotosaurus adentus*）。

西南区是本世纪新发现的有主龙型类化石地区。发现的种类都与海相地层即海洋生态系统有关，如混形黔鳄（*Qianosuchus mixtus*）。所发现的三个属种，一个来自贵州，两个来自云南，分别产于两省界河——黄泥河两侧的中三叠世早期或晚期的灰岩或泥灰岩中。

四、中国基干主龙型类的研究历史

如前述，本册志书涉及的基干主龙型类是广义地指除鸟蹠类及鳄型类以外的主龙型类群不同级别中较早分化出来的支系。基干主龙型类的研究工作是由中国古脊椎动物学的开创者杨钟健（Yang Zhong-jian 或 Young Chung Chien）教授开启的。杨老在1936年记述了第一个主龙型爬行动物，即"袁氏加斯马吐龙"，属主龙形类古鳄科。有关标本

A

B

中国含基干"主龙型类"化石地层（红色）

地层＼地区	西北（新疆）	华北	华中（湖南）	西南（贵州、云南）	
上三叠统		延长群		赖什科组	
	黄山街组			法郎组	瓦窑段
					竹杆坡段
中三叠统	克拉玛依组	铜川组	巴东组	杨柳井组	
		二马营组		关岭组	
下三叠统	烧房沟组	和尚沟组	嘉陵江组		
	韭菜园组	刘家沟组	大冶组		

图 5 中国基干主龙型类（广义）化石分布（A）及层位（B）图

采自新疆吐鲁番下三叠统。在研究史上，这可算是第一阶段。之后，直到 1949 年在中国就没有更多的主龙型类发现了。

1949 年到 2000 年可作为第二阶段。在此阶段，又是杨老于 1964 年率先以专著形式记述了采自山西晚三叠世至中三叠世早、中期二马营组的大批标本，建立了山西山西鳄等属种。山西山西鳄归属引鳄科，是主龙形基干类群之一。之后，杨老及多位研究人员又分别记述了多种主龙型类属种（如杨钟健，1973a, b, c；张法奎，1975；程政武，1980；吴肖春，1981, 1982；彭江华，1991），其中包括基干主龙型类、基干主龙形类和基干假鳄类等。另外杨老在 1951 年从云南禄丰下禄丰组采得一头骨断块标本（IVPP V 40），以此建立了不完整硕鳄（*Pachysuchus imperfectus*），归属植龙类（其有效性见下）。

2000 年以来可以作为第三阶段。在这一阶段，中国主龙型类的研究有了多个突破，这些突破不单有本国性的，也有国际性的。如，吴肖春等（2001）记述了中国第一个出自中三叠统上部铜川组的主龙形类，即桑壁永和鳄（*Yonghesuchus sangbiensis*），现归主龙类的假鳄类。在 2006 年，Li 等报道了世界上第一个确凿无疑与海洋生态环境有关的主龙形类；该动物在我国贵州中三叠世早期海相灰岩中被发现，即混形黔鳄，归主龙类的假鳄类中的坡坡龙类。之后，Li 等（2012）又在贵州混形黔鳄产地不远的云南富源县的中三叠世晚期海相灰岩中发现了另一个主龙形类，即富源滇东鳄（*Diandongosuchus fuyuanensis*），当时也归坡坡龙类（具体归属见下文）。就在本册志书编写过程中，Li 等（2016）结束了第三个产自海相灰岩中的主龙型类新种类的研究，即梦幻滨鳄（*Litorosuchus somnii*）。该种类也采自云南富源县中三叠世晚期海相灰岩，但它是个基干主龙形类。还有 Stocker 等完成了对富源滇东鳄的重新研究，该研究表明，富源滇东鳄是个植龙类，是迄今在中国发现的第一个肯定的该类动物，有关论文已经发表（Stocker et al., 2017）。在这一阶段引起国际上重视的还有海生、陆生原龙类在中国的首次发现。例如采自贵州盘县中三叠世早期灰岩里的水生东方恐头龙（*Dinocephalosaurus orientalis*）和产自临近的云南富源县中三叠世晚期灰岩里的陆生富源巨胫龙（*Macrocnemus fuyuanensis*）等。它们是真正的基干主龙型类。

系 统 记 述

主龙型小纲 Parviclass ARCHOSAUROMORPHA

基干主龙型类 Basal archosauromorphs

在中国有化石代表的基干主龙型类（狭义）只有长颈龙科（Tanystropheidae Gervais，1859）和原蜥科（Parrington，1935）。长期以来，长颈龙科是原龙目（Huxley，1871）中的主要成员（如 Li, 2003；Li et al., 2007；Rieppel et al., 2008；Fraser et al., 2013）。Camp（1945a, b）第一个认为原蜥（Parrington, 1935）和当时被认为是一个早期鳞龙类（lepidosaur）的原龙属有较近的亲缘关系，并认为原蜥接近蜥蜴的祖先。之后，这个观点被广泛接受（如 Robinson, 1967, 1973；也可查看 Wild, 1980）。根据一较完整标本，Gow（1975）首次把原蜥与古鳄（Proterosuchus）作了详细的比较，结论为在形态上原蜥更接近主龙类（等于现在的主龙型类）的祖先。Brinkman（1981）同意这一观点，即原蜥及其同类（原蜥形类——prolacertiforms）是主龙型类的基干类群。而 Currie（1980）和 Evans（1980）等则认为原蜥是一个概念上较混乱的始鳄类（eosuchian）；当时始鳄目（Eosuchia）被认为是产生主龙类和鳞龙类的祖先类群。Wild（1980）反对 Gow（1975）的观点，并提出原蜥和巨胫龙（Macrocnemus）及长颈龙科在鳞龙类的有鳞目（Squamata）中构成一世系。之后，各种系统发育系统学研究常把原蜥、原龙、巨胫龙和长颈龙（Tanystropheus）等置于单系的原蜥形类，并作为主龙型里的基干类群。对于有些学者来说，原蜥形类就等同于原龙目（如 Benton, 1985；Chatterjee, 1986；Evans, 1988；Gauthier, 1994）；而其他一些学者的研究则认为原蜥形类或原龙目不是个单系而是个复系（polyphyly）类群，即原蜥类更进步、是主龙形类的姊妹群，而原龙类则是主龙型里更基干的类群（如 Dilkes, 1998；Sues, 2003；Modesto et Sues, 2004；Rieppel et al., 2008；也可查看 Sues et Fraser, 2010）；这些学者的原蜥类只包括原蜥属本身，而他们的原龙目有原龙、巨胫龙、长颈龙和恐头龙（Dinocephalosaus）等。这里，我们采纳这种意见，把原蜥类和原龙目分开处理，它们间的系统关系如图 2 所示。

原龙目 Order PROTOROSAURIA Huxley, 1871

概述 虽然这里把原龙目作为单系类群，但要指出的是，近年也有些学者（如 Borsuk-Bialynicka et Evans, 2009；Gottmann-Quesada et Sander, 2009；Pritchard et al., 2015）对没有原蜥的原龙目的单系性提出异议，认为原龙属本身在主龙型里要比长颈龙科（包括其他的原龙类）处于更基干的位置。然而，这些学者的系统发育系统分析都没有或仅包括个别中国新近发现的新属种。原龙目到底是单系还是并系有待对中国新成员的进一步研究。目前，依据 Fraser 等 (2013) 对中国一新属种的研究，认为只有极少特征可以把包括原龙属的原龙类成员组合在一起（见下）。

定义与分类 包括长颈龙（Tanystropheus）及相对于喙龙类（Rhynchosauria）、三棱龙科（Trilophosauridae）、原蜥（Prolacerta）和主龙形类（Archosauriformes）系统关系与长颈龙更近的所有主龙型类（见图 2）。

鉴别特征 颈椎显著拉长，颈肋具特色的前突及颈肋向后延伸至少两个椎间关节（根据 Fraser et al., 2013 综合而来）。

形态特征 主要特征在于颈椎椎体和颈肋强力拉长；生态上有陆生和水生两类。陆生种类个体较小，最小的个体长不足 1 m，四肢纤细，牙齿锥状，如巴氏巨胫龙 *Macrocnemus basanii* (Nopsca, 1930)。水生种类个体较大，个体长超过 3 m，如中国的东方恐头龙；欧洲的隆戈巴尔迪长颈龙 *Tanystropheus longobardicus* (Bassani, 1886) 颈部超长，个体长可达 6 m。水生种类的颈椎除了加长，数量也大大增加，东方恐头龙有多达 27 个颈椎。

分布与时代 欧洲、亚洲、北美洲，早 - 晚三叠世。

长颈龙科 Family Tanystropheidae Gervais, 1859

定义与分类 长颈龙科定义为：除原龙属（*Protorosaurus*）以外的所有原龙类。

鉴别特征 泪骨没有达到鼻骨腹缘，颈椎神经棘具一前背突，神经棘背端扩展成平台，背椎没有间椎体，第二荐肋后突末端尖削变尖，前尾椎横突指向后外侧，肩胛骨背部向后背强烈弯曲，肱骨无内髁脊，坐骨具明显的后突，缺少远侧第二跗骨和第五跖骨无尖削的外侧突（Pritchard et al., 2015）。

中国已知属 巨胫龙 *Macrocnemus* Nopsca, 1930。

分布与时代 欧洲、亚洲、北美洲，早 - 晚三叠世。

巨胫龙属 Genus *Macrocnemus* Nopsca, 1930

模式种 巴氏巨胫龙 *Macrocnemus basanii* Nopsca, 1930

鉴别特征 额骨和顶骨形成前凹的 U 形骨缝，顶骨后外侧突强烈指向后外侧，牙齿向后弯曲和牙齿末端具一向后凹的边缘（Pritchard et al., 2015）。

中国已知种 富源巨胫龙 *Macrocnemus fuyuanensis* Li et al., 2007；富源巨胫龙相似种 *Macrocnemus* cf. *M. fuyuanensis*。

分布与时代 欧洲，中国云南富源；中三叠世。

富源巨胫龙 *Macrocnemus fuyuanensis* Li, Zhao et Wang, 2007

（图 6）

正模 IVPP V 15001，一几近完整的骨架。云南富源。

归入标本 GMPKU-P-3001，一较完整的骨架，仅保存三个尾椎（Jiang et al., 2011）。

鉴别特征 与模式种相比，胫骨短于股骨，肱骨明显长于桡骨和具 17 或 18 背椎。

产地与层位 云南富源，中三叠统法郎组竹杆坡段。

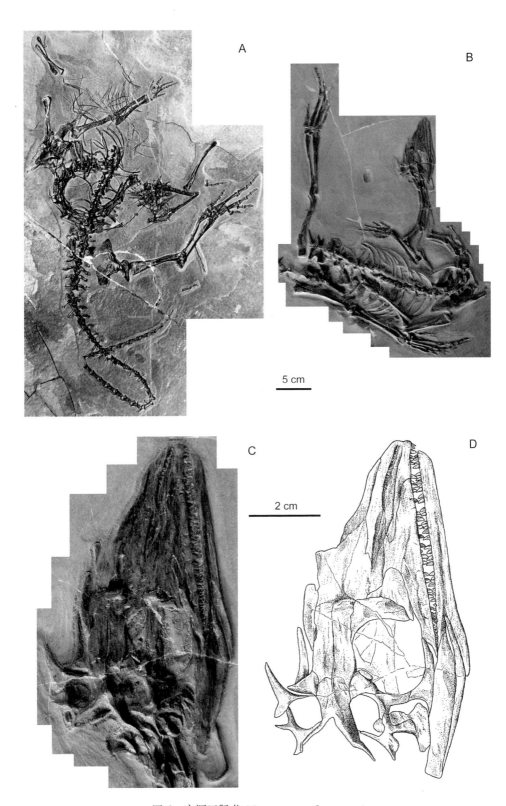

图 6 富源巨胫龙 *Macrocnemus fuyuanensis*

A. 正模（IVPP V 15001）照片（IVPP 李淳提供）；B. 归入标本（GMPKU-P-3001）照片（GMPKU 江大勇提供）；C, D. 归入标本（GMPKU-P-3001）头骨照片和绘图背侧视（GMPKU 江大勇提供）

评注 Jiang 等（2011）在研究归入标本时认为，法郎组竹杆坡段产化石层的时代为中三叠世最晚期或晚三叠世最早期，即拉丁（Ladinian）最晚期或卡尼（Carnian）最早期。

富源巨胫龙相似种 *Macrocnemus* cf. *M. fuyuanensis*

（图7）

材料 WIGM（=宜昌地质矿产研究所）SPCV 20103，为一件较完整的骨架。贵州兴义乌沙镇。

产地与层位 贵州兴义乌沙镇，中三叠统（拉丁阶）法郎组竹杆坡段。

评注 张保民等（2010）的文章把法郎组竹杆坡段确定升级为竹杆坡组，这在一些相关文献中经常出现（如 Wang X. F. et al., 2008）。这里仍旧沿用较为传统的竹杆坡段。虽然张保民等知道 WIGM SPCV 20103 标本肢骨的各骨间长度比例与富源种不尽相同，但没有头骨方面的特征比较，目前他们把该标本作为富源种的相似种应是较好的安排。

3 cm

图7 富源巨胫龙相似种 *Macrocnemus* cf. *M. fuyuanensis*
正模（WIGM SPCV 20103）照片（WIGM 程龙提供）

长颈龙属 Genus *Tanystropheus* Meyer, 1852

隆戈巴尔迪长颈龙相似种 *Tanystropheus* cf. *T. longobardicus*
（图 8）

材料　GMPKU-P-1527，一骨架，头部和大部分尾巴缺失。贵州兴义乌沙镇。

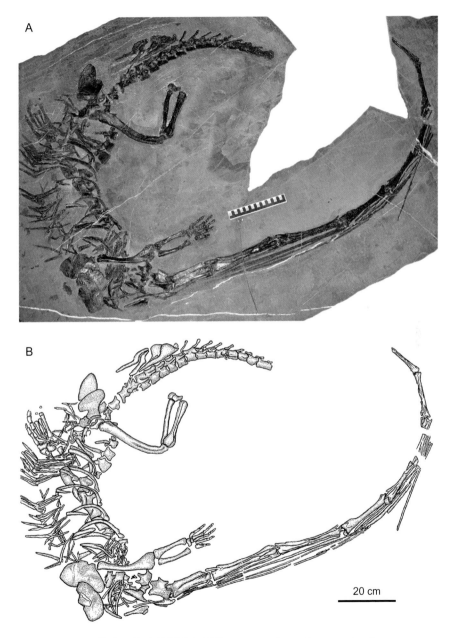

图 8　隆戈巴尔迪长颈龙相似种 *Tanystropheus* cf. *T. longobardicus*
标本（GMPKU-P-1527）照片（A）和线条图（B）（GMPKU 江大勇提供）

产地与层位　贵州兴义乌沙镇，中三叠统法郎组竹杆坡段上部。

评注　Rieppel 等（2010）对 GMPKU-P-1527 的研究对于确定长颈龙的颈椎数意义重大。虽然在欧洲有不少标本发现，但大多不完整，长期以来长颈龙到底有 12 还是 13 颈椎无法肯定。中国标本颈部连续，论证了长颈龙有 13 颈椎。

长颈龙属未定种 *Tanystropheus* sp.
（图 9）

材料　IVPP V 14472，一幼年个体的不完整骨架；标本的头骨、大部分颈椎、四肢以及全部尾椎缺失。贵州兴义。

产地与层位　贵州兴义，中三叠统法郎组竹杆坡段。

评注　李淳（2007）提到，由于 IVPP V 14472 为幼年个体，并且一些关键部位（包

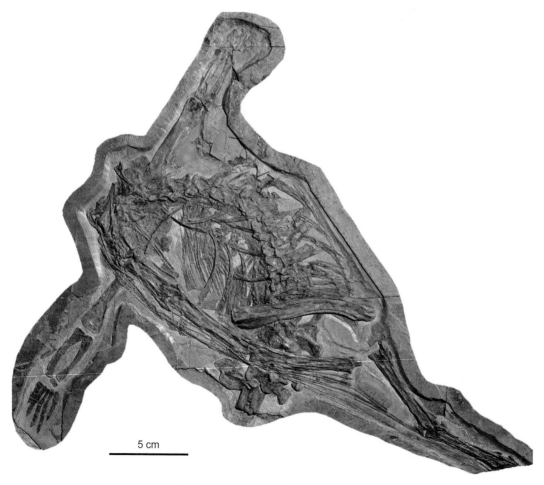

图 9　长颈龙属未定种 *Tanystropheus* sp.
标本（IVPP V 14472）照片：一幼年个体不完整骨架（IVPP 李淳提供）

括头骨、大多数颈椎以及后肢的大部分）缺失，在标本不完整的情况下，很难将种间差异与个体发育造成的不同以及个体间差异相区分，因此，他将其视为长颈龙属的一未定种。

原龙目科未定 Protorosauria incertae familiae

富源龙属 Genus *Fuyuansaurus* Fraser, Rieppel et Li, 2013

模式种 尖吻富源龙 *Fuyuansaurus acutirostris* Fraser, Rieppel et Li, 2013

鉴别特征 个体小；相对于其他原龙类吻部显著加长；与巨胫龙和颈长龙（*Tanytrachelos*）一样，牙齿小、针状；与长颈龙和颈长龙一样有 13 个加长的颈椎；第八和第九颈椎长与高之比约为 3；第三到第九颈肋向后跨越两椎间关节；与恐头龙一样，腰带没有闭孔。

中国已知种 仅模式种。

分布与时代 云南富源，中三叠世晚期。

尖吻富源龙 *Fuyuansaurus acutirostris* Fraser, Rieppel et Li, 2013

(图 10)

正模 IVPP V 17983，不完整骨架。云南富源。

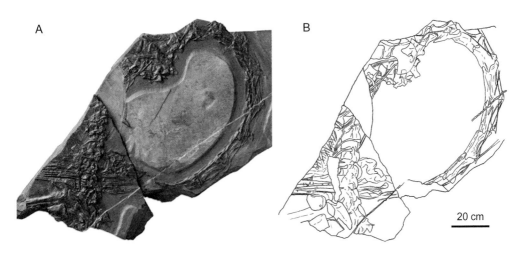

图 10 尖吻富源龙 *Fuyuansaurus acutirostris*

正模（IVPP V 17983）照片（A）和线条图（B）（IVPP 李淳提供）

鉴别特征　同属。

产地与层位　云南富源，中三叠统法郎组竹杆坡段。

恐头龙属 Genus *Dinocephalosaurus* Li, 2003

模式种　东方恐头龙 *Dinocephalosaurus orientalis* Li, 2003

鉴别特征　个体相对较大（可达 3.5 m），颈部几乎是躯干部的两倍长，头骨低、窄，眶后部短，具一明显眶前凹，外鼻孔位于眶前凹前角，前颌骨与上颌骨在外鼻孔前外侧相遇，轭骨无后突，下颌无反关节突，前上颌骨具一犬齿状齿，上颌骨与齿骨也有犬齿状齿，腭面无齿，无翼骨间孔，有 53 个荐前椎（27 个颈椎和 26 个背椎），颈椎体密实，颈椎神经棘低、呈一矢状脊，椎体收束、微弱双凹，细长颈肋具一末端游离的前突，前部颈肋向后延伸两或三个椎间关节，后部颈肋向后延伸五或六个椎间关节，荐肋不与荐椎体愈合，肠骨有一适度发育的髋臼前突和一个明显的背翼，肢骨相对短而结实，后肢的上、下肢比前肢的要短，有 6 枚腕骨，3 枚跗骨，跟骨与距骨间无缝接，第五蹠骨直伸（Rieppel et al., 2008）。

中国已知种　仅模式种。

分布与时代　贵州盘县，中三叠世早期。

东方恐头龙 *Dinocephalosaurus orientalis* Li, 2003
（图 11）

正模　IVPP V 13767，一近于完整的头骨。贵州盘县新民。

归入标本　IVPP V 13898，一近于完整的骨架。贵州盘县新民。

鉴别特征　同属。

产地与层位　贵州盘县新民，中三叠统关岭组。

评注　Li（2003）最初认为东方恐头龙是一个长颈龙科的成员，而 Li 等（2004）随后的系统发育系统学分析却不支持这一分类安排，同时无法确定其在原龙目中的确切分类位置，因而在 Rieppel 等（2008）的详细研究中确定其为科未定。

原蜥科 Family Prolacertidae Parrington, 1935

类原蜥属 Genus *Prolacertoides* Young, 1973a

模式种　吉木萨尔类原蜥 *Prolacertoides jimusarensis* Young, 1973a

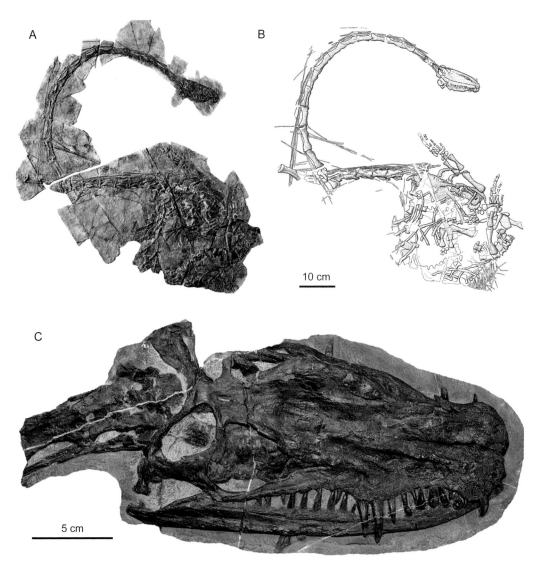

图 11　东方恐头龙 *Dinocephalosaurus orientalis*

A, B. 归入标本（IVPP V 13898），照片和线条图；C. 正模（IVPP V 13767），头骨照片背侧视（IVPP 李淳提供）

鉴别特征　吻部较尖，长于吻后部；具长椭圆形的外鼻孔；额骨组成眼眶上缘；翼骨齿微弱；上颌约有 20 个紧密排列的牙齿。

中国已知种　仅模式种。

分布与时代　新疆吉木萨尔，早三叠世。

吉木萨尔类原蜥 *Prolacertoides jimusarensis* Young, 1973a

（图 12）

正模　IVPP V 3233，一头骨前部。新疆吉木萨尔。

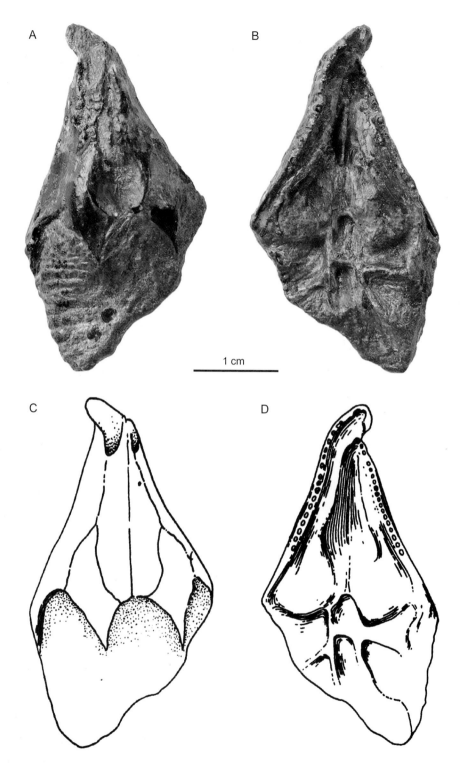

图 12　吉木萨尔类原蜥 *Prolacertoides jimusarensis*

正模（IVPP V 3233）照片（A, B）和线条图（C, D；取自杨钟健，1973a）；A, C. 背视；B, D. 腹视

鉴别特征　同属。

产地与层位　新疆吉木萨尔，下三叠统韭菜园组。

评注　杨钟健（1973a）建立吉木萨尔类原蜥时，就把它归入原蜥科。上世纪90年代，包括吉木萨尔类原蜥在内的系统发育系统学分析中，有的认为它与晚三叠世的三棱龙 *Trilophosaurus* 关系密切（如 Benton et Allen, 1997）；有的则认为其系统关系无法确定，因为标本太不完整（如 Jalil, 1997）。目前，学者们对吉木萨尔类原蜥系统关系没有一致的看法，这里暂时把它保留在原蜥科中。

主龙形亚小纲 Subparviclass ARCHOSAURIFORMES

基干主龙形类 Basal archosauriforms

概述　中国的基干主龙形类在最初的研究中归入三类，即古鳄科（Proterosuchidae）、引鳄科（Erythrosuchidae）和派克鳄科（Euparkeriidae）。传统上，古鳄科和引鳄科经常组合在一起，分类上称为古鳄亚目（Proterosuchia）（例如 Charig et Reig, 1970；Charig et Sues, 1976）。随着系统发育系统学方法的应用，古鳄亚目被证明为一并系类群（Gauthier, 1986；Benton and Clark, 1988；Juul, 1994；Bennett, 1996a；Benton, 2005），即引鳄科比古鳄科更接近主龙类。随着新种类的发现，古鳄科和引鳄科本身的单系性也受到挑战，即原来归于该两科的有些属种与其他主龙形类有更密切的系统关系（Ezcurra et al., 2010；Wang et al., 2013；Li et al., 2016）。另外如上述，最近对富源滇东鳄的重新研究表明，它是个地道的植龙类；植龙类是主龙形类中进步类群。图13是综合这些新的研究，表示中国的基干主龙形类中有关属、种间的系统关系和分类。

古鳄科 Family Proterosuchidae Huene, 1914

概述　古鳄科的模式属种是弗氏古鳄 *Proterosuchus fergusi*，由 Broom 于1903年命名。之后，从南非早三叠世地层中又发现了两属三种古鳄类，即凡氏加斯马吐龙 *Chasmatosaurus vanhoepeni* (Haughton, 1924a)，鲁氏捷鳄 *Elaphrosuchus rubidgei* (Broom, 1946) 和 亚氏加斯马吐龙 *Chasmatosaurus alexandri* (Hoffman, 1965)。Welman（1998）重新对南非三属四种的主龙形类进行了综合研究，他认为这些属种都可以归为一属一种，即 Broom（1903）的弗氏古鳄。中国的早三叠世地层中也有加斯马吐龙，即 Young 于1936年命名的袁氏阔口龙或袁氏加斯马吐龙（*Chasmatosaurus yuani* Young）和1964年命名的最后加斯马吐龙（*Chasmatosaurus ultimas*）。与模式种一样，袁氏阔口龙或袁氏加斯马吐龙也应归于古鳄属，即应称袁氏古鳄（*Proterosuchus yuani*）。关于最后加斯马吐龙，

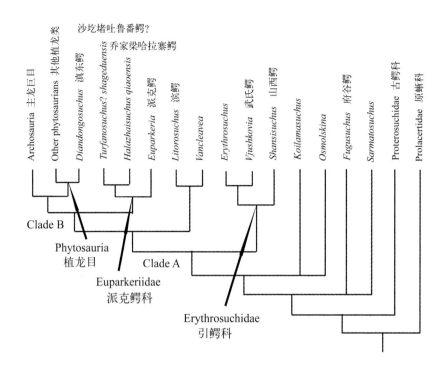

图 13　主龙形亚小纲支序图

表明其基干类群间系统关系（根据 Ezcurra et al., 2010；Nesbitt, 2011；Wang et al., 2013；Sookias et al., 2014；Li et al., 2016 和 Stocker et al., 2017 综合而来）

Liu 等（2015）对其进行了重新研究，认为它不是古鳄类，而是主龙类（见下）。根据近年有关的系统发育系统学分析，目前古鳄科仅包括古鳄属本身（Ezcurra et al., 2010；Wang et al., 2013）。

古鳄属 Genus *Proterosuchus* Broom, 1903

模式种　弗氏古鳄 *Proterosuchus fergusi* Broom, 1903

鉴别特征　头骨长、狭窄，吻端尖细；前颌骨与上颌骨形成 120° 夹角，悬挂于下颌前端之上；眶前孔大，椭圆形；鼻骨不参与眶前孔形成；具第二眶前孔 / 凹；松果孔缺失；前颌骨具 6–11 枚牙齿；肩胛骨短而宽阔；肠骨背翼无明显前突，但具适中的后突；耻骨和坐骨短、板状；跟骨与距骨间有一孔；跟骨具一后突（从 Welman 1998 年文中的一组特征及对中国标本观察修改而来）。

中国已知种　袁氏古鳄 *Proterosuchus yuani*（Young, 1936）。

分布与时代　南非，中国新疆准噶尔盆地吉木萨尔和阜康以及吐鲁番盆地桃树园沟；早三叠世。

袁氏古鳄 *Proterosuchus yuani* (Young, 1936)

(图 14)

Chasmatosaurus yuani：Young, 1936, p. 291

正模　IVPP RV 36315（RV 标本号是给最初研究时无号的标本），一头骨和下颌前部及同一个体的一些脊椎、肋骨、肠骨和肢骨。新疆阜康县烧沟。

归入标本　IVPP V 2719，部分头骨碎块和三段 15 个脊椎及破碎肢骨（杨钟健，1963）；新疆吉木萨尔大龙口河东红顶山。IVPP V 4067，一几近完整的骨架；IVPP V 4066，一头骨和下颌的前部（杨钟健，1978）；新建吐鲁番盆地桃树园沟。

鉴别特征　与模式种相比：个体要小得多；眶前孔更拉长；眼眶背腹卵圆形；下颞孔高大于长，其后腹缘强烈倾斜；前颌骨具 6–9 枚牙齿；上颌共有 28–30 枚牙齿，前后缘具锯齿；牙齿分化更强烈、更向后弯曲（参照杨钟健 1978 年对归入标本记述及对原标

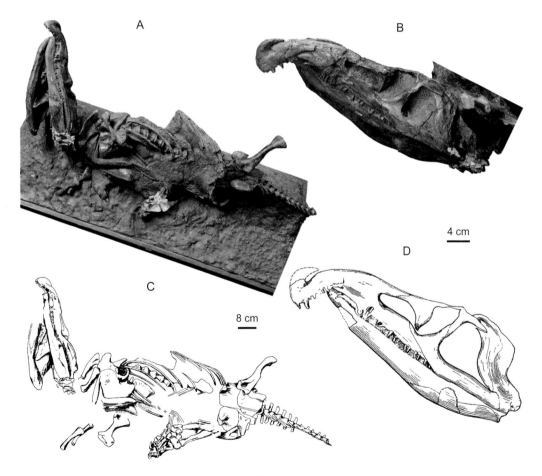

图 14　袁氏古鳄 *Proterosuchus yuani*

归入标本（IVPP V 4067）照片和线条图（根据杨钟健，1978 修改）；A, C. 骨架；B, D. 头骨左侧视

本观察修改而来）。

产地与层位　新疆准噶尔盆地吉木萨尔和阜康以及吐鲁番盆地桃树园沟，下三叠统烧房沟组上部（吉木萨尔和阜康）和韭菜园组（吐鲁番桃树园沟）。

引鳄科 Family Erythrosuchidae Watson, 1917

定义与分类　在图13分支A（Clade A）中，包括引鳄属及相对于滨鳄属、*Vancleavea*（范克利夫鳄属）、派克鳄科、植龙类和主龙巨目系统关系与引鳄更近的主龙形类。根据Ezcurra等（2010）和Wang等（2013）的系统发育系统分析，目前引鳄科仅包括山西鳄属（*Shansisuchus*）、引鳄属（*Erythrosuchus*）和武氏鳄属（*Vjushkovia*）。

鉴别特征　腭骨无齿，翼骨腭支无齿，具松果凹，下颞孔椭圆形或亚矩形，上枕骨被外枕骨排除出枕骨大孔。颈椎椎体长度几乎等于其高度，中、后部背椎椎体长与高几乎相等，中部背椎的前关节突面向上方，肠骨的坐骨突后缘强烈向后扩展成一尖突，以至于与肠骨长轴成45°或更小的夹角，三角-胸大肌脊位于肱骨长度上38%处，荐肋远端相对于主干稍微向背方扩展（根据Ezcurra et al., 2010和Wang et al., 2013综合而来）。

中国已知属　山西鳄 *Shansisuchus* Young, 1964；武氏鳄 *Vjushkovia* Huene, 1960。

分布与时代　中国、俄罗斯、南非，中三叠世。

山西鳄属 Genus *Shansisuchus* Young, 1964

模式种　山西山西鳄 *Shansisuchus shansisuchus* Young, 1964

鉴别特征　个体大型但小于非洲引鳄。以下列特征组合区别于其他引鳄类：具大的鼻孔下孔（subnarial fenestra = 第二眶前孔）；前颌骨与鼻骨及前颌骨与上颌骨间为槽-沟关节；上颌骨上升支高而狭窄，向后背方延伸；眶后骨的下降支具一膝状突起、突进眼眶；鳞骨下降支末端分叉；颈椎及前背椎有大的碗状间椎体，紧扣相邻两椎体尖锐的腹缘（Wang et al., 2013）。

中国已知种　山西山西鳄 *Shansisuchus shansisuchus* Young, 1964；黑峪口山西鳄 *Shansisuchus heiyuekouensis* Young, 1964；窟野河山西鳄 *Shansisuchus kuyeheensis* Cheng, 1980。

分布与时代　山西、陕西，中三叠世。

山西山西鳄 *Shansisuchus shansisuchus* Young, 1964

（图15）

正模　IVPP V 2503，一头骨顶部。山西武乡。

副模　IVPP V 2450, V 2493, V 2501, V 2502, V 2504–2513 和分属 33 个个体的百余分散头骨及头后骨骼骨块。

归入标本　SXMG V 00002，一骨架前三分之一，包括头骨及前 14 个脊椎。

鉴别特征　两眶前孔三角形，眼眶略大于下颞孔，在形态上都为圆角方形；额骨狭窄地进入眼眶背缘；方轭骨粗壮；前颌骨具 6 枚牙齿；上颌骨具 13 或 14 枚牙齿；颈椎神经棘上宽下窄（Wang et al., 2013）。

产地与层位　山西武乡、榆社、宁武、吉县、兴县，中三叠统二马营组。

评注　杨钟健（1964a）研究山西山西鳄时有众多标本，不过正模和副模中头骨及头

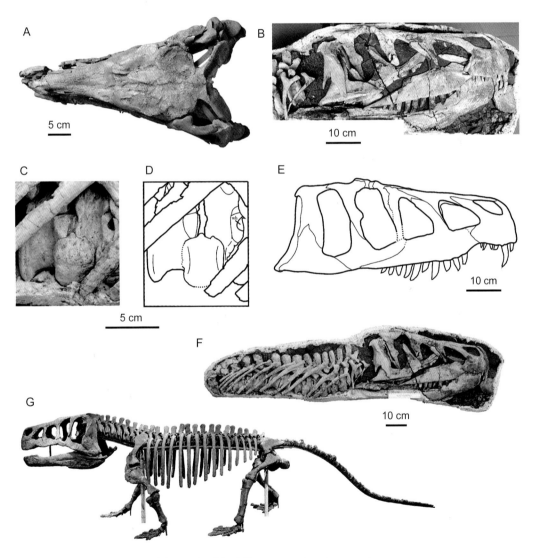

图 15　山西山西鳄 *Shansisuchus shansisuchus*

A. 正模（IVPP V 2503）复原照片顶视；B, E. 归入标本（SXMG V 00002）头骨右侧视照片和复原线条图侧视（两眶前孔由绿色表示）；C, D. 归入标本（SXMG V 00002）局部照片和线条图（引自 Wang et al., 2013）；F. 归入标本（SXMG V 00002）头骨和头后骨架侧视；G. 由正模和部分副模标本复原的骨架（无比例尺）

后骨架没有一个是关节着的。Wang 等（2013）在吉县采得的一骨架的前三分之一是关节着的。这个标本肯定了杨钟健（1964a）推定的山西山西鳄有两个眶前孔及首次确定了间椎体的存在；另外，对原标本前颌骨的进一步修理，明确了该骨有 6 枚牙齿而不是 5 枚。新标本也扩大了山西山西鳄的地理分布范围。

黑峪口山西鳄 *Shansisuchus heiyuekouensis* Young, 1964

（图 16）

正模　IVPP V 2513，17 个连续的脊椎、股骨及肱骨和胫骨断块。山西兴县。

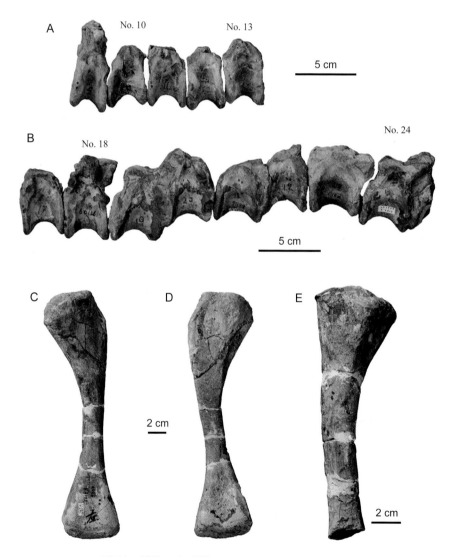

图 16　黑峪口山西鳄 *Shansisuchus heiyuekouensis*

正模（IVPP V 2513）部分标本照片：A, B. 部分脊椎侧视；C, D. 肱骨后外侧视和前内侧视；E. 胫骨大部后内侧视

归入标本　IVPP V 2494，V 2496，V 2498，V 2514，V 2516，V 2517，V 2695，V 2696 和采自 9 个地点的许多骨块。

鉴定特征　与模式种比较：个体较小；颈椎椎体长得多；前背椎椎体短、沿腹中线有较宽的沟，该沟向后加长；股骨更为 S 形。

产地与层位　山西武乡、榆社、宁武、兴县，中三叠统二马营组。

评注　正模不是来自同一个个体，有些骨块可能不属于同一类的（Li et al., 2008）。

窟野河山西鳄 *Shansisuchus kuyeheensis* Cheng, 1980

（图 17）

正模　IGCAGS V 314，一个体的前半部，包括部分头骨和下颌。陕西神木贺家川。

鉴别特征　前颌骨具 6 枚牙齿，上颌骨齿大、齿尖侧扁，颈椎椎体比模式种的长，肩胛骨远端不像模式种的那样加宽，肱骨干较细长，乌喙骨矩形。

产地与层位　陕西神木贺家川，中三叠统二马营组。

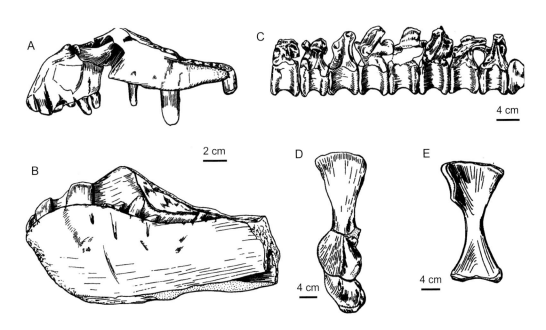

图 17　窟野河山西鳄 *Shansisuchus kuyeheensis*
正模（IGCAGS V 314）部分标本线条图（引自程政武，1980）：A. 左上颌外侧视；B. 左下颌前部侧视；C. 第十一至十九荐前椎（第一至第九背椎）左侧视；D. 右肩胛骨和乌喙骨内视；E. 右肱骨前视

武氏鳄属 Genus *Vjushkovia* Huene, 1960

模式种　三头肋武氏鳄 *Vjushkovia triplicostata* Huene, 1960

鉴别特征　个体小到中型，后部颈肋和前部背肋具三个显著的关节头和上颌骨进入外鼻孔（Parrish, 1992）。

中国已知种　中国武氏鳄 *Vjushkovia sinensis* Young, 1973b。

分布与时代　俄罗斯、中国，中三叠世。

中国武氏鳄 *Vjushkovia sinensis* Young, 1973b
（图 18）

Youngosuchus sinensis：Kalandadze et Sennikov, 1985, p. 778

5 cm

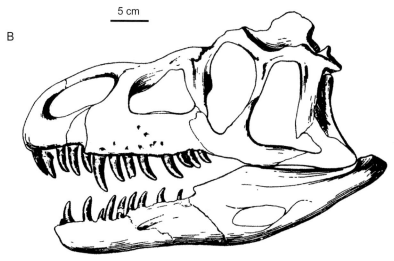

图 18　中国武氏鳄 *Vjushkovia sinensis*

正模（IVPP V 3239）：A. 头骨及关联的前 7 个颈椎照片侧视；B. 头骨侧视线条图（引自杨钟健，1973b）

正模　IVPP V 3239，一头骨及相关联的骨架前部。新疆吐鲁番桃树园沟。

鉴别特征　引鳄科中的小型种类，头骨顶部平坦、无松果孔或凹，眶前孔高、三角形和凹陷围绕眶前孔背缘及前缘（Parrish，1992）。

产地与层位　新疆吐鲁番桃树园沟，中三叠统克拉玛依组。

评注　Kalandadze 和 Sennikov（1985）认为中国武氏鳄是劳氏鳄类（rauisuchid），并给它起了个新属名杨氏鳄（*Youngosuchus*）。Parrish（1992）在观察了标本之后肯定了杨钟健（1964a）最初的分类。

古城鳄属 Genus *Guchengosuchus* Peng, 1991

模式种　石拐古城鳄 *Guchengosuchus shiguaiensis* Peng, 1991

鉴别特征　以下列特征组合区别于其他引鳄类：顶骨两后外侧突成 90°夹角，间顶骨弱小，具两个眶前孔（同山西鳄），前颌骨与上颌骨接触底缘有一缺刻，上颌有 14 枚牙齿，肋骨具 3 个关节突（同武氏鳄）和无间椎体（根据彭江华 1991 年原文修订）。

中国已知种　仅模式种。

分布与时代　陕西府谷古城，中三叠世早期。

评注　古城鳄模式种的标本来自二马营组底部，彭江华（1991）在研究该动物时认为标本产出地层时代为早三叠世晚期。根据化石依据，Rubidge（2005）把二马营组下部的脊椎动物化石层与南非犬颌齿兽（*Cynognathus*）带的"B"亚带化石层相对应，并认为其时代为中三叠世早期。

石拐古城鳄 *Guchengosuchus shiguaiensis* Peng, 1991

（图 19）

正模　IVPP V 8808，一很不完整骨架，包括一些头部骨块，部分脊椎和一些肋骨，部分肩带和前肢骨。陕西府谷古城。

鉴别特征　同属。

产地与层位　陕西府谷古城，中三叠统二马营组底部。

评注　由于标本很不完整，石拐古城鳄从来没有被包括在有关系统发育系统分析中。如最初那样，这里仍把它置于引鳄科中。

派克鳄科 Family Euparkeriidae Huene, 1920

定义与分类　在图 13 分支 B（Clade B）中，包括哈拉寨鳄及相对于植龙类和主龙

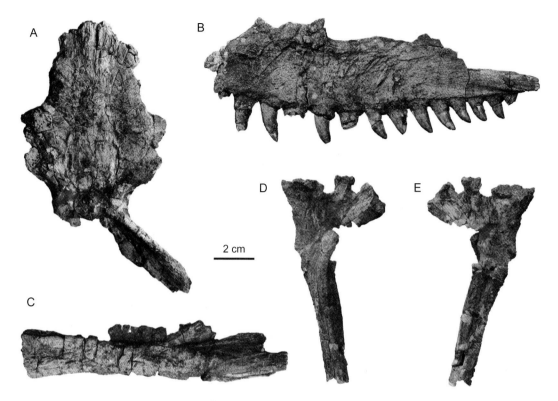

图 19　石拐古城鳄 *Guchengosuchus shiguaiensis*

正模（IVPP V 8808）部分标本照片：A. 头骨后部中央部分顶视；B. 左上颌骨外侧视；C. 部分左齿骨
外侧视；D 和 E. 一肋骨外侧和内侧视

巨目系统关系与哈拉寨鳄更近的主龙形类。根据 Sookias 等（2014）的系统发育系统分析，目前派克鳄科仅包括派克鳄（*Euparkeria*）、乔家梁哈拉寨鳄（*Halazhaisuchus qiaoensis*）和沙圪堵"吐鲁番鳄"（"*Turfanosuchus*" *shageduensis*）。

鉴别特征　小型的主龙形类，荐部之前的骨板（osteoderms）长大于宽（Sookias et al., 2014）。

中国已知属　哈拉寨鳄 *Halazhaisuchus* Wu, 1982。

分布与时代　南非和中国，中三叠世。

评注　因标本不完整，Gower 和 Sennikov（2000）怀疑沙圪堵"吐鲁番鳄"可归于吐鲁番鳄。Sookias 等（2014）证实了这种怀疑，继而论证了该种与乔家梁哈拉寨鳄系统关系亲密。然而，他们也知道后者本身标本也很不完整，就保存的部分来看，两者之间很难区分。基于系统发育系统分析表明沙圪堵"吐鲁番鳄"在派克鳄科中与乔家梁哈拉寨鳄关系最近，在这里暂时把它处理为派克鳄科属未定，等待今后新标本的发现来证实其归属。

哈拉寨鳄属 Genus *Halazhaisuchus* Wu, 1982

模式种 乔家梁哈拉寨鳄 *Halazhaisuchus qiaoensis* Wu, 1982

鉴别特征 肩胛骨后缘肩臼上方有一泪滴状突（Sookias et al., 2014）；肩胛骨上供肱三头肌肩胛头附着处结节状；背椎椎体间具间椎体；颈椎后关节突具关节上突（epipophyses）；每个颈肋前缘近端具一大而扁平的翼；沿背中线有两列骨板；每个骨板前尖后圆，靠近背中线具一纵嵴，关节着时暴露面长 / 宽至少为 2。

中国已知种 仅模式种。

分布与时代 陕西府谷，中三叠世早期。

乔家梁哈拉寨鳄 *Halazhaisuchus qiaoensis* Wu, 1982
(图 20)

正模 IVPP V 6027，13 个脊椎，一对肩胛骨，左乌喙骨，肱骨，尺骨和桡骨。陕西府谷哈拉寨。

鉴别特征 同属。

产地与层位 陕西府谷哈拉寨，中三叠统二马营组下部。

评注 关于二马营组下部地质时代参看上述石拐古城鳄的评注。吴肖春（1982）把乔家梁哈拉寨鳄归于派克鳄科，列出了一组鉴定特征。目前看来那些特征大多是派克鳄科各属种及其他主龙形动物共有的。由于标本破碎、没有头骨保存，Sookias 等（2014）的系统发育系统分析对乔家梁哈拉寨鳄属只发现一个独有的特征（见上）。今后任何有关标本的发现必定对该属种形态认识和系统分类有重要意义。

吐鲁番鳄属？ Genus *Turfanosuchus* Young, 1973c ?

沙圪堵吐鲁番鳄？ *Turfanosuchus? shageduensis* Wu, 1982
(图 21)

正模 IVPP V 6028，下颌右支，6 个颈椎，右肩胛骨，乌喙骨，肱骨，桡骨，尺骨，股骨，胫骨和腓骨。内蒙古准格尔旗。

鉴别特征 与亲缘关系密切的乔家梁哈拉寨鳄相比：肩胛骨后缘肩臼上方为肱三头肌肩胛头附着的突为圆形，肩胛骨相对狭窄和肱骨三角肌嵴相对靠下。

产地与层位 内蒙古准格尔旗，中三叠统二马营组下部。

评注 吴肖春（1982）依据 IVPP V 6028 建立一新种，属吐鲁番鳄，归派克鳄科。

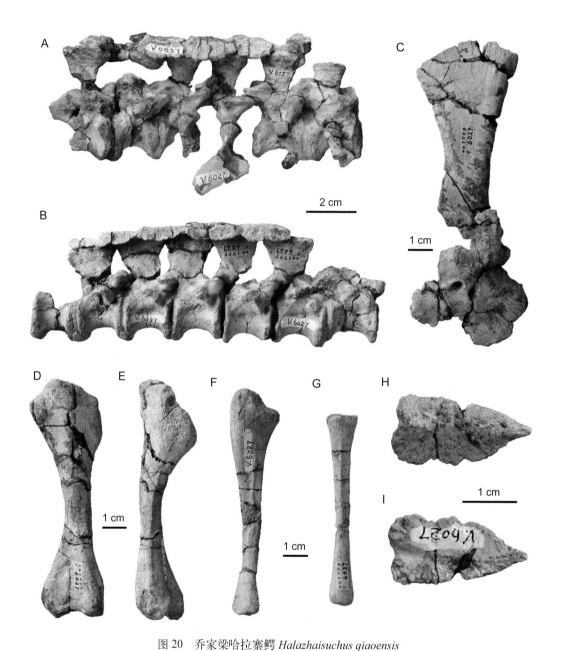

图 20　乔家梁哈拉寨鳄 *Halazhaisuchus qiaoensis*

正模（IVPP V 6027）部分标本照片：A. 后三个不完整颈椎和前三个不完整背椎侧视；B. 七个不完整后背椎侧视；C. 左肩胛骨和乌喙骨侧视；D, E. 右肱骨后外侧视、前外侧视；F. 右尺骨桡侧视；G. 右桡骨前视；H, I. 后部单个背骨板背、腹视

近年多个有关研究（Nesbitt, 2011；Li et al., 2012；Butler et al., 2014）认为吐鲁番鳄的模式种（达坂吐鲁番鳄 *Turfanosuchus dabanensis* Young, 1973c）是个主龙类（见下）。与乔家梁哈拉寨鳄一样，沙圪堵"吐鲁番鳄"的标本少而不完整，今后任何有关标本的发现将对其形态认知和系统分类有重要意义。化石产出层位的时代参看上述石拐古城鳄的评注。

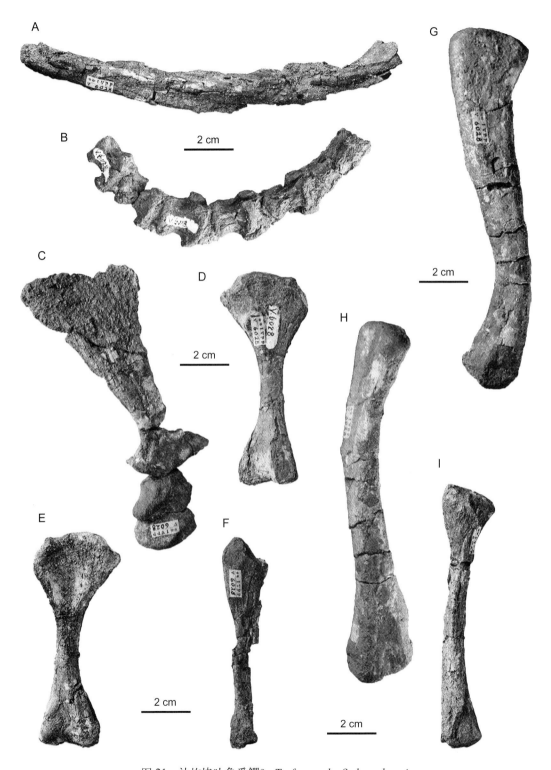

图 21　沙圪堵吐鲁番鳄？*Turfanosuchus? shageduensis*

正模（IVPP V 6028）部分标本照片：A. 下颌右支内腹视；B. 六节背椎腹视；C. 右肩胛骨和乌喙骨侧视；
D, E. 右肱骨后背和前内视；F. 右尺骨外侧视；G, H. 右股骨前外侧和后外侧视；I. 右胫骨腓侧视

基干主龙形类科未定 Basal archosauriforms incertae familiae

府谷鳄属 Genus *Fugusuchus* Cheng, 1980

上颌骨不向后背方扩展，一些荐前椎具间椎体（根据程政武，1980 和 Parrish，1992 修改而来）。

中国已知种 仅模式种。

分布与时代 陕西府谷高石崖贺家畔，早三叠世晚期。

贺家畔府谷鳄 *Fugusuchus hejiapanensis* Cheng, 1980
（图 22）

正模 IGCAGS V313，一几近完整的头骨及几个头后骨块。陕西府谷高石崖。

鉴别特征 同属。

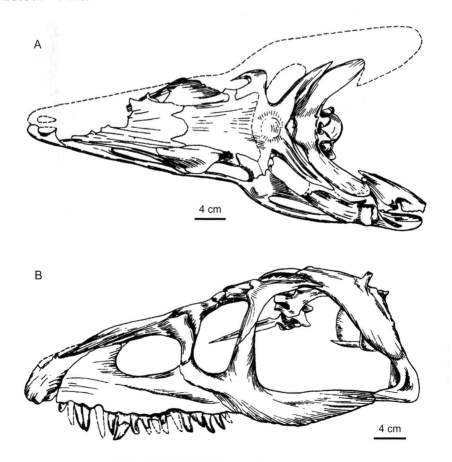

图 22 贺家畔府谷鳄 *Fugusuchus hejiapanensis*
正模（IGCAGS V313）头骨绘图：A. 背视；B. 侧视（引自程政武，1980）

产地与层位　陕西府谷高石崖贺家畔，下三叠统上部和尚沟组。

评注　程政武（1980）最初把府谷鳄归于古鳄科。Parrish（1992）系统发育系统分析把它分在引鳄科（广义）、处于最基干的位置。根据 Ezcurra 等（2010）和 Wang 等（2013）的系统发育系统分析，府谷鳄既不与引鳄科（狭义）也不与古鳄科关系相近，而是在系统关系或分类位置上介于两者之间（见图 13）。

滨鳄属 Genus *Litorosuchus* Li, Wu, Zhao, Nesbitt, Stocker et Wang, 2016

模式种　梦幻滨鳄 *Litorosuchus somnii* Li, Wu, Zhao, Nesbitt, Stocker et Wang, 2016

鉴别特征　个体中型（约 1.75 m），以下列特征组合区别于其他主龙形类：前颌骨仅在前部有两颗牙齿，两牙前有一短的齿缺、后有一长的齿缺，前颌骨后背（上颌）突长、只伸向后方，前颌骨鼻突向后伸延超过外鼻孔后背缘，前颌骨、上颌骨和齿骨都具犬齿状牙，吻长是吻后长的两倍多，前额骨 T 形、其棒状的下降支和泪骨一样向腹部延伸，泪骨被前额骨排除出眼眶，头顶上间颞部狭窄，不到上颞孔宽度的五分之一，身体完全被不同形状的骨板包裹，至少在第十到第十三尾椎背方具棘状骨板，9 个颈椎，16 个背椎，2 个荐椎，至少 69 个尾椎，尾长、几乎达体总长的 60%，颈肋细而长，长的间锁骨前段箭头形，跟骨和距骨形态结构简单，前肢指式 2-3-4-5-3 和后肢趾式 ? - ? - ? -5-3。

中国已知种　仅模式种。

分布与时代　云南富源，中三叠世晚期。

梦幻滨鳄 *Litorosuchus somnii* Li, Wu, Zhao, Nesbitt, Stocker et Wang, 2016

（图 23）

正模　IVPP V 16978，一几乎完整、带头的骨架。云南富源。

鉴别特征　同属。

产地与层位　云南富源，中三叠统法郎组竹杆坡段。

王氏鳄属?　Genus *Wangisuchus* Young, 1964 ?

? 择义王氏鳄 *?Wangisuchus tzeyii* Young, 1964

（图 24）

标本　IVPP V 2701，一左上颌；IVPP V 2702–2704，一左和两右上颌；V 2705–

A

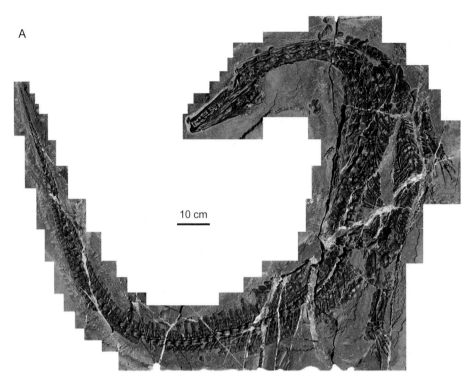

10 cm

B

3 cm

C

20 cm

图 23　梦幻滨鳄 *Litorosuchus somnii*

正模（IVPP V 16978）：A. 骨架照片；B. 头骨照片侧视；C. 骨架复原，红色标示缺失部分

2709，一些牙齿、脊椎、肢骨和甲板。

　　特征　上颌骨长而窄、具尖的前突，单个眶前孔拉长。

　　产地与层位　山西武乡，中三叠统二马营组。

　　评注　Charig 和 Sues（1976）、Sookias 等（2014）都认为没有足够的证据表明归入标本与正模属同一个体、同一种动物。经 Sookias 等系统发育系统分析发现没有任何独特的特征来定义该属种，尽管有些归入标本显示出派克鳄类的一些特征。因此，这里它被确定为主龙形中的可疑属种。

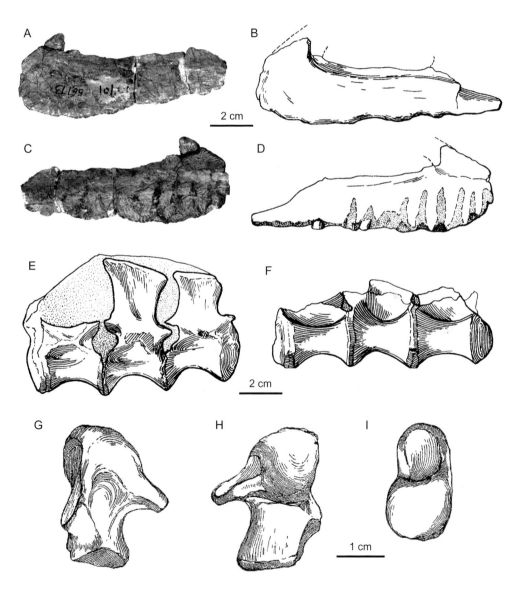

图 24　? 择义王氏鳄 ?*Wangisuchus tzeyii*

标本（IVPP V 2701）部分照片和绘图（据杨钟健，1964a 修改）：A, B. 左上颌外侧视；C, D. 左上颌内侧视；
部分归入标本（无号但与 IVPP V 2701 产自同一地点）：E, F. 三个背椎侧视和腹视；G–I. 右距骨三面视

汾河鳄属? Genus *Fenhosuchus* Young, 1964 ?

？棱脊汾河鳄 ？*Fenhosuchus cristatus* Young, 1964
（图 25）

标本 IVPP V 2697，一组颈椎和背椎及许多分散的骨块。

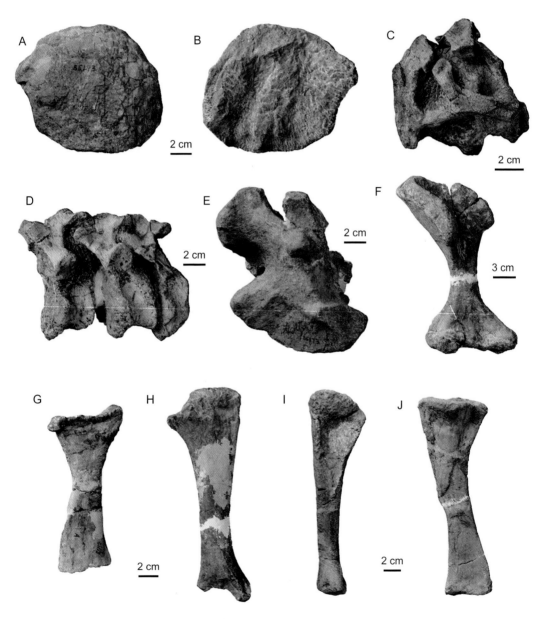

图 25 ？棱脊汾河鳄 ？*Fenhosuchus cristatus*
标本（IVPP V 2697）部分照片：A, B. 右上颌骨外侧和内侧视；C, D. 前部颈椎侧视；E. 右肠骨侧视；
F. 右肱骨前视；G. 一桡骨侧视；H. 一尺骨内视；I. 一胫骨内视；J. 一腓骨外侧视

产地与层位　山西武乡，中三叠统二马营组。

评注　由于这些标本是与山西鳄等材料混合在一起埋藏，又没有显示特别的特征，因此，后来许多学者（如 Charig et Reig, 1970；Krebs, 1976；Bonaparte, 1984；Gower, 2000）怀疑棱脊汾河鳄是否成立。这里，我们同意这些学者的意见，把它当做可疑种类，等待更好的标本来论证其归属。

植龙目 Order PHYTOSAURIA Jaeger, 1828 (= 副鳄目 Order PARASUCHIA Huxley, 1875)

定义与分类　包含 *Rutiodon carolinensis* Emmons, 1856，但不包括 *Aetosaurus ferratus* Fraas, 1877，*Rauisuchus tiradentes* Huene, 1942，*Prestosuchus chiniquensis* Huene, 1942，*Ornithosuchus woodwardi* (Newton, 1894)，或 *Crocodylus niloticus* Laurenti, 1768 (Sereno, 2005) 的最大包容支系；也就是说，和上述不被包含的属种相比，植龙目包含所有与 *Rutiodon carolinensis* Emmons, 1856 有更近系统关系的主龙形类。

鉴别特征　上、下颌关节向内扩展，前颌骨 - 上颌骨缝指状交叉，间锁骨大，肩胛骨背叶呈后掠（角）状，以及乌喙骨钩状且缺乌喙孔（Stocker et al., 2017）。

中国已知属　滇东鳄 *Diandongosuchus* Li et al., 2012。

分布与时代　欧洲、亚洲、北美洲、南美洲、非洲，中 - 晚三叠世。

滇东鳄属 Genus *Diandongosuchus* Li, Wu, Zhao, Sato et Wang, 2012

模式种　富源滇东鳄 *Diandongosuchus fuyuanensis* Li, Wu, Zhao, Sato et Wang, 2012

鉴别特征　个体小到中等。以下列特征组合区别于其他植龙类：吻部长度约是吻后部的两倍半；前颌骨背突（鼻突）向后延伸大大超过外鼻孔；前颌骨具 9 枚牙齿；外鼻孔前腹缘前有一凹陷；上颌被排除出外鼻孔；上颞凹扩展到鳞骨后部；鳞骨背面具一脊状隆起、沿上颞孔伸延；外鼻孔既不在吻端也不靠近眶前凹；轭骨外侧面具一纵脊，轭骨前突比其后突要宽广得多；上颞凹扩展到上颞孔前缘之前；乌喙孔超大、外侧有肩胛骨环围；坐骨内侧部强烈扩展，其前后长大于近侧 - 远侧高度；第四蹠骨最长；颈部骨板窄的前缘深深地内凹。

中国已知种　仅模式种。

分布与时代　云南罗平，中三叠世。

富源滇东鳄 *Diandongosuchus fuyuanensis* Li, Wu, Zhao, Sato et Wang, 2012

（图 26）

正模 ZMNH M8770，一骨架缺少大部分尾巴。云南富源。

鉴别特征 同属。

产地与层位 云南富源，中三叠统法郎组竹杆坡段。

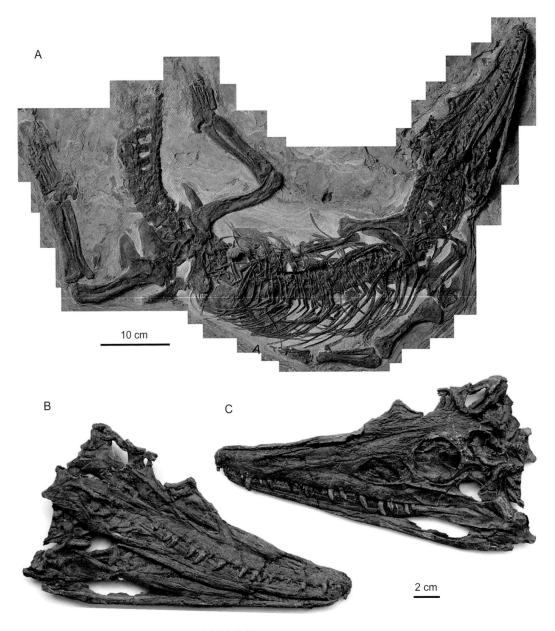

图 26 富源滇东鳄 *Diandongosuchus fuyuanensis*

正模（ZMNH M8770）照片：A. 标本全部；B. 头骨右侧腹视；C. 头骨左侧背视

评注 富源滇东鳄最初认为是基干的坡坡龙类。最近对它的重新研究表明，富源滇东鳄是个最基干的植龙类（Stocker et al., 2017）。

主龙巨目 Magnorder ARCHOSAURIA Cope, 1869

假鳄超目 Superorder PSEUDOSUCHIA Zittel, 1887–1890

纤细鳄科 Family Gracilisuchidae Butler, Sullivan, Ezcurra, Liu, Lecuona et Sookias, 2014

定义与分类 包括永和鳄及相对于鸟鳄科、恩吐龙目、坡坡龙大目、披甲类和 *Ticinosuchus* 系统关系与永和鳄更近的假鳄类。纤细鳄科是 Butler 等（2014）重新研究中国的两主龙类爬行动物时建立的，该科的确立得到了 Li 等（2016）研究海相地层中一新的主龙形类的证实，尽管 Li 等更倾向于中国的两属种系统关系更近。目前该科仅有三属组成，即中国的吐鲁番鳄属（*Turfanosuchus*）和永和鳄属（*Yonghesuchus*）及南美阿根廷的纤细鳄属（*Gracilisuchus*）。纤细鳄科在假鳄超目中的系统关系如图 27 所示。

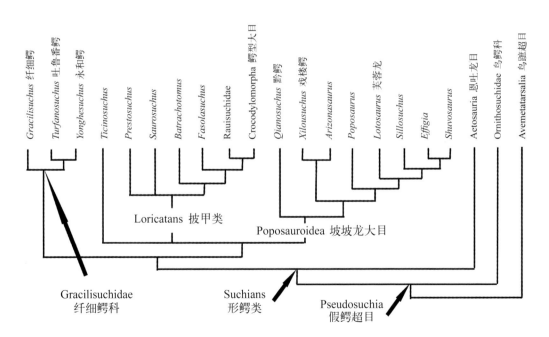

图 27 主龙巨目支序图

表明其主要类群间系统关系（根据 Nesbitt, 2011；Sookias et al., 2014；Li et al., 2012, 2016 综合而来）

鉴别特征　前颌骨具一后背突（＝鼻后突或上颌突或鼻下突）、嵌于鼻骨外侧面的窄槽中，在眶前孔后腹角上颌骨水平支形成一三角形的、顶端尖状的后背突，鼻骨形成眶前孔部分背缘，额骨前部沿中线向前变尖削，跟骨跟突远端具一背腹伸延的中央凹，荐前脊椎背中线两侧的骨板外侧缘向下折曲（Butler et al., 2014）。

中国已知属　吐鲁番鳄 *Turfanosuchus* Young, 1973c 和永和鳄 *Yonghesuchus* Wu et al., 2001。

分布与时代　中国和阿根廷，中三叠世—晚三叠世早期。

吐鲁番鳄属 Genus *Turfanosuchus* Young, 1973c

模式种　达坂吐鲁番鳄 *Turfanosuchus dabanensis* Young, 1973c

鉴别特征　轭骨背（眶）突基部宽广，相对于其他部分该突深陷骨表面；隅骨不参与下颌外孔边缘的形成；齿骨后腹突拉长、长于后背突，上隅骨外表面强烈凹曲（Butler et al., 2014）。

中国已知种　仅模式种。

分布与时代　新疆吐鲁番桃树园沟，中三叠世。

达坂吐鲁番鳄 *Turfanosuchus dabanensis* Young, 1973c

（图 28）

正模　IVPP V 3237，一相关联骨架的大部分。新疆吐鲁番桃树园沟。

鉴别特征　同属。

产地与层位　新疆吐鲁番桃树园沟，中三叠统克拉玛依组。

评注　杨钟健（1973c）认为达坂吐鲁番鳄是派克鳄类。Parrish（1993）的重新研究表明，它比派克鳄类更进步，是主龙类。经过对标本的进一步修理，Wu 和 Russell（2001）的再研究不支持 Parrish（1993）的结论。近年，系统发育系统分析再次确定达坂吐鲁番鳄是主龙类，尽管其系统位置无法确定（Nesbitt, 2011；Li et al., 2012）。Butler 等（2014）的研究明确了该属种的系统关系，归入纤细鳄科。

永和鳄属 Genus *Yonghesuchus* Wu, Liu et Li, 2001

模式种　桑壁永和鳄 *Yonghesuchus sangbiensis* Wu, Liu et Li, 2001

鉴别特征　两前颌骨（背视）形成一尖锐的前端；在上颌骨背支形成的眶前凹里有一附加的凹陷；副蝶 - 基蝶骨腹面，基突与基翼突间又具两个凹陷，齿骨的后背突超长、

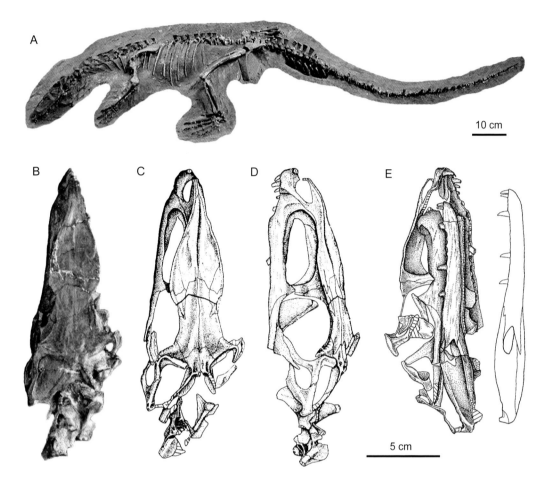

图 28　达坂吐鲁番鳄 *Turfanosuchus dabanensis*

正模（IVPP V 3237）：A. 骨架（部分复原）；B, C. 头骨顶视照片和绘图；D. 头骨绘图左侧视；E. 头骨和下颌绘图及下颌右支复原右侧视（绘图引自 Wu et al., 2001, Figs. 1, 2）

大大长于其后腹突（根据吴肖春等，2001 改编而来）。

中国已知种　仅模式种。

分布与时代　山西永和桑壁，中三叠世晚期。

桑壁永和鳄 *Yonghesuchus sangbiensis* Wu, Liu et Li, 2001

（图 29）

正模　IVPP V 12378，一不完整头骨和下颌。山西永和桑壁。

副模　IVPP V 12379，一不完整头骨与相关联的前面七个颈椎和颈肋。

鉴别特征　同属。

产地与层位　山西永和桑壁，中三叠统铜川组二段。

评注　吴肖春等（2001）没有对桑壁永和鳄进行系统发育系统分析；因标本太不完整，他们只是把它作为主龙形类里形态上最接近主龙类的属种。如前述，Butler 等（2014）的最新研究认为永和鳄和吐鲁番鳄及南美的纤细鳄系统关系密切，并由此创建了纤细鳄科。刘俊等（2013）绝对年龄测定认为铜川组时代属中三叠世拉丁期。

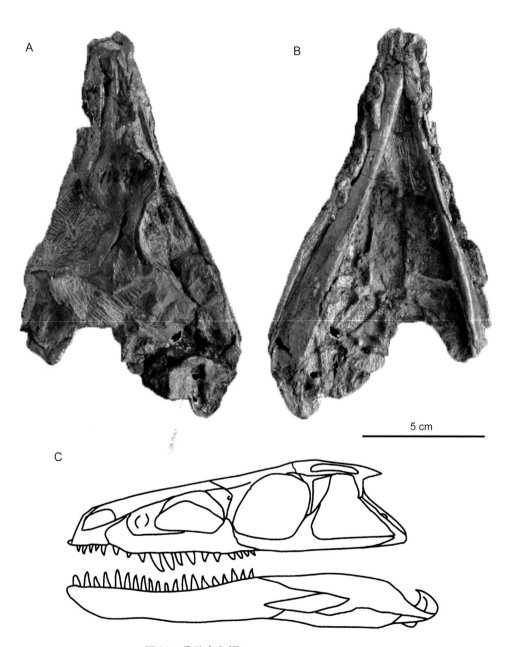

图 29　桑壁永和鳄 *Yonghesuchus sangbiensis*

正模（IVPP V 12378）头骨和下颌：A, B. 照片背、腹视；C. 复原图侧视（引自吴肖春等，2001，图 4）

坡坡龙大目 Grandorder POPOSAUROIDEA Nopsca, 1923

概述 坡坡龙类自 Nopsca（1923）建立以来，其包括的种类很不稳定，经常与一些劳氏鳄类混合在一起（见 Nesbitt, 2011）。Nesbitt（2003）首先对坡坡龙属（*Poposaurus*）进行系统发育系统分析，发现它与亚利桑那龙属（*Arizonasaurus*）和舒弗龙属（*Shuvosaurus*）关系密切。这个结论得到了 Weinbaum 和 Hungerbühler（2007）的进一步确定。目前坡坡龙类所包括的成员是 Nesbitt 等（2010a）研究中国的戏楼鳄时奠定的。Nesbitt（2011）又对大多数（有一定标本代表的）主龙形类进行了研究，进一步确定了坡坡龙类及其系统关系。Li 等（2016）在研究新种类时再次证实坡坡龙类成员之间及与其他假鳄类之间的系统关系。主龙类大多是陆相生态系统中的成员，中国记录了第一个确定无误的海相生态系统中的主龙类（见 Li et al., 2006）。

定义与分类 包括 *Shuvosaurus* 及相对于鸟鳄科、恩吐龙目、纤细鳄科、披甲类和 *Ticinosuchus* 系统关系与 *Shuvosaurus* 更近的假鳄类。目前坡坡龙类包括 8 个属，其中三个来自中国（见下）。就目前已知的标本，它们间的系统关系如图 27 所示。虽然坡坡龙现有成员之间系统关系基本清楚，但系统发育系统学者们对它们大多数不同级别分类单元没有命名，尤其是包含中国属种的分类单元。另外，有些坡坡龙类或相似于坡坡龙类的属种因太不完整而没有包括在有关的系统发育系统分析中，这些属种的加入肯定会对现有 9 属种的系统关系稳定性产生影响（见 Nesbitt, 2011）。因此，在这里有关属种都置于坡坡龙大目之下进行系统记述。

鉴别特征 前颌骨背突（鼻突）大于前颌骨主体前后长度，前颌骨后背突（上颌突或鼻下突）局限于构成外鼻孔腹缘，进入脑颅的内颈动脉孔位于副蝶 - 基蝶骨腹面，背椎神经棘末端不扩展，第一荐肋与肠骨指向前方的突相关节，耻骨板的近端具一加厚的突，股骨中段骨壁与骨干直径之比大于 0.2 小于 0.3，腓骨远端圆形或对称地扁平形（Li et al., 2016）。

中国已知属 戏楼鳄 *Xilousuchus* Wu, 1981；芙蓉龙 *Lotosaurus* Zhang, 1975；黔鳄 *Qianosuchus* Li et al., 2006。

分布与时代 亚洲、北美洲和南美洲，早三叠世—晚三叠世。

黔鳄属 Genus *Qianosuchus* Li, Wu, Cheng, Sato et Wang, 2006

模式种 混形黔鳄 *Qianosuchus mixtus* Li, Wu, Cheng, Sato et Wang, 2006

鉴别特征 个体中等、骨架全长 3 米多。以下列特征组合区别于其他坡坡龙类：前颌骨低矮、具 9 个匕首样牙齿；后置的外鼻孔比头骨上任何孔都要长，其主要由鼻骨（背部）和上颌骨（腹部）环围；下颌外孔半卵圆形；第二到第九颈椎神经棘纵向宽广，每个背端附有 5 对小型骨板；尾椎神经棘很高，至少是其椎体高度的四倍；颈肋细长，是对应椎体长的四倍多，肩胛骨板状、斧形。

中国已知种　仅模式种。

分布与时代　贵州盘县新民，中三叠世早期。

混形黔鳄 *Qianosuchus mixtus* Li, Wu, Cheng, Sato et Wang, 2006

（图 30）

正模　IVPP V 13899，一几近完整的骨架。贵州盘县新民。

副模　IVPP V 13400，一完整骨架，具几近完整的头骨和下颌。

归入标本　NMNS 000408/F003877，一完整头骨。

鉴别特征　同属。

评注　Li 等（2006）一开始就认为混形黔鳄是主龙类，与鳄型动物关系密切。Nesbitt（2011）系统发育分析包括了更多的种类，并认为它与坡坡龙类关系更近。Li 等（2016）对新种类的研究进一步支持这一观点。如前述，混形黔鳄是第一个真正的与海相生态系统有关的主龙型爬行动物。

戏楼鳄属　Genus *Xilousuchus* Wu, 1981

模式种　沙坪戏楼鳄 *Xilousuchus sapingensis* Wu, 1981

鉴别特征　以下列特征组合区别于其他坡坡龙类：后颈椎神经棘末端向前弧形弯曲，中间颈椎神经棘前后扩展，眶前凹上颌骨部具一深凹，在后耳骨腹突之下、副蝶-基蝶骨上具一深凹，后颈椎没有分叉的副突，前颈椎中后部中央横突隔发育微弱（根据Nesbitt et al., 2010a 综合而来）。

中国已知种　仅模式种。

分布与时代　陕西府谷哈镇戏楼沟，早三叠世晚期。

沙坪戏楼鳄 *Xilousuchus sapingensis* Wu, 1981

（图 31）

正模　IVPP V 6062，分散的头骨和下颌骨块，及 12 脊椎等。陕西府谷哈镇。

鉴别特征　同属。

产地与层位　陕西府谷哈镇戏楼沟，下三叠统上部和尚沟组。

评注　吴肖春（1981）把戏楼鳄归于古鳄科。Nesbitt 等（2010a）和 Nesbitt（2011）

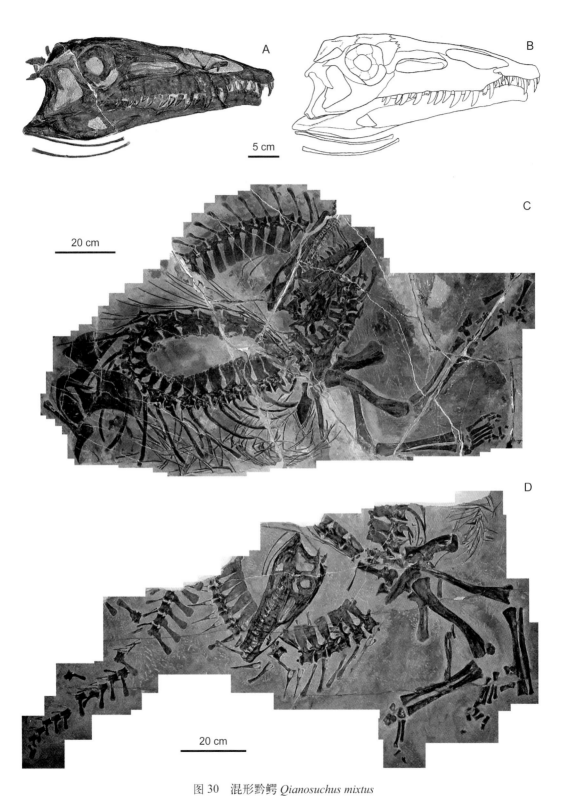

图 30 混形黔鳄 *Qianosuchus mixtus*

A, B. 副模（IVPP V 13400）头骨照片和线条图侧视；C. 正模（IVPP V 13899）照片；D. 副模（IVPP V 13400）大部标本照片（线条图引自 Li et al., 2006, Fig. 2B）

的系统发育系统分析认为它是个坡坡龙类。这一结论得到 Li 等（2016）和 Butler 等（2014）的支持。另外，在坡坡龙大目中，戏楼鳄与北美的亚利桑那龙系统关系最近（图 27）。

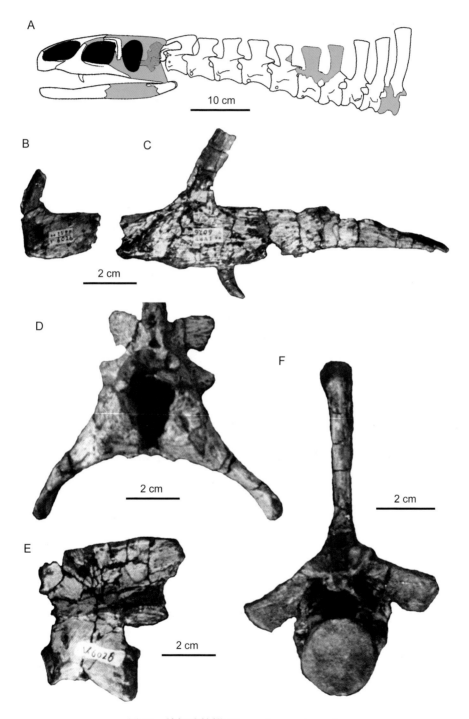

图 31　沙坪戏楼鳄 *Xilousuchus sapingensis*

正模（IVPP V 6062）部分标本：A. 头骨和颈部复原侧视（浅紫色表示缺失，根据 Nisbett et al., 2010a, Fig. 2 改绘）；B. 前颌骨侧视；C. 上颌骨侧视；D. 脑颅顶视；E. 枢椎侧视；F. 第九颈椎前视

芙蓉龙属 Genus *Lotosaurus* Zhang, 1975

模式种 无齿芙蓉龙 *Lotosaurus adentus* Zhang, 1975

鉴别特征 无齿和脊椎神经棘超长（根据张法奎，1975 和 Parrish, 1993 精简而来）。

中国已知种 仅模式种。

分布与时代 湖南桑植，中三叠世。

无齿芙蓉龙 *Lotosaurus adentus* Zhang, 1975

（图 32）

材料 IVPP V 4881，代表超过 10 个个体的一大批标本。湖南桑植。

鉴别特征 同属。

产地与层位 湖南桑植，中三叠统巴东组。

评注 张法奎（1975）为无齿芙蓉龙单独建立一芙蓉龙科（Lotosauridae），归古鳄亚目（Proterosuchia）。Parrish（1993）对有关主龙类进行系统发育分析时首次包括了芙蓉龙，该分析结果把芙蓉龙归属于主龙类的劳氏鳄科。Nesbitt（2007）的系统发育系统分析首次

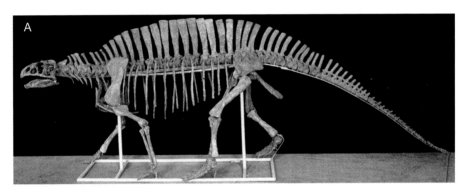

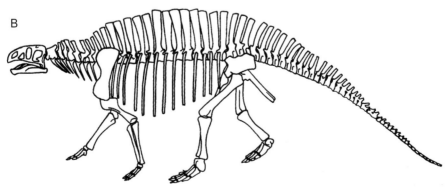

图 32 无齿芙蓉龙 *Lotosaurus adentus*

正模（IVPP V 4881）复原侧视（无比例尺）：A. 骨架；B. 骨架线条图（引自 Li et.al., 2008）

确定了芙蓉龙与坡坡龙类的亲缘关系。之后的研究（Nesbitt, 2011；Butler et al., 2014；Li et al., 2016）对芙蓉龙与其他坡坡龙类成员之间系统关系有了更确切的认识（见图27）。

主龙巨目疑问属种 Archosauria gen. et sp. probl.

加斯马吐龙属？ Genus *Chasmatosaurus* Haughton, 1924 ？

？最后加斯马吐龙 *?Chasmatosaurus ultimus* Young, 1964

（图33）

标本　IVPP V 2301，一头骨及下颌前部。

产地与层位　山西武乡，中三叠统二马营组上部。

评注　杨钟健（1958a）先把有关标本归于袁氏加斯马吐龙，后（1964a）又为其建立一新种——最后加斯马吐龙。Liu 等（2015）最新研究认为最后加斯马吐龙的标本没有古鳄类的特征，却显示出许多主龙类的性状，如上颌骨腭突在中线搭接，眶前凹占据上颌骨后突大部分，腭骨横宽和无腭骨齿。然而，就目前的标本而言，没有特征能确定它在主龙类里的确切归属。

条鳄属？ Genus *Strigosuchus* Simmons, 1965 ？

？曲条鳄 *?Strigosuchus licinus* Simmons, 1965

（图34）

标本　CUP 2082，一不完整下颌左支。

产地与层位　云南禄丰，下侏罗统深红层。

评注　根据Simmons（1965）记述，没有特别的特征来定义该属种。Luo 和 Wu（1994）认为曲条鳄是个存疑属种，因为现有的标本无法把它归属鳄型类的楔齿鳄类或其他主龙类。

硕鳄属？ Genus *Pachysuchus* Young, 1951 ？

？不完整硕鳄 *?Pachysuchus imperfectus* Young, 1951

标本　IVPP V 40，一头骨断块。

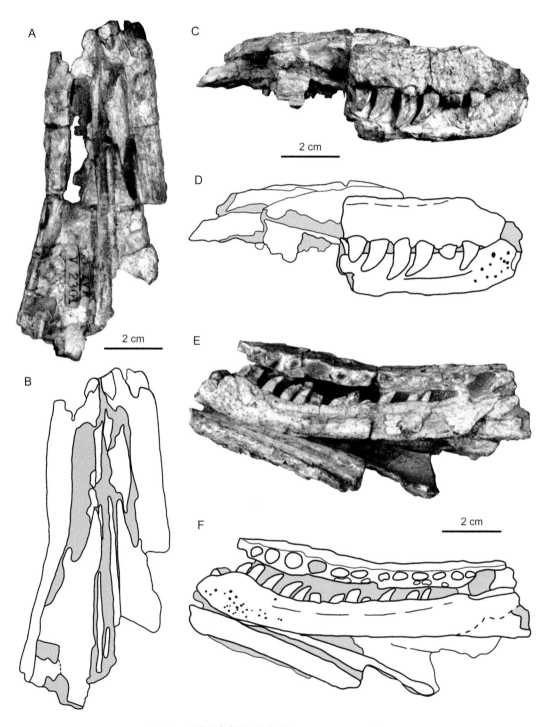

图 33 ?最后加斯马吐龙 ?*Chasmatosaurus ultimus*

标本（IVPP V 2301）照片和线条图（根据 Liu et al., 2015 Fig.1 修改而来）：A, B. 头骨背视；C, D. 头骨
侧视；E, F. 头骨和下颌前部侧腹视

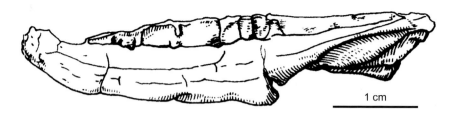

图 34 ? 曲条鳄 *?Strigosuchus licinus*
标本（CUP 2082）绘图侧视（引自 Li et al., 2008）

产地与层位 云南禄丰，下侏罗统深红层。

评注 Young（1951）认为不完整硕鳄是个副鳄（植龙）类。Westphal（1976）认为该属种不能确定，而 Luo 和 Wu（1994）不认为它是个植龙类。

第二部分　鳄　型　类

鳄型大目导言

一、鳄型大目的定义及系统关系

（一）定义与特征

鳄型类（Crocodylomorpha）在这里定为大目级。该大目最初由 Hay 于 1930 年创建。Walker 分别于 1968 和 1970 年将其修订为包含鳄类（Crocodylia）及其近亲的分类单元，并在 1990 年指出，所有鳄型动物都具有方骨与脑颅相接这一裔征。自上世纪 80 年代以来，虽然许多主龙类研究中经常包括鳄型类，但是都没有在系统发育系统学上给予鳄型类明确定义（如 Benton et Clark, 1988；Parrish, 1992, 1993；Benton, 1999）。直到 2002 年，Benton 和 Walker 才定义鳄型类为"与 *Erpetosuchus* 或 *Ornithosuchus* 相比，包括所有与真鳄类（Eusuchia）有较近系统关系的主龙类"。这一定义遭到后来学者的质疑，因为用以进行系统关系分析的两外类群化石不完整，且其本身的系统关系多变不定。Sereno 等（2005）对主龙类系统发育分析确定了 *Postosuchus*（代表劳氏鳄类——Rauisuchidae）是鳄型动物的姊妹群，并对鳄型动物定义进行了修改。在此基础上，Nesbitt（2011）又进一步完善了鳄型类的定义，该定义被愈来愈多的学者接受（如 Li et al., 2012；Sookias et al., 2014；Butler et al., 2014），本志书采用这一最新的定义，即：含 *Crocodylus niloticus* Laurenti, 1768 但不含 *Rauisuchus tiradentes* Huene, 1942，*Poposaurus gracilis* Mehl, 1915，*Gracilisuchus stipanicicorum* Romer, 1972c，*Prestosuchus chiniquensis* Huene, 1942，或 *Aetosaurus ferratus* Fraas, 1877 的最大包容支系。也就是说，和上述不被包含的属种相比，包含所有与 *Crocodylus niloticus* Laurenti, 1768 有更近系统关系的主龙类。支持这一定义的主要裔征为：前颌骨的上颌骨突（鼻孔下突）小于或等于前颌骨前后长；前颌骨的上颌骨突覆盖鼻骨的前背面；前颌骨具 5 枚牙齿；前颌骨与上颌骨间有一鼻孔下豁口；鼻骨参与形成眶前凹背缘；泪骨与眼眶同高，在眼眶腹缘与轭骨搭接；前额骨缺失；鳞骨无前腹突；上颞凹扩展到鳞骨后背部；无方轭骨 - 方骨孔；

眼眶圆形或椭圆形；关节骨具一内背突并与关节窝相续；无锁骨；乌喙骨肩臼后突拉长，只向后扩展；肱骨无外上髁翼；近侧腕骨（尺侧腕骨、桡侧腕骨）加长；第五远侧腕骨缺失；髂骨前突前伸超过髋臼但短于髂骨后突；髋臼缘上方髂骨翼平坦。

（二）系统关系和分类

上世纪 80 年代前，鳄目（Crocodylia）的分类大多采用 Steel（1973）的或与之相近的体系（Romer, 1956；Carroll, 1988；杨钟健，1961；吴肖春，1986 等），即鳄目包括几个亚目，如楔形鳄亚目（Sphenosuchia）、原鳄亚目（Protosuchia）、中鳄亚目（Mesosuchia）和真鳄亚目（Eusuchia）等。自 90 年代开始，"Crocodylomorpha" 或 "crocodylomorph" 两词就已经在我国的相关研究中被译成"鳄型动物"或"鳄型类"（吴肖春等，1994）。系统发育系统学中的鳄型大目所包含的类群与传统分类中的鳄目（如 Carroll, 1988）基本一致，但两者在较低级分类单元组成和名称上有较大的不同，在系统关系上，两者则更是不能相互比较。目前，绝大多数学者接受或采用系统发育系统学上对鳄型动物的定义、分类及确立的系统关系。

在系统发育系统学上，鳄型大目由楔形鳄目和鳄形类（Crocodyliformes）组成，鳄形类由原鳄目等和中真鳄类（Mesoeucrocodylia）组成，中真鳄类由南鳄目（Notosuchia）等和新鳄类（Neosuchia）组成，新鳄类由海蜥鳄目等和真鳄类（Eusuchia）组成，真鳄类由 Hylaeochampsidae 和鳄目（Crocodylia）组成，鳄目由现生的各类群及其化石近亲组成。也就是说，在系统发育系统学中 "Crocodylia" 这一分类单元只局限于有现生代表的鳄型动物。各级分类单元的组成及其系统关系请参看图 35 和图 36。科级和科之下分类单元的定义及支持特征参看下面"系统记述"一节；科级以上分类单元的定义及支持特征可简述如下。

楔形鳄目 (Sphenosuchia) 定义 Sphenosuchia 由 Bonaparte（1972）命名，它是源自于 Haughton（1924b）的楔形鳄科（Sphenosuchidae）。当初只包括 *Sphenosuchus*，*Pseudosphenosuchus* 和 *Hesperosuchus*。Sereno 和 Wild（1992）增加了 *Saltoposuchus*，*Terrestrisuchus* 和 *Dibothrosuchus*，并经系统发育分析认为 Sphenosuchia 是个单系类群。这一观点几乎同时为 Wu 和 Chatterjee（1993）的分析获得，虽然群内各属种间系统关系不尽相同。后来，Clark 等（2001）和 Sues 等（2003）对新属种的研究也证实楔形鳄目是个单系。然而，随着更多属种的发现，较多的研究支持 Benton 和 Clark（1988）的观点（如 Clark et Sues, 2002；Clark et al., 2004；Li et al., 2012），即楔形鳄目是个并系类群。目前大约有 12 个属种归楔形鳄目，其中有几个很不完整，经常不被包括在系统发育分析中。虽然在这里我们采纳一个并系的楔形鳄目，但是随着新属种和已知种类更完整标本的发现，并系的楔形鳄目说不定会变成单系。目前，并系的楔形鳄目可以定义如下：与劳氏鳄科（Rauisuchidae）相比，楔形鳄目是指一群与鳄形类（Crocodyliformes）系统关系更

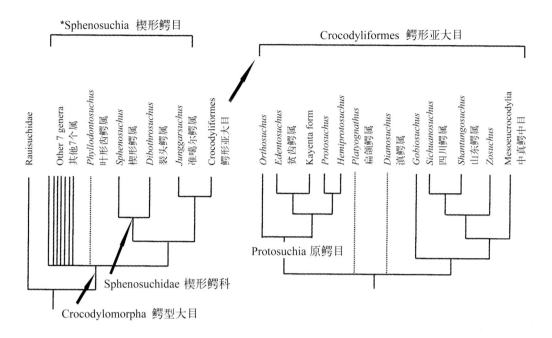

图 35 目前较为普遍接受的支序图

分别表明鳄型大目中主要的早期类群之间及与中真鳄类的系统关系。"*"代表并系类群。中国的属种有中文名伴随。"虚线"表明相关属种没有经任何系统关系分析或系统关系不确定。支序图根据 Wu 和 Chatterjee（1993）、Wu 等（1994, 1996a, b）、Clark 和 Sues（2002）、Sues 等（2003）、Pol 和 Norell（2004a, b）、Clark 等（2004）、Nesbitt（2011）、Bronzati 等（2012）、Irmis 等（2013）和 Fiorelli 等（2016）综合而成

近的鳄型动物（见图 35），其所有成员不能被一个或几个共近裔性状来限定；也就是说，楔形鳄目是由其与鳄形类的最近共同祖先的部分后裔组成的，楔形鳄目成员与鳄形类共享有一组 Rauisuchidae 没有的裔征（即上述支持鳄型大目单系的特征），但不具备鳄形类成员任何一个共近裔性状。

鳄形亚大目 (Crocodyliformes) 定义 与鳄型大目相同，分类位置低一级的 Crocodyliformes 也是由 Hay（1930）创建的。Benton 和 Clark（1988）在主龙类（等于本册里的主龙形类）系统发育研究中首先采用这一名字，尽管在该文中他们没有给出定义。后来在 2001 年，Sereno 等才正式在系统发育系统学上给鳄形类下了定义。该定义被随后的大部分学者接受，尽管随着新属种的发现不时对支持这一定义的共近裔性状有所修改（如 Clark et al., 2004；Pol et Norell, 2004a, b；Gasparini et al., 2006；Turner et Sertich, 2010；Nesbitt, 2011；Fiorelli et al., 2016）。这里我们采用这一定义，即含 Protosuchia Mook, 1934 和 *Crocodylus niloticus* Laurenti, 1768 的最小包容支系。也就是说，和并系的楔形鳄目中的任一属种相比（参考图 35），包含所有与 *Crocodylus niloticus* Laurenti, 1768 有更近系统关系的鳄型动物。支持这一定义的共近裔性状有：头骨表面具深的坑点、沟回；眶后骨在轭骨内侧与之搭接；轭骨前方不超出眼眶前缘；方轭骨背突与眶后骨搭接；

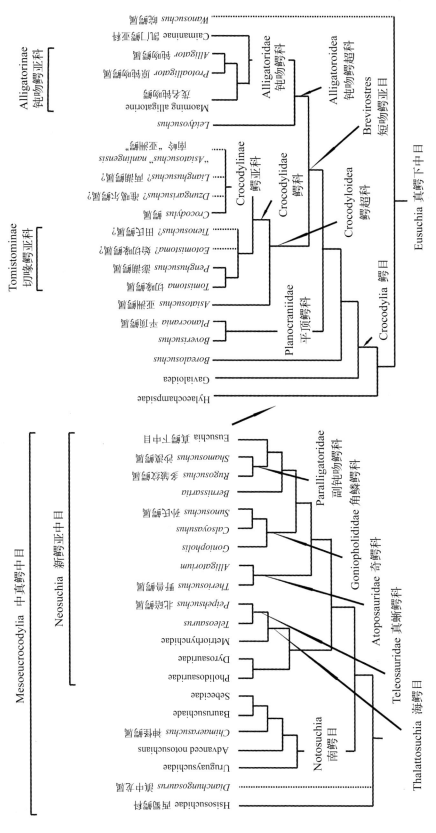

图 36 目前较为普遍接受的另一组支序图

分别表明中真鳄中目中各类群间系统关系，其他说明同上。根据 Soto 等 (2011)，Brochu 和 Storrs (2012)，Brochu 等 (2012)，Pol 等 (2012, 2014)，Young (2014)，Turner (2015)，Farke 等 (2014)，Wu 和 Brinkman (2015) 及 Fiorelli 等 (2016) 综合而成

环绕上颞孔平坦的头骨平台形成，外侧超出与方骨连接部；眶后棒背部变窄，与眶后骨背部表面不连续；方骨背面和后内侧面具一孔窗；方骨背部主关节头与耳骨和侧蝶骨搭接；方骨腹内侧部与耳枕部（otoccipital）环绕颈动脉搭接并形成第九到第十一脑神经的通道；两翼骨在基蝶骨前相接；基蝶骨腹面宽，相似或长于基枕骨；眶前孔小于眼眶的一半；后前颌骨齿肥大；肩胛骨前缘比后缘弯曲强烈；尺骨肘突小或没有；后髋臼突腹缘位于或高于髋臼背腹中点；背部骨板矩形，宽大于长；尾部完全被骨板包裹（Fiorelli et al.，2016）。

　　原鳄目 (Protosuchia) 定义　　原鳄目由 Mook（1934）命名，源于 Brown（1934）的原鳄科（Protosuchidae），仅包括原鳄属（*Protosuchus*）。随着新属种的发现，原鳄目（或亚目）不断有新成员加入。较常见的属种有 *Protosuchus* (Brown, 1934)，*Orthosuchus* (Nash, 1968)，*Hemiprotosuchus* (Bonaparte，1969)，*Gobiosuchus* (Osmolska, 1972) 和 Kayenta Form (Clark，1994) 等等。目前，曾经归入原鳄目的属种有十几个，包括我国的五个（见图 35）。就像楔形鳄目一样，不是所有原鳄类成员能够组成一个系统发育系统学意义上的单系类群。目前较一致的意见认为，大多数早期归入原鳄目和几个后来的属种可以构成一单系没有命名的类群（如 Pol et Norell, 2004a, b；Fiorelli et Calvo, 2007；Clark, 2011），一些研究者以它们代表原鳄目（如 Bronzati et al., 2012）。在这里，我们采纳这一意见（见图 35）；其他的属种在这里暂时称之为基干鳄形动物。原鳄目可定义为：含 *Orthosuchus* Nash, 1968 和 *Hemiprotosuchus* Bonaparte, 1969 的最小包容支系。支持这一定义的共近裔性状有：方骨的翼骨支腹缘具一深沟；关节骨内突与耳枕部和基蝶骨关节；上隅骨背缘弓起；颈椎或颈椎和前两个背椎具椎体下突；侧视下颌联合浅及前端尖削（Fiorelli et al., 2016）。

　　中真鳄中目 (Mesoeucrocodylia) 定义　　中真鳄类由 Whetstone 和 Whybrow（1983）命名，内容上包括除传统上归于楔形鳄目和原鳄目以外的鳄型动物。对于中真鳄类的分类和定义，学者们意见比较一致。分歧在于是否把西蜀鳄科（Hsisosuchidae Young et Chow, 1953）当作最基干的中真鳄类（如 Wu et al., 1994, 1997；Sereno et al., 2001）或作为中真鳄类的姊妹群（Clark, 2011；Pol et al., 2014；Fiorelli et al., 2016）。这里我们采用前者的分类和定义，即中真鳄类是含 *Hsisosuchus chungkingensis* Young et Chow, 1953 和 *Crocodylus niloticus* Laurenti, 1768 的最小包容支系。支持这一定义的共近裔性状有：轭骨的前部是其后部的两倍宽；与耳枕部搭接之上方骨的后脊缘强烈凹进；前颌骨前部和后部牙齿大小相似；轭骨前伸超过眼眶；翼骨的方骨支十分发育；鳞骨沿耳盖沟外侧面萎缩、垂直；方骨体在与耳枕部搭接之下仍清晰明了，腹视翼骨的方骨支窄；在腭部两翼骨在基蝶骨前不搭接；反关节突外侧缘后端具圆形膨大；关节骨没有内突；腹视夹板骨参与下颌联合约 30% 的形成；腹视夹板骨在下颌联合之后暴露（Fiorelli et al., 2016）。

南鳄目 (Notosuchia) 定义 南鳄目由 Gasparini（1971）命名，有关成员基本都来自南美白垩纪，产于我国的神怪鳄属（*Chimaerasuchus* Wu, Sues et Sun, 1995）是个特例。当初根据包含有限属种的系统发育分析，Wu 等（1995）认为神怪鳄属与南鳄属关系紧密，归南鳄科。本世纪以来，在南美不同国家许多新的属种被发现，同时对该目在中真鳄类中的系统关系及本身内部各类群（包括神怪鳄属）的分类和彼此之间系统关系有了较全面的研究（见 Pol et al., 2014；Fiorelli et al., 2016）。目前较为一致的意见认为，神怪鳄是个南鳄类，在南鳄类中自成一支系，是西贝鳄类（Sebecosuchia）的姊妹群（如 Pol et al., 2014；Fiorelli et al., 2016）。目前南鳄目可以定义为：包含 *Comahuesuchus brachybuccalis* Bonaparte, 1991 和 *Sebecus icaeorhinus* Simpson, 1937 的最小包容支系。支持这一定义的共近裔性状有：髂骨髋臼后突亚矩形，至少为后突近端背腹高度的 60%；髂骨髋臼后突腹缘水平或稍微向腹后倾斜，髂骨髋臼后突后三分之一腹边缘低于髋臼背腹中点；距骨中空的前部距区和距骨 - 跗骨韧带坑之间的脊显著（Fiorelli et al., 2016）。

新鳄亚中目 (Neosuchia) 定义 新鳄类由 Benton 和 Clark（1988）命名，随后被其他学者沿用。定义：与南鳄类比，包括所有与 *Crocodylus niloticus* Laurenti, 1768 有更近系统关系的中真鳄类。支持这一定义的共近裔性状：粗糙的髂胫肌附着面形成的髋臼上脊，内外窄且面向背方或侧背方。其他可能的共近裔性状有：吻部管状；外鼻孔背向、不为前颌骨分隔；鳞骨后背突不发育、在头骨同一平面凸出；具一枚大的眼睑骨；基枕骨和耳枕部的腹部面向后，基蝶骨在脑颅侧面暴露；方骨远端面不分隔、面向后；方骨远端截面内外宽、前后窄，宽度约为长度的三倍，前视方骨体在与耳枕部搭接之下面向腹外侧；鳞骨后外侧背面无斜脊，耳突前伸只达到鳞骨；上枕骨内外窄，仅占枕部内外宽度的三分之一弱；齿骨外孔下颌前腹侧面不侧扁而凸出；上颌齿植于独立的齿腔里；枢椎前关节突超出神经弓前缘（Fiorelli et al., 2016）。

海鳄目 (Thalattosuchia) 定义 海鳄目由 Fraas（1901）命名，代表一群海生的鳄型动物；由 Young 和 Andrade（2009）首次在系统发育系统学上加以定义。海鳄目基本上由两大类组成，即真蜥鳄科（Teleosauridae）和中吻鳄科（Metriorhynchidae）；我国有真蜥鳄类的代表。尽管海鳄目成员不断增加，但它在系统发育学上的单系性一直没有异议（如 Pol et al., 2009；Fiorelli et al., 2016）。目前海鳄目可定义为：包括 *Teleosaurus cadomensis* Lamouroux, 1820 和 *Metriorhynchus geoffroyii* Von Meyer, 1832 但 不 包 括 *Pholidosaurus schaumburgensis* Von Meyer, 1841，*Goniopholis crassidens* Owen, 1841 或 *Dyrosaurus phosphaticus* Thomas, 1893 的最大包容支系。支持这一定义的共近裔性状有：鼻骨不与前颌骨搭接；眶后骨 - 轭骨搭接，前者在外，轭骨前、后部宽度相似；围绕上颞孔头骨背面结构复杂，眶后棒背端宽，与该骨背面连续一致；顶骨在两上颞孔间形成一矢状脊；方骨后脊缘鼓膜内侧宽且微凹，方骨背端主突与鳞骨、耳枕部及前耳骨连接；靠近头骨外侧缘方骨、鳞骨和耳枕部环围成一管道，耳枕部在副枕突之下具一大的腹外侧部；无眼睑骨；

上颞孔相对大，头骨顶面大部分为其覆盖；眶后骨比鳞骨长；冠状骨前部后方抬升，高出下颌背缘；翼骨翼内外短，具一窄的外侧端；在耳枕部 - 方骨搭接下方骨体初现；头骨的颅平台和其下部同等宽；鼻骨后外侧部发达的后侧突倾向腹方，参与吻部外侧面的形成；眶后棒外侧面由眶后骨形成；在副枕突外侧鳞骨后外侧区具一亚圆形的面；侧蝶骨的主突指向外侧或前后向；髂骨前、后突长度相似，耻骨完全被坐骨前突排除出髋臼；髂骨髋臼后突完全退化或消失，或前后伸展长度不超过髋臼的一半（Fiorelli et al., 2016）。

真鳄下中目 (Eusuchia) 定义　真鳄类由 Huxley（1875）命名。系统发育系统学意义上的真鳄类是个单系类群，由 Brochu（2003）首先定义，尽管他在 1999 年系统分析中已为单系的真鳄类确定了一组共近裔性状。之后的学者大都采纳这个定义，虽然对其内部的属种系统关系的意见不尽一致（如 Salisbury et al., 2006）。目前真鳄类可以定义为：包含 *Hylaeochampsa vectiana* Owen, 1874，*Crocodylus niloticus* Laurenti, 1768，*Gavialis gangeticus* Gmelin, 1789 和 *Alligator mississippiensis* Cuvier, 1807 最近的共同祖先及其所有后裔。支持这一定义的共近裔性状有：内鼻孔完全被翼骨包围；上颞孔前内侧角平滑，不具浅凹；眼眶背缘翻转；成体的外翼骨并未延伸至侧翼骨凸缘的后端；下颌反关节突指向后背方；前部的齿骨齿向前背方伸出；下颌外孔存在；枢椎椎下突无深的分叉；尺骨肘突宽，呈浑圆状（Brochu, 1999）。

鳄目 (Crocodylia) 定义　鳄目由 Gmelin（1789）命名。如上述，系统发育系统学意义上的鳄目只包括有现生代表的鳄型动物，由 Brochu（2003）首次定义。实际上，他在 1999 年系统分析中已为单系的鳄目确定了一组共近裔性状，即：鳄目包括 *Gavialis gangeticus* Gmelin, 1789，*Alligator mississippiensis* Cuvier, 1807 和 *Crocodylus niloticus* Laurenti, 1768 最近的共同祖先及其所有后裔。支持这一定义的共近裔性状随着后来新属种不断发现及研究，在不同学者间也稍有不同，这里采用 Wu 和 Brinkman（2015）的系统分析结果，即：在上颞孔间的额骨 - 顶骨骨缝直线状；头骨平台鳞骨部具明显的后外侧突沿副枕突伸展；副枕突在颅方管出口外侧发育（长）。

二、鳄型大目的演化

（一）骨骼形态演化

早期的鳄型动物（如楔形鳄目成员）形态上与其他典型的主龙形类区别不大（参看基干主龙型类导言图 3）。头骨上除鼻孔和眼眶以外的孔 / 窗大多存在（图 3A, C, D），只有头骨后面（枕面）的后颞孔关闭了（图 3B）。随着鳄型动物的演化，眶前孔在新鳄类成员中也关闭了。下颌外孔也可能在极少数新鳄类成员中消失，如我国的无孔皖鳄（*Wanosuchus atresus*）。

与其他主龙类相比，鳄型动物头骨最特化的部分是次生腭的形成，即由前颌骨和上颌骨腭突参与和原生腭（犁骨、腭骨、翼骨和外翼骨组成）一起在口腔内构成一完整的、中间有内鼻道贯通的板层状结构——次生腭（图37C, E–G）。鳄型动物的次生腭不是一下形成的，而是随着进化不断完善的。在基干鳄型类楔形鳄目成员中，两前颌骨和上颌骨腭突发育，在中线连接，自此形成了次生腭的前部。例如我国敏捷裂头鳄（*Dibothrosuchus elaphros*）的次生腭就代表了这一初级阶段（图3C）。在这一阶段，犁骨在上颌骨之后，但仍然分隔成对且后移的内鼻孔。进化到鳄形动物的基干类群（原鳄目和相关类群），次生腭以腭骨开始缩小、向中线位移，但两腭骨在中线仍旧没有搭接，与翼骨形成沿中线向口腔开口的半管道结构；学者们相信该管道开口的腹侧应为膜质的结缔组织封盖，实际的内鼻孔开口应进一步后移至腭骨之后（图37E；见 Sues et al., 1994, Fig. 16.3A；Wu et al., 1994, Fig. 4B；1997, Fig. 1B；吕君昌、吴肖春，1996，图1A）。在中真鳄类最基干的种类（我国的西蜀鳄属），次生腭的形态与原鳄类及相似种类的区别不大（见李锦玲等，1994，图1 B）。在其他类群中，腭骨在腹侧翼骨在背侧的管状结构进一步扩大完成，即两腭骨在中线连接，次生腭和内鼻道进一步完善，这样使得内鼻孔更加后移，主要开口在翼骨（图37F）。如我国的长鼻北碚鳄（*Peipehsuchus teleorhinus*，见 Young, 1948, Fig. 2B）。次生腭在真鳄类里达到完善，其主要标志是管状结构的内鼻道进一步加长、内鼻孔完全开口在翼骨中，其位置接近次生腭的最后端——咽部（图37G, 38A）。在形态功能上，次生腭的形成使得真鳄类进食和呼吸完全分开，二者可同时进行，互不干扰。同时头骨得到了加固，在鳄类旋转撕裂食物时不至于破裂。

方骨与耳枕骨和鳞骨的关系不断复杂化是鳄型动物头骨形态演化中又一个特征。基干鳄型动物开始，方骨近端与脑颅中前耳骨开始连接（Walker, 1990；Wu et Chatterjee, 1993）。到原鳄类及其他基干鳄形动物，方骨主体内侧开始与副枕突远端连接（见 Wu et al., 1994, Fig. 6B）。可以肯定的是从新鳄类开始，方骨主体背面近远端处产生一脊状突起，该突前背侧与鳞骨，后背侧与副枕突远端关接，关闭在早期鳄型动物中侧向开口的颅方管（见图38B）。

在鳄型动物头骨背面形态变化也很特别。基干鳄型类楔形鳄目成员的头骨背面与其他主龙类的相比没有大的特化。头骨平台（skull table）是在基干鳄形动物原鳄类及其他有关类群中开始形成的（图38C），至今没有太大的变化。随着头骨平台的形成，头骨上

图 37　鳄型动物头骨演化

A–D. 楔形鳄类，敏捷裂头鳄（*Dibothrosuchus elaphros*）；E. 基干鳄形类，宽头山东鳄（*Shantungosuchus brachycephalus*）；F. 海鳄类，*Pelagosaurus typus*；G. 真鳄类，*Leidyosuchus formidabilis*。A, C, D 改自吴肖春，1986，图3；B 改自 Wu et Chatterjee, 1993, Fig. 3C，虚线红框代表后颞孔在其他主龙类里的位置；E 改自吕君昌和吴肖春，1996，图1；F 改自 Kälin, 1955, Fig. 26B；G 改自 Erickson, 1976, Fig. 5。深蓝色代表主龙类固有的孔/窗，深黄色表示在鳄型类演化中消失的孔/窗，浅蓝色表示在有些鳄型类消失的孔/窗，粉红色代表次生腭的新成分，深红色代表次生腭中原生腭部分，深绿色为内鼻孔

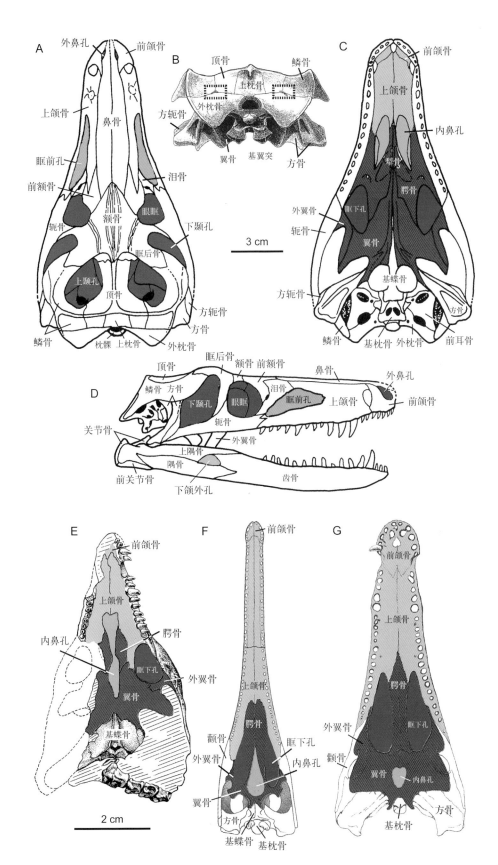

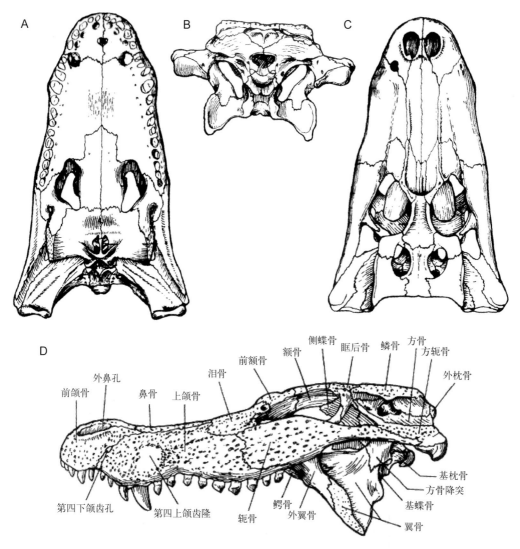

图 38 扬子鳄 *Alligator sinensis* 头骨结构图

A.腭面视；B.枕面视；C.顶面视；D.左侧视（引自丛林玉等，1998，图 18, 19）

外耳开口、眼眶和鼻孔开口都置于同一水平面（图 38D）。在水中，现生鳄类扁平的头骨稍微露出水面，它们的眼睛、鼻孔和浅的外耳开口就都暴露出水面，这样身体隐于水中但又不失观察功能。

　　早期的鳄型动物（楔形鳄类和原鳄类及其他基干鳄形类）是纯粹的陆生动物。它们是个体偏小、四肢细长、身体敏捷的捕食者（图 39A, B）。中真鳄类中的海鳄类生活在中生代的海洋，其中一支中吻鳄类的大多数属种是纯粹的海生动物，终身生活在水中；它们的四肢成浆状，肩带和腰带退化，尾巴末端侧向腹方形成像鱼的尾鳍（39C）。新鳄类到目前的鳄类绝大多数营"两栖"生活，在陆地上产卵、孵化。它们基本上营半直立行走（图 39D）。

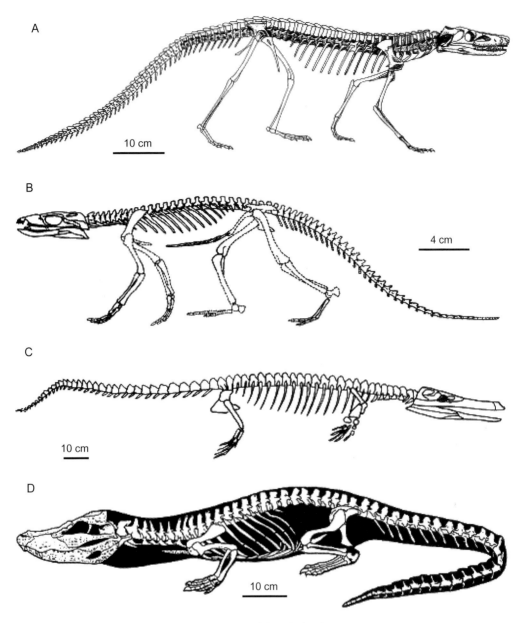

图 39　鳄型动物骨架复原图

A. 敏捷裂头鳄（*Dibothrosuchus elaphros*）骨架复原（引自 Wu and Chatterjee, 1993, Fig. 15）；B. 汇东四川鳄（*Sichuanosuchus huidongensis*）骨架复原（引自彭光照, 1996, 图 5）；C. *Geosaurus giganteus* 骨架复原（引自 Benton, 2014, Fig. 8.31e）；D. 扬子鳄（*Alligator sinensis*）骨架（引自丛林玉等, 1998, 图 15）

（二）地 质 历 史

在现生生态系统中，鳄型动物是个配角中的配角。然而就其演化历史之长而言，鳄型动物和包括人类在内的哺乳动物、包括鸟类的恐龙类和龟鳖类都先后起源于三叠纪晚期，至今有两亿多年的历史了。最早的鳄型动物是美国晚三叠世卡尼期（Carnian）楔形鳄

类的 *Hesperosuchus*（*H. agilis* Colbert, 1952）。大部分楔形鳄类生存于晚三叠世——早侏罗世。我国最早的是产自云南禄丰下侏罗统的敏捷裂头鳄，但斯氏准噶尔鳄（*Junggarsuchus sloani* Clark et al., 2004）延续到中侏罗世。*Hemiprotosuchus leali*（Bonaparte, 1969）是迄今发现的最早基干鳄形动物，它来自南美阿根廷上三叠统诺利阶（Norian）Los Colorados 组。原鳄类大多生存于侏罗纪早期，我国的天山贫齿鳄（*Edentosuchus tienshanensis* Young, 1973）延续到了白垩纪早期。其他基干鳄形动物生存于早侏罗世——晚白垩世；如我国的蜀汉四川鳄（*Sichuanosuchus shuhanensis* Wu et al., 1997）来自上侏罗统上沙溪庙组，蒙古国的 *Gobiosuchus kielanae*（Osmolska, 1972）延续到晚白垩世。按照目前的系统分类，较肯定的最基干的中真鳄类是我国的西蜀鳄科（Hsisosuchidae），产自四川盆地中、上侏罗统；其次是主要产自南美白垩系的南鳄目，包括产自我国下白垩统的奇异神怪鳄（*Chimaerasuchus paradoxus* Wu et al., 1995）。侏罗纪是基干新鳄类的海鳄类大发展时期，包括营两栖生活的真蜥鳄科和完全水生的中吻鳄科。海鳄类主要产自欧洲，最早的代表是英国早侏罗世的真蜥鳄科的 *Pelagosaurus typus* (Bronn, 1841)，最晚的海鳄类可以延续到白垩纪，如南美中吻鳄科的 *Dakosaurus andiniensis* (Gasparini et al., 2006)。我国的基干海生新鳄类只有四川盆地晚侏罗世真蜥鳄科的长鼻北碚鳄。当然，侏罗纪也有许多生存于陆生生态系统中不同分类级别的新鳄类类群。如晚侏罗世——早白垩世的奇鳄科（Atoposauridae），中侏罗世——晚白垩世的角鳞鳄科（Goniopholididae）和副钝吻鳄科（Paralligatoridae）。这三类在我国都有其代表。

真鳄类起源于早白垩世。最基干的代表是产自欧洲下白垩统的 Hylaeochampsidae (Clark et Norell, 1992)。具有现生代表的鳄目大概起源于八千多万年前的白垩纪晚期。按目前的系统分类，现生鳄目成员可归三大类，即食鱼鳄超科（Gavialoidea）、鳄超科（Crocodyloidea）和钝吻鳄超科（Alligatoroidea），它们各自的祖先都可追溯到晚白垩世（Brochu, 2000, 2003）。我国的扬子鳄是钝吻鳄类两现生种之一。我国也有鳄超科的化石代表，但缺食鱼鳄超科的代表。另外，在向鳄超科和钝吻鳄超科演化的过程中，有两类在新生代早期绝灭的类群，它们是晚白垩世——始新世的 *Borealosuchus* (Brochu, 1997) 和生存于古新世的平顶鳄科（Planocraniidae）；前者产自北美，后者产自欧亚大陆和北美，是以我国广东古新世的大塘平顶鳄（*Planocrania datangensis* Li, 1976）命名的。

三、中国鳄型大目化石的分布

如前述，鳄型大目起源于晚三叠世，至今有两亿两千多万年的历史。相对于恐龙和其他爬行动物，鳄型类化石在全世界的发现和分布都较局限。在我国，最早的代表发现于云南中部下侏罗统下禄丰组，如楔形鳄类的敏捷裂头鳄和基干鳄形动物的许氏扁颌鳄（*Platyognathus hsui* Young, 1944）。我国中 - 晚侏罗世的代表有新疆北部楔形鳄类的斯氏准噶尔鳄和新鳄类角鳞鳄科的准噶尔孙氏鳄（*Sunosuchus junggarensis* Wu et al., 1996），另外四川盆地的基干中真鳄类的大山铺西蜀鳄（*Hsisosuchus dashanpuensis* Gao, 2001）和新鳄类真蜥鳄科的长鼻北碚鳄（*Peipehsuchus teleorhinus*）等也都生存于这一时代。我国早白垩世的鳄型动物分布相对广些，如基干鳄形类中新疆的天山贫齿鳄（*Edentosuchus tienshanensis*）和内蒙古的杭锦山东鳄（*Shantungosuchus hangjinensis* Wu et al., 1994）、湖北南鳄类的奇异神怪鳄（*Chimaerasuchus paradoxus*）和吉林新鳄类副钝吻鳄科的农安多皱纹鳄（*Rugosuchus nonganensis* Wu et al., 2001）。我国新生代的鳄型动物化石都是鳄目中成员，比其他属种有更广的分布。如内蒙古始新世鳄超科的葛氏亚洲鳄（*Asiatosuchus grangeri* Mook, 1940）、湖南和广东古新世平顶鳄科的属种、广东始新世切喙鳄亚科（Tomistominae）的石油切喙鳄（*Tomistoma petrolica* Yeh, 1958）和台湾晚中新世的潘氏澎湖鳄（*Penghusuchus pani* Shan et al., 2009）和安徽古新世的无孔皖鳄（*Wanosuchus atresus* Zhang, 1981）等。与北美相比，我国现生钝吻鳄亚科扬子鳄的化石近亲不多；扬子鳄本身确切的化石代表只能追溯到晚更新世，如产自台湾澎湖海沟的一头骨和下颌（Shan et al., 2013, Fig. 4）。我国钝吻鳄亚科更早的化石分布零星，系统关系肯定的只有来自山东中新世的鲁钝吻鳄（*Alligator luicus* Li et Wang, 1987）一种。另有一些系统关系不能确定的鳄目化石，它们的产地大多有其他鳄类化石发现。中国鳄型动物化石分布见图40。

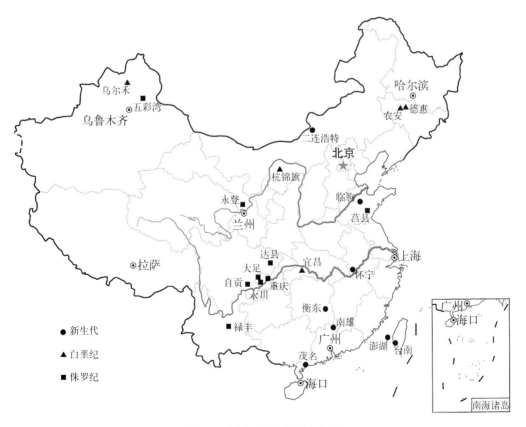

图40　中国鳄型类化石分布图

四、中国鳄型大目的研究历史

与其他爬行动物门类的情况不同，我国没有特定的以鳄型动物为主要研究方向的专家。最早涉足中国的鳄型动物研究的是美国人 Mook（1940），之后我国古脊椎动物学研究创始人杨钟健教授在 1944 年首次正式研究了一个基干鳄形类许氏扁颌鳄（Young, 1944a）。在上世纪 90 年代之前，虽然中国科学院古脊椎动物与古人类研究所参与鳄型动物研究的也有好几位学者（见参考文献），但杨钟健教授一直是我国研究鳄型动物的主要专家。到上世纪 90 年代，我国目前已知鳄型动物化石种类大多有代表发现，尤以鳄目中已绝灭的、生存于欧亚及北美大陆古新世的平顶鳄科的发现最有意义（见李锦玲，1976）。90 年代以后，除了中国科学院古脊椎动物与古人类研究所几位专家以外，少数国际合作者和省级博物馆的学者也参加进来，对我国发现的鳄形类化石有所研究（如彭光照，1996；高玉辉，2001；Clark et al., 2004 等）。虽然没有学者专门从事鳄型类研究，但是中国的鳄型类化石发现及研究从未间断（如 IVPP V 19125，一目前正在研究的、采自江西上白垩统的短吻鳄类）。

系 统 记 述

鳄型大目 Grandorder CROCODYLOMORPHA Hay, 1930

楔形鳄目 Order SPHENOSUCHIA Bonaparte, 1972

楔形鳄科 Family Sphenosuchidae Huene, 1921

模式属 楔形鳄 *Sphenosuchus* Haughton, 1915

定义与分类 包括 *Sphenosuchus acutus* Haughton, 1915 和 *Dibothrosuchus* Simmons, 1965 最近的共同祖先及其所有后裔。

鉴别特征 顶骨愈合，乌喙骨棒状肩臼后突长于乌喙骨体本身，沿背中线两侧的骨板无前侧突，但有后侧突（Wu et Chatterjee, 1993）。

中国已知属 裂头鳄 *Dibothrosuchus* Simmons, 1965。

分布与时代 欧洲、亚洲、北美、南美和非洲，晚三叠世—早侏罗世。

裂头鳄属 Genus *Dibothrosuchus* Simmons, 1965

模式种 敏捷裂头鳄 *Dibothrosuchus elaphros* Simmons, 1965

鉴别特征 以下列进步特征区别于其他楔形鳄类：额骨上的三个矢状嵴在两端会聚；额骨 - 眶后骨骨缝形成一新月形的嵴；上颞孔横向宽；基枕骨的枕髁上部完全被上枕骨所遮盖；乌喙骨具伸长的棒状后腹突；肱骨的前表面在关节头下具一椭圆形的凹（Wu et Chatterjee, 1993）。

下列特征可能是裂头鳄所特有的，但很难确认它们不存在于 *Hesperosuchus* 中：鳞骨在上颞孔前突然向内弯曲；前颞孔（anterior temporal foramen）被方骨、前耳骨和鳞骨环围；方骨的前背突（anterodorsal process of quadrate）向前延伸至鳞骨下方，将鳞骨和方轭骨分隔开；眶前孔（antorbital fenestra）水平伸长，被三角形的眶前凹 (antorbital fossa) 围绕；眶后骨的腹突遮盖住轭骨上突的后内面；外下颌孔 (external mandibular fenestra) 三角形，且相当小。

裂头鳄还展示了另外两个没有出现于 *Sphenosuchus* 中的进步特征。因化石保存的不完整，它们在其他一些楔形鳄（如：*Saltoposuchus*, *Pseudhesperosuchus*, *Hesperosuchus*）中很难被确认。这两个特征是：三叉神经凹（trigeminal recess）围绕着三叉神经孔 (trigeminal foramen)；方骨头具内背突（mediodorsal process of quadrate head）。

中国已知种 仅模式种。

分布与时代 云南禄丰，早侏罗世。

敏捷裂头鳄 *Dibothrosuchus elaphros* Simmons, 1965
（图 41，图 42）

Dibothrosuchus xingsuensis：吴肖春，1986，43 页

正模 CUP 2081，部分颌骨和头后骨骼，云南禄丰大注。

归入标本 CUP 2489，部分头后骨骼；CUP 2106，左乌喙骨；CUP 2084，右髂骨和近端股骨头；IVPP V 7907，完整的头骨、下颌和部分头后骨骼。

鉴别特征 同属。

产地与层位 云南禄丰大注，下侏罗统下禄丰组深红层（下禄丰群张家洼组；Wu et Chatterjee, 1993）。

评注 Simmons（1965）建立了 *Dibothrosuchus elaphros*，将其归入槽齿目的鸟鳄科（Ornithosuchidae, Thecodontia）。Crush（1984）质疑裂头鳄的分类位置，将其归入鳄型目的楔形鳄科（Sphenosuchidae, Crocodylomorpha）。吴肖春（1986）在新发现化石的基

础上订立了裂头鳄一新种——星宿裂头鳄（*D. xingsuensis*），同时确认了裂头鳄与楔形鳄类的亲缘关系。在重新检查了敏捷裂头鳄的正模后，Wu 和 Chatterjee（1993）认为：Simmons（1965）对化石的一些鉴别特征认识是错误的。在这些特征修订后，裂头鳄已建立的两个种似乎没有什么区别，因此，*D. xingsuensis* 是 *D. elaphros* 的晚出异名。

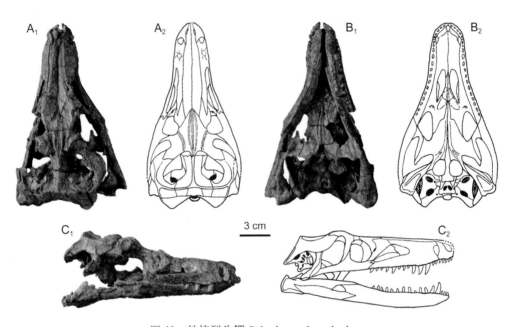

图 41　敏捷裂头鳄 *Dibothrosuchus elaphros*

归入标本 IVPP V 7907，头骨和下颌：A$_{1,2}$. 顶面视；B$_{1,2}$. 腹面视；C$_{1,2}$. 右侧视（线条图引自 Luo et Wu, 1994, Fig. 14.12）

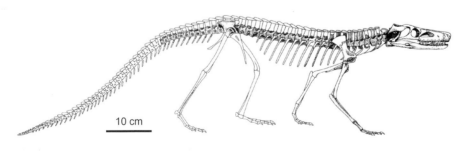

图 42　敏捷裂头鳄 *Dibothrosuchus elaphros* 骨架复原图

（引自 Wu et Chatterjee, 1993, Fig. 15）

楔形鳄目科未定 Sphenosuchia incertae familiae

叶形齿鳄属 Genus *Phyllodontosuchus* Harris, Lucas, Estep et Li, 2000

模式种　禄丰叶形齿鳄 *Phyllodontosuchus lufengensis* Harris, Lucas, Estep et Li, 2000

鉴别特征 以明显的异齿形齿列区别于所有其他的楔形鳄类。具至少6个小而弯曲的前部上颌骨齿，12个小的叶片状后部上颌骨齿，齿后缘有细而密的锯齿。

中国已知种 仅模式种。

分布与时代 云南禄丰，早侏罗世。

禄丰叶形齿鳄 *Phyllodontosuchus lufengensis* Harris, Lucas, Estep et Li, 2000

(图43)

正模 BVP 568-L12（新馆藏号：BMNH-ph001613c），一破损的小头骨。云南禄丰大洼。

鉴别特征 同属。

产地与层位 云南禄丰大洼，下侏罗统禄丰组深红层。

评注 Harris 等（2000）认为禄丰叶形齿鳄以下列特征类似于楔形鳄类：后额骨缺失；

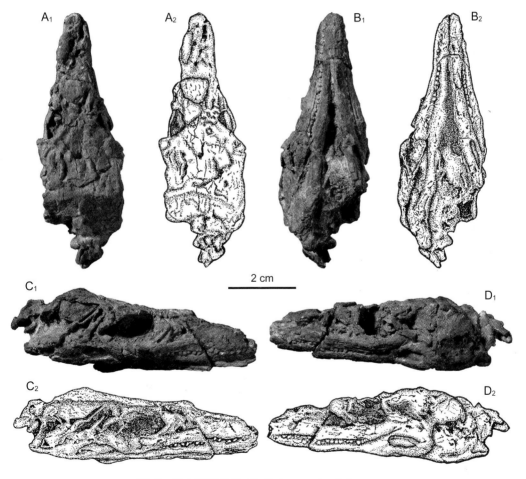

图43 禄丰叶形齿鳄 *Phyllodontosuchus lufengensis*

正模 BMNH-ph001613c 头骨和下颌：A$_{1,2}$. 顶面视；B$_{1,2}$. 腹面视；C$_{1,2}$. 右侧视；D$_{1,2}$. 左侧视（线条图引自 Harris et al., 2000, Fig. 5）

轭骨极少参与或完全不参与眶前孔边缘；矢状脊存在；顶骨愈合；方骨顶端变为喙状；眶前凹腹缘沟槽状；方骨侧缘沟槽状；上颌骨眶前部分长于眶后部分。

准噶尔鳄属 Genus *Junggarsuchus* Clark, Xu, Forster et Wang, 2004

模式种 斯氏准噶尔鳄 *Junggarsuchus sloani* Clark, Xu, Forster et Wang, 2004

鉴别特征 体长大约 1 m 的小型鳄型类。轭骨背弓的腹侧面上有长的凹陷；上隅骨有加宽的背棱（broadened dorsal edge）；副枕骨突和部分鳞骨的远端边缘上有浅的窝；前部上颌骨齿加大；有发育好的上隅骨孔；反关节突缺少内侧突，具宽的背侧和后腹侧凸缘（flanges）。所有保存的脊椎上有浅的前凹；后部 4 个颈椎和前 4 个背椎的椎下突（hypapophyses）前后向伸长。肩胛骨有加宽的后缘和呈曲线的背缘；肱骨头指向前方，三角胸肌脊（deltopectoral crest）缩小；缩小的掌骨 V 不与腕骨相接，没有第 I 指；不具骨板（osteoderms）。

中国已知种 仅模式种。

分布与时代 新疆准噶尔盆地，中侏罗世晚期（巴通斯 - 卡洛夫期）。

斯氏准噶尔鳄 *Junggarsuchus sloani* Clark, Xu, Forster et Wang, 2004
（图 44）

正模 IVPP V 14010，一关联骨架的前半部，包括几乎完整的头骨和下颌，新疆准噶尔盆地五彩湾。

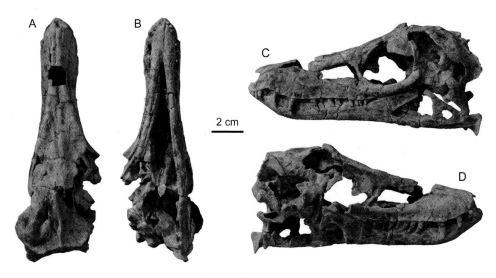

图 44 斯氏准噶尔鳄 *Junggarsuchus sloani*
正模 IVPP V 14010 头骨和下颌：A. 顶视；B. 腹视；C. 左侧视；D. 右侧视

鉴别特征　同属。

产地与层位　新疆准噶尔盆地五彩湾，中侏罗统五彩湾组。

评注　Clark 等（2004）所做的系统发育分析表明 *Junggarsuchus* 是 crocodyliforms 的姐妹群，包括 *Sphenosuchus*、*Dibothrosuchus* 和 *Junggarsuchus* 在内的楔形鳄类为一并系类群。支持 *Junggarsuchus* 和 crocodyliforms 姐妹群关系的共有裔征包括：两外枕骨在枕骨大孔之上的中线相连；外枕骨大的侧腹突与方骨相接；轭骨明显地背向拱起；顶骨的枕面部分窄；具方骨孔。

鳄形亚大目 Subgrandorder CROCODYLIFORMES Hay, 1930

原鳄目 Order PROTOSUCHIA Brown, 1934

贫齿鳄科 Family Edentosuchidae Young, 1973

模式属　贫齿鳄 *Edentosuchus* Young, 1973

定义与分类　包括 *Edentosuchus tienshanensis* Young, 1973 和 Kayenta-Form（一个类似 *Edentosuchus* 的原鳄类，Sues et al., 1994）最近的共同祖先及其所有后裔。

鉴别特征　顶骨无宽阔的枕部，鼻骨 - 前颌骨缝内凹（Fiorelli et al., 2016）。

中国已知属　仅模式属。

分布与时代　中国新疆乌尔禾，早白垩世；美国西南，早侏罗世。

贫齿鳄属 Genus *Edentosuchus* Young, 1973

模式种　天山贫齿鳄 *Edentosuchus tienshanensis* Young, 1973

鉴别特征　小型短吻的鳄形类。不具眶前孔；鳞骨后侧向扩展；前耳骨和侧蝶骨伸长。具 5 个上颌骨齿和 9 个下颌齿。牙齿异齿型：第一、第二上颌骨齿三尖形（一中央尖和两个附尖）；第三和第四上颌骨齿具咬合嵴（occlusal edges）——由许多小尖环围前后向排列的 3 个大尖组成；第五上颌骨齿大，鳞茎状，具一中央尖和位于齿冠前舌侧及后唇侧的两个缩小的附尖。下颌具一锥状的门齿型齿，一粗大的犬齿状齿，七个齿冠为圆柱状的犬齿后齿。下颌缝合部极度伸长，包含除了最后一齿之外的整个齿列。由 Pol 等（2004）根据新标本修订。

中国已知种　仅模式种。

分布与时代　中国新疆乌尔禾，早白垩世。

评注　Pol 等（2004）所做的鳄形类系统发育分析表明贫齿鳄是鳄形类最基干分支——

原鳄目的成员，这一早白垩世的鳄类与其他大陆三叠纪和侏罗纪的鳄类（如：美国亚利桑那早侏罗世 Kayanta 组的鳄类、阿根廷晚三叠世的 *Hemiprotosuchus* 及北美早侏罗世的 *Protosuchus*）关系密切。贫齿鳄的存在将原鳄目的生存历史延长了 7500 万年，支持基干的鳄形类分支在中亚比在世界其他地区存活更久的假设。Pol 等（2004）还指出在基干的鳄形类中贫齿鳄是唯一具有多齿尖牙齿和异齿型齿列的成员。早先已知的具多尖齿的鳄类局限于中真鳄类（如：*Malawisuchus, Simosuchis, Candidodon, Chimaerasuchus* 等）。因此 Pol 等（2004）得出结论：鳄形类中多齿尖齿列在原鳄类和中真鳄类中是独立发生的。

天山贫齿鳄 *Edentosuchus tienshanensis* Young, 1973

（图 45，图 46）

正模 IVPP V 3236.1，一头骨后部的顶面部分（自眼孔至头顶平台的后缘）及破碎的脑颅；互相缝合的左右下颌支的前部和与它们分离的两下颌支末端；颈椎七节，背椎三节；股骨近端一个。新疆乌尔禾。

副模 IVPP V 3236.2，一小的右下颌支。

归入标本 GMPKU-P 200101，一头骨前部和颞区下部，及咬合在一起的下颌前部。

鉴别特征 同属。

产地与层位 新疆乌尔禾，下白垩统吐谷鲁群上条带层。

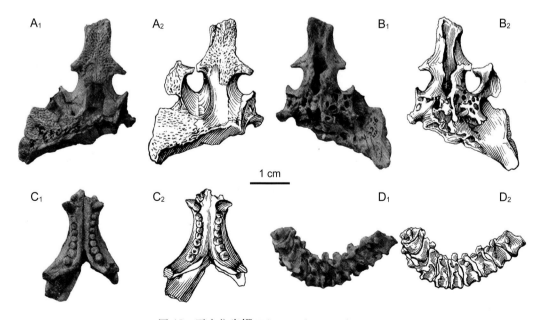

图 45　天山贫齿鳄 *Edentosuchus tienshanensis*

正模 IVPP V 3236.1：A$_{1,2}$. 头骨后部顶视；B$_{1,2}$. 头骨后部腹视；C$_{1,2}$. 下颌前部顶视；D$_{1,2}$. 颈椎和前部背椎侧视
（线条图引自李锦玲，1985，图 1）

图46　天山贫齿鳄 *Edentosuchus tienshanensis*

归入标本 GMPKU-P 200101，不完整头骨和下颌：A. 顶视；B. 左侧视；C. 腹视（照片由姬书安提供）

鳄形亚大目科未定 Crocodyliformes incertae familiae

滇鳄属 Genus *Dianosuchus* Young (=Yang), 1982

模式种　张家洼滇鳄 *Dianosuchus changchiawaensis* Young (=Yang), 1982

鉴别特征　小的基干鳄形类。两上颞孔被较宽的分开，颞孔间距大于眼眶间距；顶骨-鳞骨骨缝位于上颞孔的内侧。张家洼滇鳄以齿骨缺少犬齿状齿，牙齿边缘无锯齿和短的下颌缝合部区别于禄丰的其他原鳄类。

中国已知种　仅模式种。

分布与时代　云南禄丰，早侏罗世。

张家洼滇鳄 *Dianosuchus changchiawaensis* Young (=Yang), 1982

（图47）

正模　IVPP V 4730，一仅缺失了吻部前端的几乎完整的头骨和下颌。云南禄丰张家洼。

鉴别特征　同属。

产地与层位　云南禄丰张家洼，下侏罗统下禄丰组深红层。

评注　张家洼滇鳄发表于1982年的杨钟健遗作中（杨钟健，1982a），对该种只做了简单描述。Luo 和 Wu（1994）在综述云南禄丰的小型四足类时同样简单地介绍了它的特征。他们认为下面两个特征暗示出滇鳄与原鳄类的密切关系：上隅骨的背向拱起和前颌骨、上颌骨之间的侧凹（容纳下颌犬齿状齿）。

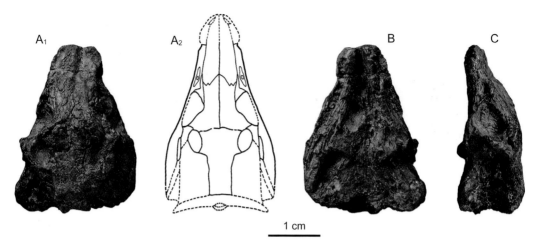

图 47 张家洼滇鳄 *Dianosuchus changchiawaensis*

正模 IVPP V 4730，头骨和下颌：$A_{1,2}$. 顶视；B. 腹视；C. 左侧视（线条图引自 Luo et Wu, 1994, Fig. 14.15）

扁颌鳄属 Genus *Platyognathus* Young, 1944

模式种 许氏扁颌鳄 *Platyognathus hsui* Young, 1944

鉴别特征 基干鳄形类。以下列自有裔征区别于相关的属种：两下颌支在缝合部愈合；第五和第六齿骨齿犬齿状，第六齿骨齿横断面多边形；轭骨的腹缘呈明显的曲线形。

另外有 4 个可能的鉴别特征（但是目前尚无法确定它们在相关的属种中是否存在）：下颌缝合部（通过犬齿状齿处）的宽度几乎与缝合部前后向的长度相等，沿缝合部的后腹面有一浅的中央凹槽，缝合部内有夹板骨的刻缺；外翼骨的前侧突背面具一倒 V 形的嵴。由 Wu 和 Sues（1996a）根据新标本修订。

中国已知种 仅模式种。

分布与时代 云南禄丰，早侏罗世。

许氏扁颌鳄 *Platyognathus hsui* Young, 1944

（图 48，图 49）

正模 CRL (=IVPP) V 71，互相连接的左、右下颌支前部，左下颌支有 11 齿孔，右下颌支 12 齿孔，仅有右第六齿骨齿；云南禄丰。

归入标本 IVPP V 8266[①]，头骨前部及紧密咬合在一起的下颌。

---

① Wu 和 Sues（1996a）在未找到许氏扁颌鳄正模的情况下，将产自模式地点云南禄丰的 IVPP V 8266 标本定为该种的新模（Neotype）。现将其作为归入标本处理，因正模（CRL V 71）已在 IVPP 被找到。

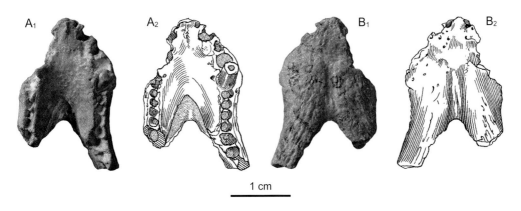

图 48 许氏扁颌鳄 *Platyognathus hsui* 正模

正模 CRL（= IVPP）V 71：A$_{1,2}$. 下颌顶视；B$_{1,2}$. 下颌腹视（线条图引自 Young, 1944a）

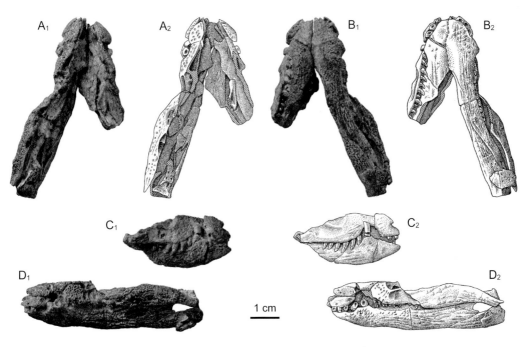

图 49 许氏扁颌鳄 *Platyognathus hsui* 归入标本

IVPP V 8266，头骨前部和下颌：A$_{1,2}$. 背视；B$_{1,2}$. 腹视；C$_{1,2}$. 右侧视；D$_{1,2}$. 左侧视（线条图引自 Wu et Sues, 1996a, Fig. 1）

鉴别特征 同属。

产地与层位 云南禄丰，下侏罗统下禄丰组深红层中部。

评注 Young（1944a）最初将许氏扁颌鳄归入假鳄类（Pseudosuchia），后来 Young（1946）注意到该属可能与南非的 *Sphenosuchus* 有更密切的关系。Romer（1956）将扁颌鳄置于 Notochampsidae（Protosuchidae）中。可是，Pivateau（1955）仍然认为扁颌鳄属于假鳄类的 Stegonolepidae。Simmons（1965）研究了一些同样产自下禄丰组的化石材料（CUP

2083 和 CUP2104），将其归入许氏扁颌鳄，并建立了扁颌鳄科（Platyognathidae），认为这一科是假鳄类和原鳄类的中间类型。吴肖春（1986）指出 Simmons 的材料确实属于原鳄类，但它不能被归入许氏扁颌鳄，因为 CUP 2083 有一个伸长而并未愈合的下颌缝合部。Clark（1986）进一步认为 Simmons 的化石代表一个不同于许氏扁颌鳄的新属种，这两者属于亲缘关系尚不明了的基干鳄形类。Wu 和 Sues（1996a）根据对新标本可以确定的特征的分析，认为许氏扁颌鳄可能是个原鳄类。

四川鳄属 Genus *Sichuanosuchus* Peng, 1995

模式种　汇东四川鳄 *Sichuanosuchus huidongensis* Peng, 1995

鉴别特征　小型基干鳄形类。额骨具升高的前内和后内区（with anteromedian and posteromedian areas），轭骨后突短而横宽，方轭骨具扇形的侧突；眶后骨被完全从下颞孔的边缘排除；腭骨伸长为带状。成对的后侧方分叉的内鼻孔嵴（choanal ridges）在上颞孔内缘侧面消失。第一或第二上颌骨齿加大，犬齿状。上颌和下颌犬齿状齿之后的牙齿具低的凿状齿冠。齿骨具无齿的前边缘；上隅骨的背侧嵴伸达关节凹的前侧方。基蝶骨具明显的中嵴（在汇东四川鳄中此特征尚不明确）。

中国已知种　汇东四川鳄 *Sichuanosuchus huidongensis* Peng, 1995；蜀汉四川鳄 *S. shuhanensis* Wu, Sues et Dong, 1997。

分布与时代　四川自贡，晚侏罗世—早白垩世（?）。

评注　四川鳄属在确立之初即被 Peng（1995）归属于原鳄类（Protosuchia），认为它与产自山东上侏罗统和下白垩统的山东鳄（*Shantungosuchus*）有密切的亲缘关系。Wu 等（1997）所做的系统发育分析支持这一假设：四川鳄是山东鳄的姐妹群，这两属在 Protosuchia 中组成一单系的分支。Pol 等（2004）认同四川鳄是山东鳄的姐妹群，但不支持它们可以归入单系的原鳄目，认为它比后者更接近中真鳄类。

汇东四川鳄 *Sichuanosuchus huidongensis* Peng, 1995

（图 50，图 51）

正模　ZDM 3403，一不完整的头骨、下颌和头后骨骼；四川自贡大山铺。

鉴别特征　一头骨接近 6 cm 的小型原鳄类。它以下列综合特征区别于所有其他的原鳄类：鼻间棒由前颌骨构成，鼻骨未伸达外鼻孔；额骨背面眶缘部分向上微微隆起，形成新月形的眉突；轭骨的前突和后突横向宽；鳞骨接纳耳盖（ear flap）的侧沟前方延伸到眶后骨的背面；眶后骨被完全排除出下颞孔；沿颅顶平台后缘有一横沟。齿骨联合部长度小于宽度；齿骨缝合部腹视前方为沟，后方为嵴；隅骨腹缘横向扩展，在内、外侧

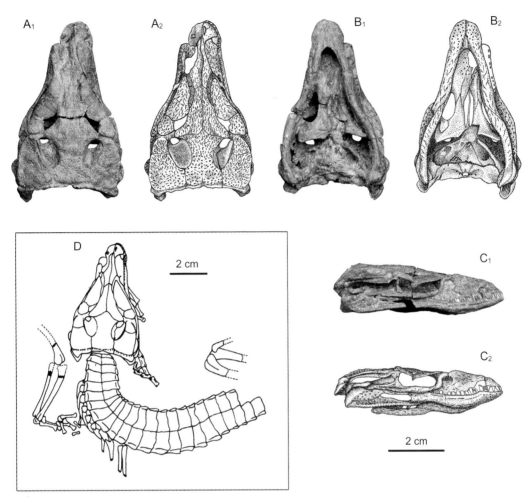

图 50　汇东四川鳄 *Sichuanosuchus huidongensis*

正模 ZDM 3403，头骨和下颌：A₁,₂. 顶视；B₁,₂. 腹视；C₁,₂. 右侧视；D. 头骨及头后骨骼顶视（线条图 A₂，B₂，C₂ 引自彭光照，1996；D 引自 Peng, 1995, Fig. 2；照片由自贡恐龙博物馆提供）

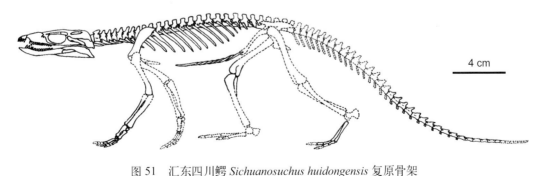

图 51　汇东四川鳄 *Sichuanosuchus huidongensis* 复原骨架

（引自彭光照，1996，图 5）

面形成纵嵴。第二上颌骨齿加大，犬齿状；颊齿短粗，锉刀状（file-shaped），端缘锯齿比前后缘锯齿大。

产地与层位 四川自贡大山铺，上侏罗统上沙溪庙组。

蜀汉四川鳄 *Sichuanosuchus shuhanensis* Wu, Sues et Dong, 1997
（图 52）

正模 IVPP V 10594，一几乎完整的头骨和与之紧密咬合在一起的下颌。采自四川，具体产地不详。

归入标本 IVPP V 12088，13 节脊椎，部分肩带，几乎完整的左肱骨和桡骨，破碎的腰带和后肢；IVPP V 12089，左尺骨和部分左桡骨，连接的腕骨和前足；IVPP V 12090，一小个体的关联骨架，包括部分前肢和后肢的胫骨及腓骨的远端。

鉴别特征 以下列自有裔征区别于所有其他的鳄形类：第一上颌骨齿大，犬齿状，其后为 7 个小的凿状齿。小的三角形的眶前孔被骨质的中隔分为前孔和后孔。眼睑骨板间为相嵌连接（interlocking suture）。顶骨的后中突楔状插入上枕骨。

蜀汉四川鳄以下列特征区别于汇东四川鳄：颅顶平台后缘的横沟缺失。齿骨大的犬齿状齿前有一小齿。齿骨缝合部沿骨缝呈沟状。齿骨在犬齿状齿后明显收缩。鼻骨进入外鼻孔边缘。上枕骨出现在头顶背面，在枕面有明显的中嵴。后眼睑骨稍大于前眼睑骨。

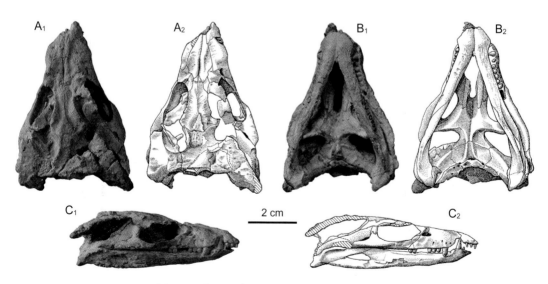

图 52　蜀汉四川鳄 *Sichuanosuchus shuhanensis*

正模 IVPP V 10594，头骨和下颌：A_{1,2}. 顶视；B_{1,2}. 腹视；C_{1,2}. 右侧视（线条图引自 Wu et al., 1997, Figs. 1, 2）

产地与层位 四川，具体产地不详，下白垩统（?）。

山东鳄属 Genus *Shantungosuchus* Young, 1961

模式种 莒县山东鳄 *Shantungosuchus chuhsienensis* Young, 1961

鉴别特征 头骨 5–6 cm 长的小型基干鳄形类。其成员拥有下列特征：侧视前颌骨 - 上颌骨的长度等于或小于头骨其他部分的长度；轭骨在眼眶之下具一腹壁架（ventral shelf），它比该部轭骨的侧面更宽；翼骨具一对界定内鼻孔的、后侧分叉的嵴，在下颞孔内缘的内侧消失；基蝶骨腹面有一对大的凹，前方扩展到翼骨，后侧方扩展到方骨的脑颅分支；上隅骨单独占据了下颌的后侧表面，将隅骨从侧面的这一区域排除出去；在关节凹之前，下颌平且凹入的后腹面宽于其侧面；从顶视和腹视看，两齿骨不对称地参与下颌联合部的形成。

中国已知种 莒县山东鳄 *Shantungosuchus chuhsienensis* Young, 1961；宽头山东鳄 *S. brachycephalus* Yang (= Young), 1982；杭锦山东鳄 *S. hangjinensis* Wu, Brinkman et Lü, 1994。

分布与时代 山东莒县，晚侏罗世；内蒙古杭锦旗，早白垩世。

评注 Wu 等（1997）所做的系统发育分析表明山东鳄是四川鳄的姐妹群，这两属在 Protosuchia 中组成一单系的分支。该分支的共有裔征包括：鼻骨与泪骨连接；两腭骨形成腭架（palatal shelves），它们在腭面并未相遇；内鼻孔后位，开孔进入中央的凹；翼骨在内鼻孔之后是愈合的；眶前孔明显地小于眼眶；前关节骨缺失；轭骨后突非常短；轭骨完全被排除出眶下孔；侧视前颌骨 - 上颌骨部分短于头骨的其余部分；下颌支的后腹边强烈弯曲；额骨没有或几乎没有进入上颞凹。

莒县山东鳄 *Shantungosuchus chuhsienensis* Young, 1961
（图 53）

正模 IVPP V 2484，一个完整骨架的印模。山东莒县。

鉴别特征 以下列特征区别于所有其他的鳄形类：背视，右齿骨组成了下颌联合部的主要部分；腹视，左齿骨构成联合部的主要部分；下颌联合部的最大宽度在犬齿状齿部位。与杭锦山东鳄的区别在于：有一相当长的前颌骨 - 上颌骨部分；下颌缝合线直，齿骨联合后两下颌支以较小角度向后外侧延伸，表明眶后区较窄；缝合线之后有 7 或 8 个上颌骨齿。基蝶骨凹后部成嵴。

产地与层位 山东莒县，上侏罗统。

图 53 莒县山东鳄 *Shantungosuchus chuhsienensis*

正模 IVPP V 2484：A₁. 骨架印模；A₂. 骨架线条图；B. 翻制的骨架模型（线条图引自 Sun et al., 1992, Fig. 103）

宽头山东鳄 *Shantungosuchus brachycephalus* Yang (=Young), 1982

（图 54）

正模 IVPP V 4020，一不完整的头骨和下颌支，4 块颈部骨板，5 节连续的背椎，一肱骨和尺骨、桡骨的近端。产地不详。

鉴别特征 以下列特征区别于所有其他的鳄形类：小的眶前孔被分为背方和腹方的小孔；肩胛骨在肩峰突之上沿前侧边有一发育很好的突。

以下列特征区别于山东鳄的另外两个种：头骨相当宽；基蝶骨中央沟的前部非常窄。在下列特征上区别于杭锦山东鳄（莒县山东鳄的情况不明）：侧欧氏管孔（openings for the latera eustachian tube）被基蝶骨、基枕骨和外枕骨封闭；齿骨具一后中突插入外下颌孔（external mandibular fenestra）；腭部骨片的腭面不具任何雕饰；基枕骨的腹面在中嵴之侧是平坦的。以具有大的第三上颌骨齿区别于莒县山东鳄。

产地与层位 化石产地不明，下白垩统中部？。

杭锦山东鳄 *Shantungosuchus hangjinensis* Wu, Brinkman et Lü, 1994

（图 55）

正模 IVPP V 10097，一不完整的头骨和下颌，不完整的寰椎、枢椎和右股骨。内蒙古杭锦旗。

鉴别特征 以下列特征区别于所有其他的鳄形类：两齿骨在背面和腹面均不对称地

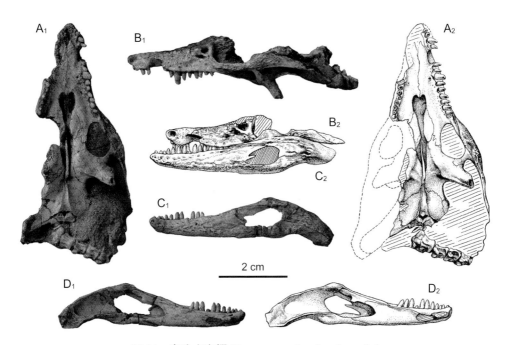

图 54　宽头山东鳄 *Shantungosuchus brachycephalus*

正模 IVPP V 4020：A$_{1,2}$. 头骨腹面视；B$_{1,2}$. 头骨左侧视；C$_{1,2}$. 左下颌支外侧视；D$_{1,2}$. 左下颌支内侧视（线条图引自吕君昌和吴肖春，1996，图 1）

进入下颌缝合部，接近缝合线的后端两齿骨互相连接。

以下列特征区别于莒县山东鳄：下颌缝合部的最大宽度位于缝合区的后端，而不是通过下颌犬齿状齿肿胀部；两下颌支与下颌缝合线间形成较大的角度，表明有较宽的头骨眶后区；前颌骨-上颌骨部分相对较短，有 5 或 6 个上颌骨齿位于下颌缝合部之后；基蝶骨凹后部张开。

上颌骨齿列并未后延至齿骨齿列后端。该特征可能是杭锦种所特有的，但在莒县山东鳄中相关情况不明。

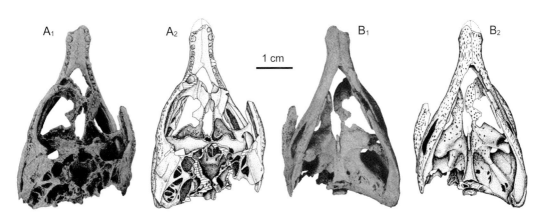

图 55　杭锦山东鳄 *Shantungosuchus hangjinensis*

正模 IVPP V 10097，不完整头骨和下颌：A$_{1,2}$. 背面视，B$_{1,2}$. 腹面视（引自 Wu et al., 1994, Figs. 2, 3, 4）

产地与层位　内蒙古杭锦旗，下白垩统志丹群罗汉洞组。

小鳄属？　Genus *Microchampsa* Young, 1951？

？甲板小鳄　？*Microchampsa scutata* Young, 1951
（图 56）

标本　CRL V 87，11 节互相关联的脊椎及肋骨和膜质甲板；CUP 2085，7 节互相关联的脊椎及 5 根肋骨和膜质甲板；CUP 2086，前足骨和爪；CUP 2087，5 节脊椎的椎弓和甲板。

特征　背椎短而粗壮，向后变得稍伸长且收缩；肋骨双头，稍弯曲，腰部的肋骨愈合到侧面的甲板；背部甲板和腹部甲板存在，背部并排排列着 3 列甲板。

产地与层位　云南禄丰大黄田（黄家田）和大地，下侏罗统下禄丰组深红层。

评注　Luo 和 Wu（1994）指出：Young（1951）建立甲板小鳄时最重要的鉴定特征是背部有 3 列甲板。Simmons（1965）依据这一特征将禄丰的化石材料 CUP 2085–2087 归入该种。Clark（1986）指出 CUP 2085–2087 都只有两列背甲，它们与 Simmons（1965）归入许氏扁颌鳄的材料（CUP 2083）相似。他质疑 3 列背甲是否真实存在。由于 CRL V 87 化石已丢失，该特征无法得到证实，甲板小鳄被看做存疑属种。

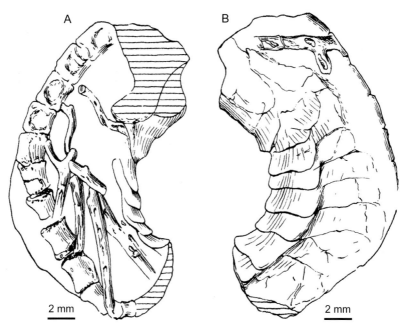

图 56　？甲板小鳄 ？*Microchampsa scutata*

CRL V 87：A. 腹视；B. 背视（引自 Young, 1951, Fig. 6）

中真鳄中目 Mirorder MESOEUCROCODYLIA Whetstone et Whybrow, 1983

中真鳄中目科未定 Mesoeucrocodylia incertae familiae

滇中龙属 Genus *Dianchungosaurus* Yang (=Young), 1982

模式种 禄丰滇中龙 *Dianchungosaurus lufengensis* Yang (=Young), 1982

鉴别特征 具下列自有裔征的中真鳄类：一明显的齿隙存在于第一前颌齿孔内侧边和前颌骨的内侧边之间，第二个齿隙分隔开第一和第二前颌骨齿；犬齿状的第一前颌骨齿大于第二和第三前颌骨齿。

中国已知种 仅模式种。

分布与时代 云南禄丰，早侏罗世。

禄丰滇中龙 *Dianchungosaurus lufengensis* Yang (=Young), 1982

（图 57）

正模 IVPP V 4735a（野外编号 7205），一左前颌骨。云南禄丰张家洼。

鉴别特征 同属。

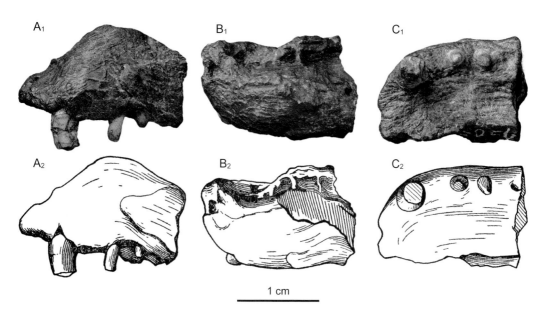

1 cm

图 57 禄丰滇中龙 *Dianchungosaurus lufengensis*

正模 IVPP V 4735a，左前颌骨：A₁,₂. 左侧视；B₁,₂. 顶视；C₁,₂. 腭面视（线条图引自杨钟健，1982b，图 1）

产地与层位　云南禄丰张家洼，下侏罗统下禄丰组深红层。

评注　杨钟健（1982b）依据一不完整的左前颌骨（野外号7205）和部分左、右下颌支（野外号7211）订立了禄丰滇中龙，将其归入鸟脚亚目的异齿龙科（Heterodontosauridae, Ornithopoda）。Barrett 和 Xu（2005）重新研究了禄丰滇中龙的材料，认为正模（左前颌骨，IVPP V 4735a）为一有几个自有衍征的中真鳄类，而副模（部分左、右下颌，IVPP V 4735b）则代表一怪异的原蜥脚类恐龙（属种未定）。正模分类位置的转变不影响原始命名，它仍沿用禄丰滇中龙这一名称。Barrett 和 Xu（2005）指出中真鳄类在下禄丰组的发现为这一鳄类分支在早侏罗世的辐射提供了证据，同时扩展了这一分支在东亚地区的地理分布。

西蜀鳄科　Family Hsisosuchidae Young et Chow, 1953

模式属　西蜀鳄 *Hsisosuchus* Young et Chow, 1953

定义与分类　包括重庆西蜀鳄（*Hsisosuchus chungkingensis* Young et Chow, 1953）、大山铺西蜀鳄（*Hsisosuchus dashanpuensis* Gao, 2001）和周氏西蜀鳄（*Hsisosuchus chowi* Peng et Shu, 2005）最近的共同祖先及其所有后裔。

鉴别特征　中等大小的中真鳄类，吻部大约是颅平台长度的两倍。眶前孔存在。眼眶大，上颞孔小于眼眶，下颞孔非常小。翼骨形成一粗壮的横向嵴，它在翼骨主体和翼骨的腭骨支之间造成一深的阶梯。轭骨的上突被眶后骨的下突从眼眶边缘排除。额骨进入上颞凹。外枕骨在枕骨大孔之上形成一明显的横嵴。牙齿侧扁，弯曲，前后边缘有锯齿。

中国已知属　仅模式属。

分布与时代　重庆永川和大田湾、四川自贡和汇东，中侏罗世和晚侏罗世。

西蜀鳄属　Genus *Hsisosuchus* Young et Chow, 1953

模式种　重庆西蜀鳄 *Hsisosuchus chungkingensis* Young et Chow, 1953

鉴别特征　同科。

中国已知种　重庆西蜀鳄 *Hsisosuchus chungkingensis* Young et Chow, 1953；大山铺西蜀鳄 *H. dashanpuensis* Gao, 2001；周氏西蜀鳄 *H. chowi* Peng et Shu, 2005。

分布与时代　重庆永川和大田湾、四川自贡和汇东，中侏罗世和晚侏罗世。

评注　在 Wu 等（1997, 2001）对鳄形类所做的系统发育分析中，*Hsisosuchus* 都位于中真鳄类的基干部位。而根据 Pol 等（2004）分析的结果，*Hsisosuchus* 是中真鳄类的姐妹群。

重庆西蜀鳄 *Hsisosuchus chungkingensis* Young et Chow, 1953

(图 58，图 59)

正模　IVPP V 703，一几乎完整的头骨和下颌；IVPP V 704，一组尾部的脊椎和膜质甲片。重庆浮图关附近的大田湾。

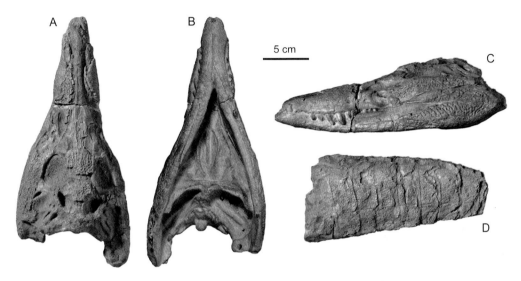

图 58　重庆西蜀鳄 *Hsisosuchus chungkingensis* 正模

正模 IVPP V 703，头骨和下颌：A. 顶视，B. 腹视，C. 左侧视；IVPP V 704，尾部的膜质甲片：D. 外侧视

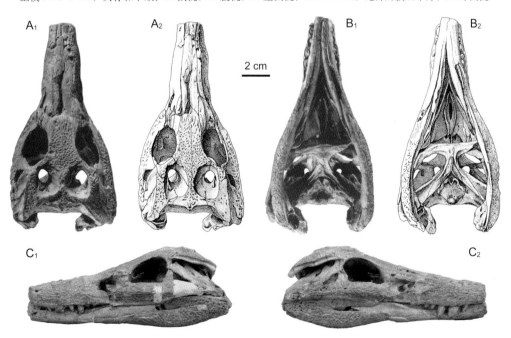

图 59　重庆西蜀鳄 *Hsisosuchus chungkingensis* 归入标本

归入标本 CQMNH (CNM) V 1090，头骨和下颌：$A_{1,2}$. 顶视；$B_{1,2}$. 腹视；C_1. 左侧视；C_2. 右侧视（线条图引自李锦玲等，1994，图 1；照片 $C_{1,2}$ 由重庆自然博物馆提供）

归入标本 CQMNH (CNM) V 1090，一几乎完整的头骨和下颌，不完整的头后骨骼。

鉴别特征 中等大小的鳄类，吻部窄而伸长；鼻骨背部中央形成一纵向深凹；上颌骨腹缘形成一个波曲；具眶前孔，该孔只为上颌骨和泪骨环围；大的轭骨具一明显的纵向折曲；眶后棒扁平，表面不具雕饰，且稍低于头骨的表面；眶后骨下突伸长将轭骨上突排除出眼眶后缘；鳞骨具强大的后外侧突；颅方管部分封闭；腭面无眶下孔；横嵴状的翼骨主体与其腭支形成一显著的阶梯；内鼻孔梭形，成体的内鼻孔分隔；枕部的后颞孔封闭，两外枕骨在枕骨大孔之上形成一显著的横向粗隆；下颌联合部长夹板骨参与其中；下颌外孔窄长，在成体中完全封闭；反关节突相对细弱，指向腹内侧。牙齿侧扁，前后缘具细密的锯齿；乌喙骨孔缺失，乌喙骨几乎为肩胛骨长度的一半；躯体和尾部为骨质甲片包裹，背部有两纵列甲片，甲片不具前外侧关节突。

产地与层位 重庆浮图关附近的大田湾和重庆永川，上侏罗统上沙溪庙组。

大山铺西蜀鳄 *Hsisosuchus dashanpuensis* Gao, 2001

(图 60)

正模 ZDM 3405，一完整的头骨，1 节颈椎，1 节腰椎和 7 块背部骨板。四川自贡大山铺。

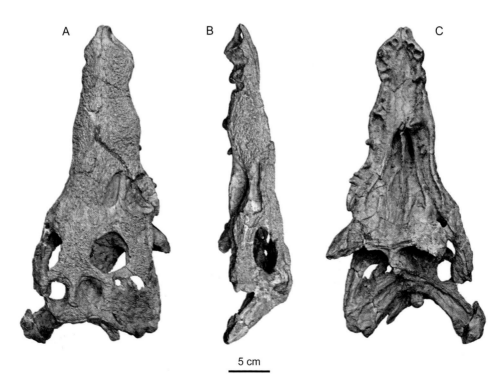

图 60 大山铺西蜀鳄 *Hsisosuchus dashanpuensis*
正模 ZDM 3405，头骨：A. 顶视；B. 左侧视；C. 腹视（照片由自贡恐龙博物馆提供）

鉴别特征 个体中等大小，吻长为颅区长的两倍；外鼻孔侧位，位于吻端的两侧；眼眶大，为头骨上最大的开孔；内鼻孔前位，上颌骨和腭骨形成其边缘；眶下孔小，腭骨、外翼骨和上颌骨构成其边缘；翼骨的腭骨支长；副枕骨突薄板状；鳞骨后外侧突较细。牙齿侧扁，前后缘具锯齿，齿式 Pm5 M14。

产地与层位 四川自贡大山铺，中侏罗统下沙溪庙组。

周氏西蜀鳄 *Hsisosuchus chowi* Peng et Shu, 2005
(图 61)

正模 ZDM 0146，一几乎完整的头骨和下颌，大部分脊椎，部分肩带和腰带，大部分前肢，破碎的后肢和大部分甲片。产自四川自贡。

鉴别特征 区别于西蜀鳄其他种的特征是：鼻骨后部沿缝合线有一浅的纵凹；额骨的眶缘向上凸起成嵴，沿额骨缝合线也隆起成一微弱纵嵴；上颞窝的内侧缘向上凸起呈明显的嵴；顶骨具一前突；侧视轭骨腹缘呈明显的波曲状；眶后骨前侧角约 90°；鳞骨后侧突特别拉长，向侧下后方伸展，使鳞骨侧缘明显向内侧弓曲；左、右外枕骨的枕髁部分不相接；翼骨的腹中嵴源于翼骨主体部分，内鼻孔位置比较靠前。此外，齿骨外面和

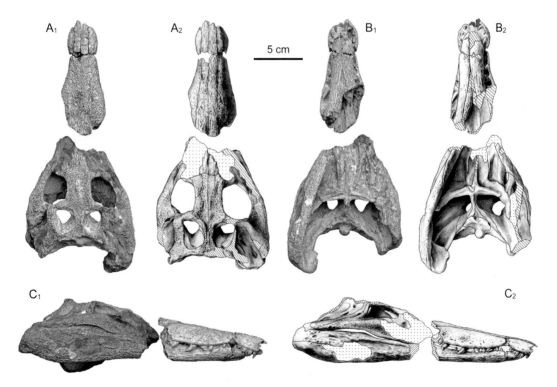

图 61 周氏西蜀鳄 *Hsisosuchus chowi*

正模 ZDM 0146 头骨和下颌：A₁,₂. 顶视；B₁,₂. 腹视；C₁,₂. 右侧视（线条图引自彭光照和舒纯康，2005，图 2；照片由自贡恐龙博物馆提供）

夹板骨腹面具发达的沟和嵴状雕饰，夹板骨参与下颌联合的部分比较长。肩胛片异常扩展，乌喙骨远端宽于近端；肱骨头增厚并强烈向内侧扩展，三角肌嵴发达；桡侧腕骨具发达的尺骨突，尺侧腕骨远端宽于近端。6 列荐前部腹部骨板和 3 列尾部骨板，也可能是周氏西蜀鳄的衍生特征，但这些性状在大山铺西蜀鳄中情况不明。

产地与层位　四川自贡，上侏罗统上沙溪庙组下部。

南鳄目 Order NOTOSUCHIA Dollo, 1914

模式属　南鳄 *Notosuchus* Woodward, 1896
中国已知属　神怪鳄 *Chimaerasuchus* Wu, Sues et Sun, 1995。
分布与时代　南美、非洲和亚洲，白垩纪。

南鳄目科未定 Notosuchia incertae familiae

神怪鳄属 Genus *Chimaerasuchus* Wu, Sues et Sun, 1995

模式种　奇异神怪鳄 *Chimaerasuchus paradoxus* Wu, Sues et Sun, 1995
鉴别特征　以下列自有裔征区别于所有其他的鳄形类：具 2 个犬齿状、平伏的前颌骨齿和 4 个大的臼齿状上颌骨齿；每个上颌骨齿具排列成 3 列的 7 个弯曲的小尖。轭骨前侧向架状扩展，悬于后部上颌齿列的上方。在隅骨和齿骨骨缝之后，隅骨具一明显的侧突。夹板骨非常小，带状，明显地局限于下颌支的腹内侧表面。

另外可能的鉴别特征包括：髂骨具棒状的髋臼前突（preacetabular process）；不具明显的髂骨板（ilium blade）。肱骨侧面在近端肱骨头近处有一圆形的凹。膜质骨板具木钉状的腹侧突。

中国已知种　仅模式种。
分布与时代　湖北宜昌，早白垩世。
评注　Wu 和 Sues（1996a）所作的系统发育分析表明在 Notosuchidae 中，*Chimaerasuchus* 与 *Notosuchus* 二者的关系最近。近年，对南美多种新的南鳄类属种的系统发育研究表明，*Chimaerasuchus* 的系统关系不稳定。如 Pol（2003）的研究认为 *Chimaerasuchus* 与南美的 *Sphagesaurus* 关系相近；而在 Seritch 和 O'Connor（2014）的研究中，*Chimaerasuchus* 和 *Sphagesaurus* 及其他几个属种构成一单系类群，但它们间的系统关系不能确定。根据 Fiorelli 等（2016）最新研究，*Chimaerasuchus* 既不与 *Notosuchus* 也不与 *Sphagesaurus* 有较近的系统关系，它是独立的一支，与西贝鳄类关系较近。为此，这里暂把它确定为南鳄目科未定。

奇异神怪鳄 *Chimaerasuchus paradoxus* Wu, Sues et Sun, 1995

（图 62）

正模 IVPP V 8274，部分头骨，下颌，一单独的臼齿状齿，两单独的犬齿状齿，15节脊椎，两个肩胛骨，左乌喙骨，左肱骨，部分左前足，大部分右前肢和右前足，右髂骨和坐骨，右股骨的近端，一不完整的膜质骨片。湖北宜昌长江南岸。

鉴别特征 同属。

产地与层位 湖北宜昌长江南岸，下白垩统上部五龙组。

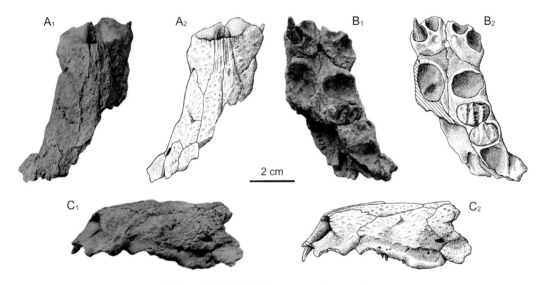

图 62　奇异神怪鳄 *Chimaerasuchus paradoxus*

正模 IVPP V 8274，部分头骨：$A_{1,2}$. 顶视；$B_{1,2}$. 腹视；$C_{1,2}$. 左侧视（线条图引自 Wu et Sues, 1996b, Fig. 1）

新鳄亚中目 Submirorder NEOSUCHIA Benton et Clark, 1988

奇鳄科 Family Atoposauridae Gervais, 1871

模式属 奇鳄 *Atoposaurus* von Meyer, 1850

定义与分类 包括 *Atoposaurus oberndorferi* von Meyer, 1850 和 *Theriosuchus pusillus* Owen, 1879 最近的共同祖先及其所有后裔。

鉴别特征 眼眶和上颞孔间隔窄，且仅前部表面有纹饰；鳞骨具表面有纹饰的后外侧突；乌喙骨仅为肩胛骨长度的三分之二；躯干部无腹骨板（Fiorelli et al., 2016）。

中国已知属 野兽鳄近似属 cf. *Theriosuchus*。

分布与时代 欧洲和中国，晚侏罗世和早白垩世。

野兽鳄属 Genus *Theriosuchus* Owen, 1879

野兽鳄近似属未定种 cf. *Theriosuchus* sp.
（图 63）

标本 IVPP V 10613，左轭骨，左额骨，愈合的顶骨，右外枕骨，不完整的左、右隅骨，6 节脊椎，2 个髂骨，几个膜质骨板。

特征 上颞凹几乎伸达眼眶的边缘；外下颌孔缺失；眶后棒圆柱形，被外翼骨所支撑；愈合的顶骨背面具一中嵴；上颞凹内侧具升高的边缘；眼眶的背内边缘升高；顶骨的间颞区窄；轭骨前突是其后突宽度的两倍；额骨 - 顶骨骨缝位置相当靠前；顶骨后背表面中线的侧方有 3 或 4 个大的凹坑；颈椎上有球状关节突（knob-like hypapophysis）；"半前凹型椎"；髂骨具球状的髋臼前突和伸长的指向后背方的髋臼后突。

产地与层位 内蒙古鄂尔多斯盆地老龙豁子，下白垩统志丹群罗汉洞组。

评注 Wu 等（1996a）记述了这批产自内蒙古鄂尔多斯不完整的鳄类化石，依据头骨特征将其归入奇鳄科——一个过去只分布于欧洲上侏罗统和下白垩统的新鳄类群。研究者认为鄂尔多斯的材料与 *Theriosuchus* 密切相关，只是在几个特征上与后者的诸种有

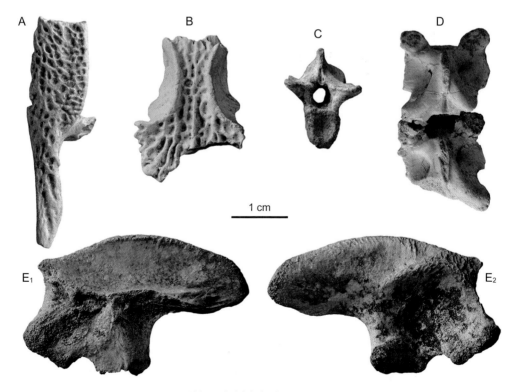

图 63 野兽鳄近似属未定种 cf. *Theriosuchus* sp.

IVPP V 10613：A. 左轭骨侧视；B. 顶骨顶视；C. 背椎后视；D. 2 节背椎顶视；E_1. 右髂骨内侧视；E_2. 右髂骨外侧视

所差别。鉴于材料的破碎状态，将其定为野兽鳄近似属未定种。

真蜥鳄科 Family Teleosauridae Cope, 1871

模式属　真蜥鳄 *Teleosaurus* Geoffroy, 1825

定义与分类　包括 *Teleosaurus cadomensis* Geoffroy, 1825 和 *Machimosaurus mosae* Von Meyer, 1837 最近的共同祖先及其所有后裔（Young et al., 2012）。

鉴别特征　额骨眶间部窄（类似于鼻骨的宽度）。依据 Clark（1994）。

中国已知属　北碚鳄 *Peipehsuchus* Young, 1948。

分布与时代　欧洲、北美、南美、非洲和中国，侏罗纪和早白垩世。

北碚鳄属 Genus *Peipehsuchus* Young, 1948

模式种　长鼻北碚鳄 *Peipehsuchus teleorhinus* Young, 1948

鉴别特征　吻部长而细，吻端横向扩展明显；牙齿数目相对较少，前上颌骨 3 齿，上颌骨 26–27 齿；上颌骨齿几近直立，稍侧扁，表面有浅的条纹；一对大的内鼻孔失去了后缘，开口面向头骨的后方，为腭骨和翼骨所包围；眶后骨未伸达眼眶边缘（？）。腹甲 5 列，甲片为不规则的六角形，表面具均匀的凹坑雕饰。

中国已知种　仅模式种。

分布与时代　重庆北碚和大足、四川威远和达县；早 - 中侏罗世。

长鼻北碚鳄 *Peipehsuchus teleorhinus* Young, 1948
（图 64）

Sinopliosaurus：Young, 1944b, p. 203

Teleosaurus sp.：刘宪亭，1961，69 页；杨钟健，1964b，198 页

正模　IVPP RV 48001，吻的前面部分。重庆北碚。

归入标本　IVPP V 10098，一个几乎完整的头骨；IVPP V 2335，一鳄类腹甲和 3 节脊椎。

鉴别特征　同属。

产地与层位　重庆北碚和大足、四川威远和达县；下侏罗统自流井组和中侏罗统。

评注　Young（1937）简述了采自重庆北碚的一吻的前部（IVPP RV 48001）和几枚牙齿，认为属于鳄类中的 Gavialid；后（1944b）又提出该吻部可能可归入蛇颈龙类的中

国上龙（*Sinopliosaurus*）。1948年Young再次将其回归到鳄类的大头鳄科（Pholidosauridae），并依据这一材料订立了长鼻北碚鳄。李锦玲（1993）在描述长鼻北碚鳄完整的头骨材料（IVPP V 10098）时，将其移至真蜥鳄科。

1961年刘宪亭将四川大足（现划归重庆大足）自流井组发现的一鳄类腹甲和3节脊椎（IVPP V 2335）定为真蜥鳄未定种（*Teleosaurus* sp.）。杨钟健（1964b）依据其形态特征和产出层位，认为这一材料当归入北碚鳄。

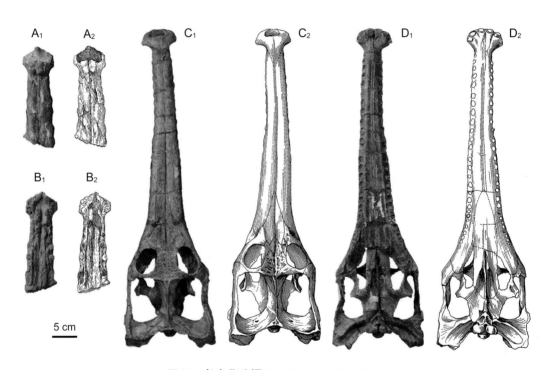

图 64　长鼻北碚鳄 *Peipehsuchus teleorhinus*

正模 IVPP RV 48001，吻前部：A$_{1,2}$. 顶视，B$_{1,2}$. 腹视；归入标本 IVPP V 10098，头骨：C$_{1,2}$. 顶视，D$_{1,2}$. 腹视（线条图 A$_2$、B$_2$ 引自 Young, 1948, pl. II, fig. 1；C$_2$、D$_2$ 引自李锦玲，1993，图 1）

角鳞鳄科 Family Goniopholididae Cope, 1875

模式属　角鳞鳄 *Goniopholis* Owen, 1841

定义与分类　包括 *Goniopholis crassidens* Owen, 1841 和 *Sunosuchus junggarensis* Wu, Brinkman et Russell, 1996 最近的共同祖先及其所有后裔。

鉴别特征　鼻骨不参与外鼻孔组成；内鼻孔完全分隔，中隔部与内鼻孔外侧缘处于同一水平；骨板无纵脊；下颌联合之后的夹板骨背部粗壮，其宽度大于同区齿骨齿窝外侧缘宽度；上颌骨后外侧面具一圆形、至少有眼眶一半大的窝；前颌骨后外侧角表面具一或成对的大的神经-血管孔（Fiorelli et al., 2016）。

中国已知属　孙氏鳄 *Sunosuchus* Young, 1948。

分布与时代　欧洲、北美、亚洲，晚侏罗世和早白垩世。

孙氏鳄属 Genus *Sunosuchus* Young, 1948

模式种　苗氏孙氏鳄 *Sunosuchus miaoi* Young, 1948

鉴别特征　中等大小的中真鳄类。以下列的进步特征区别于所有其他的角鳞鳄科的成员：①细长的吻部超过眶后区长度的两倍；②小的头顶平台（skull table）小于上颞孔处头骨宽度的60%；③额骨沿中线具嵴；④眶下孔前方有一对前腭孔（anterior palatal fenestrae）；⑤反关节突扩展的背面面向侧腹-内背方；⑥额骨的后部表面有一宽大于长的大的凹坑；⑦齿骨缝合部伸长，夹板骨仅短的介入其中。

孙氏鳄属与 *Eutretauranosuchus* 共有下列特征：⑧存在一对前腭孔。

孙氏鳄属与 *Vectisuchus* 共有下列特征：⑨伸长的缝合部。

孙氏鳄属与 *Eutretauranosuchus* 和 *Goniopholis* 共有下列特征：⑩一对上颌骨凹；⑪一对窄长的内鼻孔，部分延伸到眶下孔的后方；⑫方骨的腹面嵴 B 强烈发育。

特征③在苗氏孙氏鳄中情况不明。上述所有特征，除特征⑤外，在 *S. thailandicus* 中情况不明；特征⑤、⑪和⑫在 *S. shartegensis* 中情况不明。

中国已知种　苗氏孙氏鳄 *Sunosuchus miaoi* Young, 1948；准噶尔孙氏鳄 *S. junggarensis* Wu, Brinkman et Russell, 1996。

分布与时代　中国、泰国和蒙古，侏罗纪和早白垩世。

苗氏孙氏鳄 *Sunosuchus miaoi* Young, 1948

（图 65）

正模　NGM (JGMM V 500)，一几乎完整的头骨，大部分左下颌支和部分右下颌支，

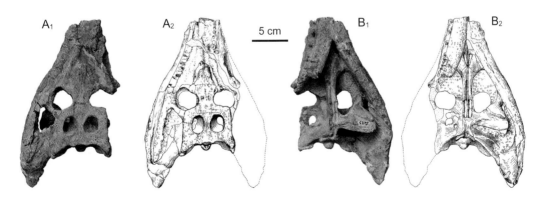

图 65　苗氏孙氏鳄 *Sunosuchus miaoi*

正模 JGMM V 500，头骨：A$_{1,2}$. 背视；B$_{1,2}$. 腹视（线条图引自 Young, 1948, Figs. 2, 3）

破碎的寰椎、连续的脊椎，颈肋和几个膜质骨板。甘肃永登。

鉴别特征　以下列特征区别于孙氏鳄的其他种：上颞孔圆形，间颞区窄；外下颌孔长，背腹向窄，具一指向前方的湾凹（embayment）。

产地与层位　甘肃永登，中侏罗统享堂群。

准噶尔孙氏鳄 *Sunosuchus junggarensis* Wu, Brinkman et Russell, 1996
（图 66）

正模　IVPP V 10606，背腹向压碎的头骨和下颌，寰椎和枢椎，2 肩胛骨，2 乌喙骨，2 肱骨，左桡骨，右桡腕骨，2 股骨，左腓骨，2 耻骨，左坐骨，左跟骨，右眼睑骨和 3 块巩膜骨。新疆准噶尔盆地屏风山。

副模　IVPP V 10607，一头骨不相关联的骨片，包括不成对的顶骨和额骨，眶后骨，鳞骨，右轭骨的前突，右外翼骨，与右外枕骨连接的右方骨，基枕骨，上枕骨，右侧蝶骨，部分左齿骨，右关节骨，左眼睑骨，左乌喙骨，寰椎的间椎体，15 节脊椎（包括 3 节颈椎），11 根肋骨和许多背部和腹部的膜质骨板（脊椎和肋骨有可能和正模的相混）。IVPP V 10608，一严重压坏的头骨和下颌，5 节脊椎（包括一颈椎），一些脊椎和骨板的碎片。IVPP V 10609，4 节脊椎，以及一些脊椎和骨板的碎片。IVPP V 10610，一大的头骨和不相连接的下颌，7 节脊椎（包括一荐椎），肢骨碎片，骨板和脊椎的碎片（和 IVPP V 10611 的相混）。IVPP V 10611，一中等大小的头骨和单独保存的下颌碎片，8 节脊椎（包括 2 颈椎）。

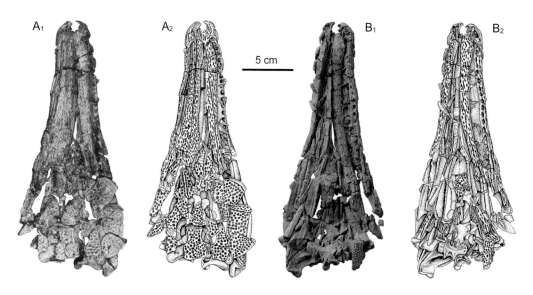

图 66　准噶尔孙氏鳄 *Sunosuchus junggarensis*

正模 IVPP V 10606，头骨和下颌：A$_{1,2}$. 背视；B$_{1,2}$. 腹视（照片 A$_1$ 和线条图引自 Wu et al., 1996b, Figs. 2A, 3A, 3B）

鉴别特征 以下列特征区别于该属的其他种：具一背腹向纤细，且枕面不具中嵴的上枕骨（在 *S. shartegensis* 和 *S. thailandicus* 中情况不明）；方骨的背面，在气孔（foramen aëreum）的远方有一明显的凹；具一伸长的但未分开的上颌骨凹（maxillary depression）。

以具有进入上颞孔的额骨和头顶平台上宽的颞间区而区别于 *S. miaoi*。

以具有一相当窄而长的吻部和额骨上更为明显的中嵴而区别于 *S. shartegensis*。

所有这些特征在 *S. thailandicus* 中情况不明。

一个另外的特征：鼻骨和泪骨分开，而上颌骨和前额骨相接可能是这一种所特有的，它在孙氏鳄的其他种中情况不明。

产地与层位 新疆准噶尔盆地屏风山，上侏罗统石树沟组。

蜀南孙氏鳄 *Sunosuchus shunanensis* Fu, Ming et Peng, 2005

（图 67）

正模 ZDM 3401，一近于完整的头骨（吻端部分缺损）。四川自贡大山铺。

鉴别特征 以下列特征区别于该属的其他种：吻部特别窄长，吻长为吻后部长度的 3 倍；上颌凹特别发育，占据上颌骨几乎整个后半部；颅顶平台短而宽，长宽之比约为 0.65；颞间部宽度大于眶间部宽度；泪骨在眼眶前缘处隆起成嵴；下颞孔小，呈裂隙状；鳞骨侧缘不增厚，也无附着上耳盖的沟嵴状构造；基枕骨侧缘和外枕骨内腹缘具一明显的隆嵴。

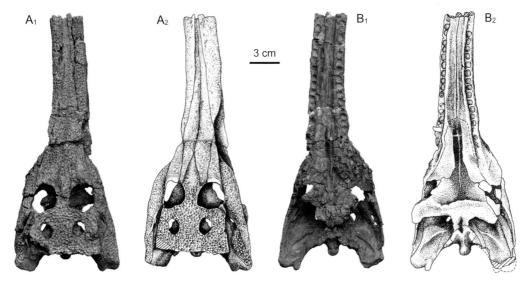

图 67 蜀南孙氏鳄 *Sunosuchus shunanensis*

正模 ZDM 3401，头骨：A$_{1,2}$. 背视；B$_{1,2}$. 腹视（线条图引自傅乾明等，2005，图 1 和图 3；照片由自贡恐龙博物馆提供）

以下列特征区别于 *S. junggarensis*：它的方骨体背面没有将其分隔成内部和侧部的嵴状构造，近方骨髁无凹坑，翼骨主体与前支形成一阶梯。

以下列特征区别于 *S. miaoi*：额骨参与构成上颞孔的前缘。

以下列特征区别于 *S. junggarensis* 和 *S. shartegensis*：额骨后部背面凹坑大小与其他部位的差不多。

产地与层位 四川自贡大山铺，中侏罗统下沙溪庙组。

副钝吻鳄科 Family Paralligatoridae Konzhukova, 1954

模式属 副钝吻鳄 *Paralligator* Konzhukova, 1954

定义与分类 包括 *Paralligator gradilifrons* Konzhukova, 1954 和 *Wannchampsus kirpachi* Adams, 2014 最近共同祖先及其所有后裔。

鉴别特征 沿额骨背中线有一矢状脊；第九到第十一脑神经出口合并；眶下孔间腭骨后部向后外侧扩展；隅骨外侧面具一纵脊（Turner, 2015）。

中国已知属 多皱纹鳄 *Rugosuchus* Wu, Cheng et Russell, 2001。

分布与时代 北美、亚洲、南美，晚侏罗世至早白垩世。

多皱纹鳄属 Genus *Rugosuchus* Wu, Cheng et Russell, 2001

模式种 农安多皱纹鳄 *Rugosuchus nonganensis* Wu, Cheng et Russell, 2001

鉴别特征 一中等大小的鳄形类。以下列特征区别于其他的新鳄类：上颌骨背面具 9 或 10 个凹；额骨和顶骨背面深深地下凹，两骨片的下凹部分是连续的，额骨的中嵴并未后延至骨片的后端，顶骨的中嵴并未延伸到骨片的前端；具 16 或 17 个互相隔离的上颌骨齿。

中国已知种 仅模式种。

分布与时代 吉林农安，白垩纪。

农安多皱纹鳄 *Rugosuchus nonganensis* Wu, Cheng et Russell, 2001
（图 68）

Paralligator sungaricus：孙艾璘，1958，277 页

Shamosuchus sungaricus：Turner, 2015, p. 1

正模 IG (=IGCAGS) V 33，紧密咬合在一起的头骨和下颌的主要部分。吉林农安。

副模　IGV 31, 13 节荐前椎，2 节荐椎，27 节尾椎，许多背部的骨板和一些腹部的骨板不完整的腰带和一些肢骨碎片。IGV 32，与第一尾椎相连的 2 节荐椎，左髂骨和与之相连的左股骨头，一些背部骨板。

归入标本　IVPP V 2302，荐前部的一段体躯（包括 4 个背椎、两行背甲及少数腹甲），左股骨，左胫骨的近端和与之相连的左腓骨中段，及残破的背椎。

鉴别特征　同属。

产地与层位　吉林农安和德惠，下白垩统嫩江组（农安）和上白垩统（德惠）。

评注　孙蔼璘（1958）将发现于吉林德惠上白垩统的一些鳄类头后骨骼材料（IVPP V 2302）归入副鳄属（*Paralligator*），订立了一新种——松花江副鳄（*Paralligator sungaricus*）。Efimov（1982）认为副鳄属是沙漠鳄属（*Shamosuchus*）的晚出异名。Turner（2015）认为因化石材料的残破和不具自有裔征，松花江沙漠鳄（*Shamosuchus sungaricus*）为可疑名称（nomen dubium）。同时他推测 IVPP V 2302 可能属于农安多皱纹鳄，二者的产地仅相距 44 km。

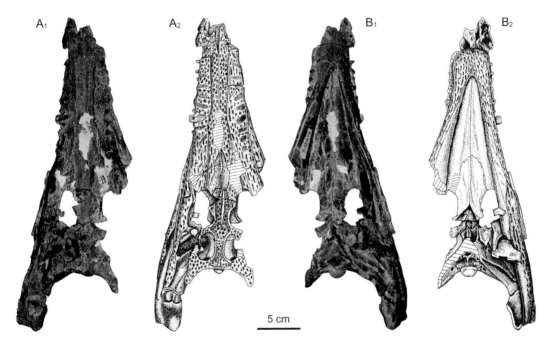

图 68　农安多皱纹鳄 *Rugosuchus nonganensis*
正模 IG (=IGCAGS) V 33，头骨：A₁,₂. 背视；B₁,₂. 腹视（线条图引自 Wu et al., 2001, Fig. 3）

真鳄下中目 Inframirorder EUSUCHIA Huxley, 1875

鳄目 Order CROCODYLIA Gmelin, 1789

平顶鳄科 Family Planocraniidae Li, 1976

模式属 平顶鳄 *Planocrania* Li, 1976

定义与分类 包括 *Boverisuchus* 和 *Planocrania* 最近的共同祖先及其所有的后裔。

鉴别特征 具背腹向深而两侧侧扁的吻部；全部的上颌骨齿和齿骨的犬齿后齿唇 - 舌向侧扁。部分成员保存有粗钝的蹄状的爪。

中国已知属 仅模式属。

分布与时代 德国、美国、中国，古新世。

评注 Brochu（2013）所做的系统发育分析表明产自欧洲和北美的 *Boverisuchus* 两个种（*B. magnifrons* 和 *B. vorax*）与中国的大塘平顶鳄（*Planocrania datangensis*）和衡东平顶鳄（*P. hengdongensis*）关系密切，共同组成平顶鳄科，虽然它们只有一个共近裔性状——全部上、下颌齿侧扁。平顶鳄科是 Crocodylia 中一个靠近基部的单系分支，是 Brevirostres (Crocodyloidea + Alligatoroidea) 的姐妹群。Brochu（2013）认为虽然平顶鳄科的化石均发现于古新统，但它们的系统发育位置暗示出该类群最晚起源于晚白垩世的坎潘期。

平顶鳄属 Genus *Planocrania* Li, 1976

模式种 大塘平顶鳄 *Planocrania datangensis* Li, 1976

鉴别特征 头骨深而侧扁；鼻骨水平，吻部侧面几乎是垂直的；上颌具一大的凹缺或稍凹入，接纳第四齿骨齿；眶后棒稍下沉。次生腭发育，内鼻孔后位，被翼骨所包围。腭孔（palatal fenestra）大，腭管（palatine tube）细而长。牙齿异齿型，齿列后部的牙齿侧扁；5 枚前颌骨齿，11–16 枚上颌骨齿，13–15 枚齿骨齿。

中国已知种 大塘平顶鳄 *Planocrania datangensis* Li, 1976；衡东平顶鳄 *P. hengdongensis* Li, 1984。

分布与时代 广东南雄和湖南衡东，古新世。

评注 李锦玲（1976）在记述广东南雄的鳄类化石时订立了平顶鳄科，将其归入西贝鳄亚目（Sebecosuchia）。因化石头骨具进步特征，平顶鳄属被 Carroll（1988）移入真鳄亚目鳄科（Crocodylidae, Eusuchia）。Sun 等（1992）和 Li 等（2008）进一步将该属置于鳄科锯鳄亚科（Pristichampsinae）中。Brochu（2013）在讨论古新世具剑齿（ziphodont）的真鳄类时，重新启用了平顶鳄科。

大塘平顶鳄 *Planocrania datangensis* Li, 1976

（图 69）

Pristichampsus rollinati：Rossmann, 1998

正模 IVPP V 5016，一稍有破损的头骨和下颌。广东南雄。

鉴别特征 上颌齿列包括 5 枚前颌骨齿和 16 枚上颌骨齿；牙齿表面光滑或有皱。两眼眶间额骨宽，额骨进入上颞孔的边缘。夹板骨仅伸达下颌缝合部。

产地与层位 广东南雄大塘，古新统浓山组。

评注 Rossmann（1998）将大塘平顶鳄并入轮形锯鳄（*Pristichampsus rollinati*）。这是一个在文献中经常出现的种，但该种的正模保存不佳，仅包括一些零散的骨片和牙齿，Brochu（2013）认为它是存疑种。周明镇等（1973）报道了河南淅川核桃园上始新统中采到的 4 枚牙齿，认为它们与欧洲的 *Pristichampsus rollinati* 牙齿相似，将其定为轮形锯鳄亲缘种（*Pristichampsus* aff. *P. rollinati*）。这些牙齿下落不明，此处仅作为此类化石的线索记述于此。

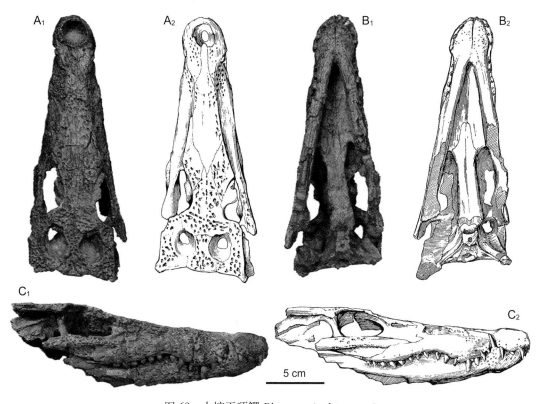

图 69 大塘平顶鳄 *Planocrania datangensis*

正模 IVPP V 5016，头骨和下颌：$A_{1,2}$. 顶视；$B_{1,2}$. 腹视；$C_{1,2}$. 右侧视（线条图引自李锦玲，1976，图 1）

衡东平顶鳄 *Planocrania hengdongensis* Li, 1984

（图 70）

正模 IVPP V 6074，一不完整的头骨和下颌。湖南衡东。

鉴别特征 具 5 枚前颌骨齿、11–12 枚上颌骨齿和 12–13 枚齿骨齿；牙齿的唇面和舌面从齿冠顶端到基部有窄而浅的沟。两眼眶间额骨窄，额骨未进入上颞孔的边缘；方轭骨 - 上隅骨关节存在。

产地与层位 湖南衡东栗木坪，古新统（?）。

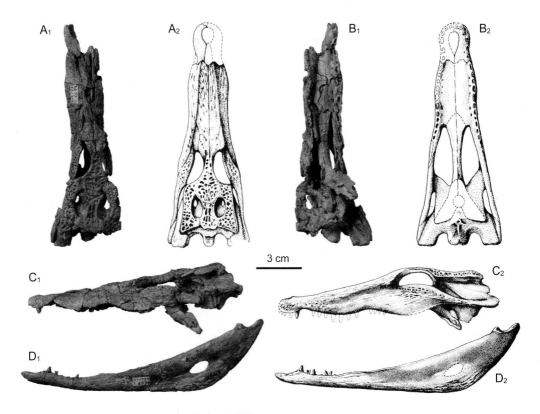

图 70 衡东平顶鳄 *Planocrania hengdongensis*

正模 IVPP V 6074 头骨：$A_{1,2}$. 顶视；$B_{1,2}$. 腹视；$C_{1,2}$. 左侧视；左下颌支：$D_{1,2}$. 外侧视（线条图引自李锦玲，1984，图 1 和图 2）

短吻鳄亚目 Suborder BREVIROSTRES Zittel, 1890

鳄超科 Superfamily Crocodyloidea Fitzinger, 1826

定义与分类 含 *Asiatosuchus granger* Mook, 1940 和 *Crocodylus niloticus* Laurenti，1768 的最小包容支系。

鉴别特征　第五脑神经腭支在上颌骨的孔很大；腭骨前突大大超出眶下孔前缘；额骨 - 顶骨缝进入上颞窝，顶骨与眶后骨广泛搭接；在基蝶骨突外侧脑颅壁上无沟槽；方骨内髁扩展（Wu et Brinkman, 2015）。

分布与时代　全球，晚白垩世至今。

亚洲鳄属 Genus *Asiatosuchus* Mook, 1940

模式种　葛氏亚洲鳄 *Asiatosuchus grangeri* Mook, 1940

鉴别特征　齿列包括 5 枚前颌骨齿、14 枚上颌骨齿和 17–20 枚齿骨齿；腭骨向前延伸仅达腭窝（palatal vacuities）的前缘；夹板骨未进入下颌缝合部，但向后延伸至第六或第七齿骨齿处。

中国已知种　仅模式种。

分布与时代　中国、蒙古、德国和法国，始新世。

评注　在 Brochu（1999）和 Shan 等（2009）对鳄形类的支序分析中，*Asiatosuchus grangeri* 处于 Crocodyloidea 的基干位置，并未包含在 Crocodylidae 中。杨钟健（1964b）依据采自广东南雄的材料订立了南岭亚洲鳄（*Asiatosuchus nanlingensis*），Wang 等（2016）对化石材料进行了重新描述和系统发育研究，结果显示南岭种更进步，是鳄科鳄亚科的成员。南岭种归入亚洲鳄属是存在问题的。

葛氏亚洲鳄 *Asiatosuchus grangeri* Mook, 1940
（图 71）

正模　AMNH 6606，一对下颌支。内蒙古二连地区（Iren Dabasu）。

副模　AMNH 6607，一破碎的吻部；AMNH 6608，眶间骨片。

鉴别特征　下颌缝合部向后延伸至第六齿骨齿；两下颌支以一适度宽的角度张开。齿列长度短于下颌齿列后的部分；牙齿粗壮，表面有浅的条纹。鼻骨和泪骨的骨缝短于鼻骨和前额骨的骨缝。

产地与层位　内蒙古二连地区，中始新统上部伊尔丁曼哈组。

鳄科 Family Crocodylidae Cuvier, 1807

模式属　鳄 *Crocodylus* Laurenti, 1768

定义与分类　含 *Crocodylus affinis* Marsh, 1871 和 *Crocodylus niloticus* Laurenti, 1768 的最小包容支系。

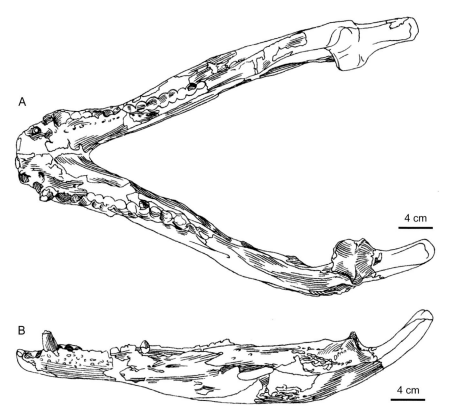

图 71　葛氏亚洲鳄 *Asiatosuchus grangeri*

正模 AMNH 6606：A. 一对下颌支顶视；B. 左下颌支外侧视（线条图引自 Mook, 1940, Fig. 1）

鉴别特征　第五脑神经下颌支在夹板骨前部无开口；额骨与顶骨完全在头骨平台缝接；从暴露的基蝶骨到三叉神经孔方骨 - 翼骨缝直线状。依据 Wu 和 Brinkman（2015）。

中国已知属　切喙鳄 *Tomistoma* Müller, 1846；澎湖鳄 *Penghusuchus* Shan et al., 2009。

分布与时代　欧洲、北美、南美、亚洲、非洲和澳大利亚，晚白垩世至现代。

切喙鳄亚科 Subfamily Tomistominae Kälin, 1955

模式属　切喙鳄 *Tomistoma* Müller, 1846

定义与分类　含 *Kentisuchus spenceri* Buckland, 1836 和 *Tomistoma schlegelii* Müller, 1846 的最小包容支系。

鉴别特征　腭骨前突楔形；外翼骨的翼骨支直，眶下孔后外侧缘平直；上颌骨具一后突插入泪骨。依据 Wu 和 Brinkman（2015）。

中国已知属　切喙鳄 *Tomistoma* Müller, 1846；澎湖鳄 *Penghusuchus* Shan et al., 2009。

分布与时代　化石发现于欧洲、北美、亚洲和非洲，时代为始新世至更新世。现生的切喙鳄分布于亚洲南部的苏门答腊、加里曼丹和马来半岛。

切喙鳄属 Genus *Tomistoma* Müller, 1846

模式种 马来切喙鳄 *Tomistoma schlegelii* (Müller, 1838)

鉴别特征 吻部长而纤细；眼眶大于或等于上颞孔；内鼻孔圆形；额骨和顶骨小，泪骨适度发育。鼻骨和前颌骨相接，但远离外鼻孔。下颌缝合部向后延至第十四或第十五齿骨齿处，夹板骨的前部深入其中。通常前颌齿 5 枚，上颌骨齿 20–21 枚，下颌齿 18–20 枚。

中国已知种 石油切喙鳄 *Tomistoma petrolica* Yeh, 1958；台湾切喙鳄? *Tomistoma? taiwanicus* Shikama, 1972。

分布与时代 化石发现于欧洲、北美、亚洲，始新世至现代。现生种分布于苏门答腊、加里曼丹和马来半岛。

石油切喙鳄 *Tomistoma petrolica* Yeh, 1958
(图 72)

正模 IVPP V 2303，具脑子的头骨内模一个，前端残缺，鳞骨后缘破损。广东茂名。

副模 IVPP V 2303a，残破的脑内模一个。

归入标本 IVPP V 5015，一不完整的头骨和左下颌支，一左肱骨和右股骨，一些甲片和残破的骨片。

鉴别特征 吻部细而长；细长的鼻骨前端并未伸达前颌骨和外鼻孔；额骨前端呈尖突状插入左右鼻骨之间（不同于马来切喙鳄）。眼眶大，眶间部宽于颞间部。牙齿为稍侧扁的圆锥状，齿冠上部表面轻微褶皱。

产地与层位 广东茂名，始新统上部茂名系油柑窝层。

评注 叶祥奎 (1958) 建立 *Tomistoma petrolica* 时，并未给出中文名称。李锦玲 (1975) 在补充描述同样产自茂名的化石材料 (IVPP V 5015) 时，参照 1965 年建立的始马来鳄属 (*Eotomistoma*)，将其属名 *Tomistoma* 不当地译为"马来鳄"，现订正为切喙鳄。

台湾切喙鳄? *Tomistoma? taiwanicus* Shikama, 1972

正模 NSMT-P-9121-9126，一破损的头骨和下颌，包括不完整的额骨、顶骨、上颌骨、齿骨和牙齿。台湾台南以东左镇。

鉴别特征 可能与 *Tomistoma machikanense* 关系最密切，但以下列综合特征相区别：具更长的吻部；上颌骨和鼻骨间骨缝不明显；牙齿相当大，齿隙明显；顶骨非常窄；眼眶内缘明显地形成角度。

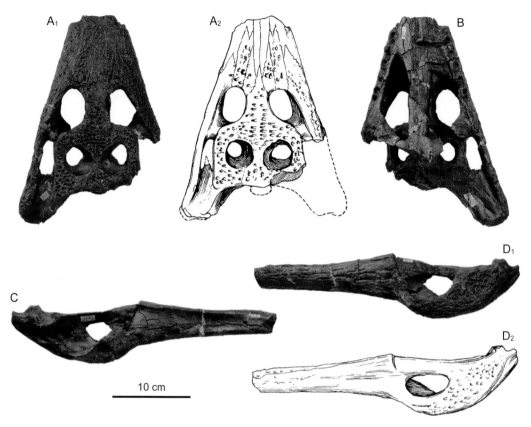

图 72 石油切喙鳄 *Tomistoma petrolica*

归入标本 IVPP V 5015，头骨；A$_{1,2}$.顶视；B.腹视；左下颌支；C.内侧视，D$_{1,2}$.外侧视（线条图引自李锦玲，1975，图 1）

产地与层位 台湾台南以东左镇，上新统上部。

评注 1936 年 Tokunaga 报道了台湾的第一个鳄类化石，一个破碎的吻部发现于台南 Tsochin，认为它与食鱼鳄科（Gavialidae）和切喙鳄科（Tomistomidae）关系密切。该化石在第二次世界大战中被破坏（见 Shikama, 1972）。

澎湖鳄属 Genus *Penghusuchus* Shan, Wu, Cheng et Sato, 2009

模式种 潘氏澎湖鳄 *Penghusuchus pani* Shan, Wu, Cheng et Sato, 2009

鉴别特征 大型体长可达 5 m 的鳄类。以下列综合特征区别于所有其他的切喙鳄类：前额骨和泪骨等长（与 *Kentisuchus spenceri* 共有特征）；轭骨前突延伸至前额骨和泪骨前端一线（*Megadontosuchus arduini* 中情况不明）；额骨前端与鼻骨形成 W 形骨缝。三角形的内鼻孔有一尖锐的前角，其后缘位于翼骨凸缘之后（与 *Tomistoma lusitanica* 共有，在 *Paratomistoma courti* 和 *Kentisuchus spenceri* 中情况不明）。鼻咽管（nasopharyngeal duct）的底和内鼻孔的侧边下垂，在翼骨的腹面形成突出的 Y 形嵴。在眶下孔外侧有 5

枚上颌骨齿（*Paratomistoma courti*，*Kentisuchus spenceri* 和 *Gavilalosuchus eggenburgensis* 中情况不明）。第七上颌骨齿侧方上颌骨明显肿胀，第七齿是上颌骨齿第一波段中最大的（与 *Toyotamaphimeia machikanensis* 共有，在 *Paratomistoma courti* 和 *Kentisuchus spenceri* 中情况不明）。隅骨的中背突将上隅骨从外下颌孔的后背边缘排除出去（与 *Tomistoma lusitanica* 共有）。

中国已知种　仅模式种。

分布与时代　台湾海峡澎湖西屿，晚中新世。

潘氏澎湖鳄 *Penghusuchus pani* Shan, Wu, Cheng et Sato, 2009
（图 73）

正模　NMNS-005645，头骨、下颌及与之关联的头后骨架。台湾海峡澎湖西屿。

鉴别特征　同属。

产地与层位　台湾澎湖、内埃西屿，上中新统渔翁岛组。

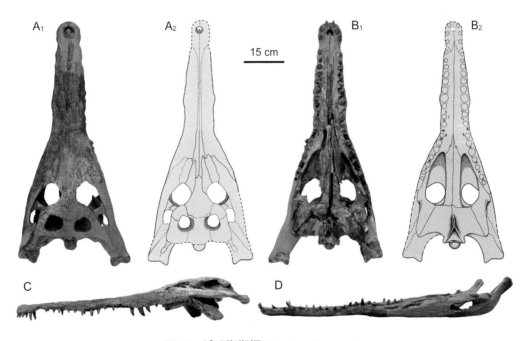

图 73　潘氏澎湖鳄 *Penghusuchus pani*

正模 NMNS-005645，头骨：A$_{1,2}$. 顶视；B$_{1,2}$. 腹视；C. 左侧视；下颌：D. 左侧视（线条图引自 Shan et al., 2009, Fig. 3）

? 湘江田氏鳄 *?Tienosuchus hsiangi* Young, 1948

评注　Young（1948）依据采自湖南衡阳杨梅桥中始新统，一单独的牙齿和可能属于同一个体的一背椎、一尾椎及 3 块甲片（JGMM V 503）订立了湘江田氏鳄这一属种，将其归入鳄科。化石的特征包括："牙齿基部圆形，向上变侧扁，具明显的前后嵴。牙齿表面有粗的条纹。背椎双平型，具强壮的横突和相当短而弱的背棘。尾椎腹面侧边缘具两条突出的嵴，中央为未伸达椎体前后端的深沟。骨片厚，上有密集的凹坑雕饰"。因化石材料的残破和缺乏自有裔征，Sun 等（1992）和 Li 等（2008）将其列为存疑属种。

? 多齿始切喙鳄 *?Eotomistoma multidentata* Young, 1964

杨钟健（1964b）依据采自内蒙古伊克昭盟鄂托克旗下白垩统上部的化石（IVPP V 2774）订立了多齿始马来鳄，将其归入马来鳄亚科[①]（Tomistominae）。正模被描述为"一头骨右侧的眼前部分"。后经 Sigogneau-Russell（1981）研究，V 2774 由两种不同的动物组成，其后部属离龙目（Choristodera），被重新定名为孙氏伊克昭龙（*Ikechaosaurus sunailinae*），标本号未变，仍使用 IVPP V 2774。该化石的剩余部分被 Sun 等（1992）认为虽然它仍属鳄类，但因特征的缺失无法代表一独立的属种。

鳄亚科 Subfamily Crocodylinae Cuvier, 1807

模式属 鳄 *Crocodylus* Laurenti, 1768

定义与分类 含 *Osteolaemus tetraspis* Cope, 1861 和 *Crocodylus niloticus* Laurenti, 1768 的最小包容支系。

鉴别特征 在舌面腹端上隅骨 - 隅骨骨缝接触关节骨，方轭骨 - 轭骨骨缝位于下颞孔的后角（Wu et Brinkman, 2015）。

中国已知属 亚洲鳄？ *Asiatosuchus*? Mook, 1940。

分布与时代 化石发现于欧洲、北美、亚洲、非洲和澳大利亚，古新世至更新世。现生的鳄亚科成员分布于全世界（除欧洲外）的热带和亚热带地区，包括非洲大陆和马达加斯加岛、亚洲的东南亚和中南半岛、澳大利亚北部、美洲的热带和亚热带地区。

评注 杨钟健（1964b）依据采自广东南雄的鳄类化石材料订立了一新种，将其归入鳄科鳄亚科的亚洲鳄属，定名为南岭亚洲鳄（*Asiatosuchus nanlingensis*）。Brochu（1999）和 Shan 等（2009）对鳄形类所作的系统发育分析中包括亚洲鳄的模式种葛氏亚洲鳄（*Asiatosuchus grangri*），结果表明它是 Crocodyloidea 的基干成员。后 Wang 等（2016）所做的分析确认了这一结果，但南岭亚洲鳄与模式种不同，仍属鳄亚科。亚洲鳄的这两个种分类位置距离遥远，不形成单系，表明南岭种的属级名称存疑。

[①] 马来鳄亚科即切喙鳄亚科（Tomistominae）。

亚洲鳄属？ *Asiatosuchus*? Mook, 1940

南岭亚洲鳄？ *Asiatosuchus? nanlingensis* Young, 1964
(图 74)

Eoalligator chunyii：杨钟健，1964b，192 页

正模 IVPP V 2773（野外号 6228），一对不完整的下颌支，一些零散的脊椎和四肢骨。广东南雄湖口。

副模 IVPP V 2772（野外号 6227），一对下颌支的前部，一右下颌支，一破碎的下颌支，若干破碎的脊椎和肢骨。IVPP V 2775（野外号 6217），一右下颌支的关节部分。IVPP V 2721a（野外号 6219），一破碎下颌。

归入标本 IVPP V 2716（野外号 6218），一头骨后部、一对下颌和若干非常可能属于一个个体的骨片。IVPP V 2721（野外号 6219），一右下颌前部、一左下颌后部、一颈椎和若干骨片；IVPP V 2771（野外号 6214），一破碎下颌。

鉴别特征 比葛氏亚洲鳄大且更粗壮。齿骨齿 19–20 枚；下颌前部的后端微有收缩；下颌孔特小。两上颞孔间形成一发育的沟；方骨内侧的半髁加大；下颌缝合线可伸达第四齿骨齿一线；一沟槽存在于上隅骨窄的背缘靠近关节窝的部位。前寰椎呈等腰三角形。上隅骨 - 关节骨骨缝在关节窝内前后向延伸，以此特征区别于其他的 crocodylis。以方骨内侧的半髁加大区别于 mesosuchians。以下颌缝合线仅伸达第四齿骨齿一线区别于切喙鳄类和葛氏亚洲鳄（Wang et al., 2016）。

产地与层位 广东南雄湖口和修仁，？古新统。

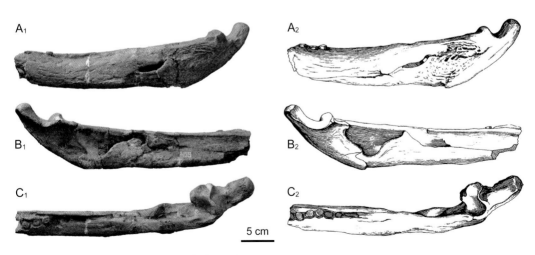

图 74 南岭亚洲鳄？ *Asiatosuchus? nanlingensis*
正模 IVPP V 2773，不完整的左下颌支：$A_{1,2}$. 外侧视；$B_{1,2}$. 内侧视；$C_{1,2}$. 顶视（线条图引自杨钟健，1964b，图 2）

评注　杨钟健（1964b）依据采自广东南雄的鳄类化石材料订立了南岭亚洲鳄和存义始猛鳄（*Eoalligator chunyii*），将它们分别归入鳄科的鳄亚科和钝吻鳄亚科（Alligatorinae）。Wang 等（2016）重新研究了南岭亚洲鳄和存义始猛鳄，以及产自安徽怀宁的怀宁始猛鳄（*Eoalligator huiningensis*）。发现前二者存在 4 个相同的特征却没有明显的区别。系统发育分析的结果表明：南岭亚洲鳄和葛氏亚洲鳄未组成单系，始猛鳄的两个种也未组成单系，而同样产自广东南雄的存义始猛鳄和南岭亚洲鳄为姐妹群关系，它们组成的单系位于鳄科鳄亚科中；而葛氏亚洲鳄是 Crocodyloidea 的基干成员，怀宁始猛鳄却落入复系的 Globidonta 或 Alligatoroidea 中。据此他们认为存义始猛鳄是南岭亚洲鳄的晚出同物异名。

？玛纳斯准噶尔鳄　?*Dzungarisuchus manacensis* Dong, 1974

（图 75）

董枝明（1974）依据采自新疆玛纳斯河始新统上部的一不完整的右下颌支（IVPP V 4070），建立了玛纳斯准噶尔鳄这一属种，将其归入鳄科鳄亚科。化石的特征包括："下颌狭长，吻部尖而不收缩。缝合部狭长，夹板骨前伸插入缝合部的基部，缝合线止于下颌第八或第九齿处。推测每侧下颌齿 13–14 枚，齿间距近相等"。因化石材料的残破和缺乏自有裔征，Sun 等（1992）和 Li 等（2008）将其列为存疑属种。

图 75　? 玛纳斯准噶尔鳄　?*Dzungarisuchus manacensis*
IVPP V 4070，不完整右下颌支：A$_{1,2}$. 外侧视；B$_{1,2}$. 顶视（线条图引自 Sun et al., 1992, Fig. 112）

？衡阳两湖鳄　?*Lianghusuchus hengyangensis* Young, 1948

Young（1948）依据产自湖南衡阳杨梅桥始新统的同一个体的左右上颌骨碎片、一方轭骨、25 节脊椎（包括颈椎、背椎、荐椎和尾椎）和一些甲片（JGMM V 502）订立了衡阳两湖鳄这一属种。化石的特征包括："牙齿间的距离较大，仅具一枚大的犬齿状齿；牙齿横断面稍侧扁。方轭骨宽而短。脊椎椎体端发育很好，椎体后突部分短，突出较弱。尾椎侧突下方有微弱发育的棱嵴"。因依据的化石材料过于零散和不具自有裔征，Sun 等（1992）和 Li 等（2008）将其列为存疑属种。

钝吻鳄科 Family Alligatoridae Gray, 1844

模式属 钝吻鳄 *Alligator* Cuvier, 1807

定义与分类 包含 *Alligator sinensis* Fauvel, 1879 和 *Caiman crocodilus* Linnaeus, 1758 的最近共同祖先及其所有后裔。

鉴别特征 背骨板几近方形；齿骨第四齿大于第三齿，两齿窝分隔；齿骨强力上下弯曲；外翼骨在眶后棒腹端停止延伸；额骨 - 顶骨缝完全位于颅平台；顶骨和鳞骨沿上颞窝的后壁相遇；在脑颅外侧，前耳骨几乎被方骨和侧蝶骨遮盖（Wu et Brinkman，2015）。

中国已知属 钝吻鳄 *Alligator* Cuvier, 1807；原钝吻鳄 *Protoalligator* Wang, Sullivan et Liu, 2016。

分布与时代 北美、南美和中国，晚白垩世至现代。

钝吻鳄亚科 [①] Subfamily Alligatorinae Kalin, 1940

模式属 钝吻鳄 *Alligator* Cuvier, 1807

定义与分类 包括 *Alligator sinensis* Fauvel, 1879 和所有与它比与 *Caiman crocodilus* Linnaeus, 1758 的关系更近的鳄目成员。

鉴别特征 背骨板每排超过 10 个；在成体，前额骨和泪骨前伸程度几乎相当；隅骨向背方延伸以一尖端趋近或超过间下颌后孔（foramen intermandibularis caudalis）的前端；齿骨在第四和第十齿孔间明显弯曲；侧蝶骨桥（laterosphenoid bridge）中含腭骨的上突（Brochu, 1999；Wu et Brinkman, 2015）。

中国已知属 钝吻鳄 *Alligator* Cuvier, 1807；原钝吻鳄 *Protoalligator* Wang, Sullivan et Liu, 2016。

分布与时代 北美和中国，古新世至现代。

钝吻鳄属 Genus *Alligator* Cuvier, 1807

模式种 密西西比鳄 *Alligator mississippiensis* Cuvier, 1807 = *A. lucias*

鉴别特征 吻部宽而扁平，两侧缘平行，具雕饰纹。外鼻孔被前颌骨和鼻骨所围，鼻骨形成鼻孔内纵向中隔。泪骨小于前额骨，鼻骨的后端不与泪骨相接，它们被相连的

---

① Alligatorinae 被杨钟健（1964b）译为猛鳄亚科，中国科学院古脊椎动物与古人类研究所 1979 年编的《中国脊椎动物化石手册》中译为短吻鳄亚科，张孟闻等（1998）遵循中国古籍中的用法将 *Alligator* 和 *Alligator sinensis* 称之为鼍，Alligatorinae 称之为鼍亚科。此处依据 Jaeger 著滕砥平和蒋芝英 1965 年翻译的《生物名称和生物学术语的词源》使用钝吻鳄亚科。

前额骨 - 上颌骨所隔开。眼眶大，其前缘不超过上颌第十一齿。顶骨直达颅骨后缘，上枕骨不参与或仅少许构成颅骨的顶面。头骨腹面左、右前颌骨紧密接合，每侧5齿。腭骨前伸最远达第七上颌骨齿。

共有裔征：外鼻孔被鼻骨分隔。前颌骨表面在鼻孔侧方有深凹。可能存在的特征：上隅骨 - 隅骨骨缝上具舌孔（lingual foramen）。内鼻孔有突出于孔的中隔（Brochu, 1999）。

中国已知种 扬子鳄 *Alligator sinensis* Fauvel, 1879；鲁钝吻鳄 *Alligator luicus* Li et Wang, 1987。

分布与时代 北美和中国，古新世至现代。

鲁钝吻鳄 *Alligator luicus* Li et Wang, 1987
（图 76）

正模 SWPM (LPM 850001)，一近于完整的头骨、破碎的下颌和部分头后骨架。山东临朐山旺。

鉴别特征 头骨短小，表面颅刻纹发育。吻部长度小于宽度，也小于头骨其余部分的长度。上颌骨与前额骨、鼻骨与泪骨互成对角接触。眶前嵴不发育；上颞凹较宽大，呈长椭圆形。

产地与层位 山东临朐山旺，中新统山旺组。

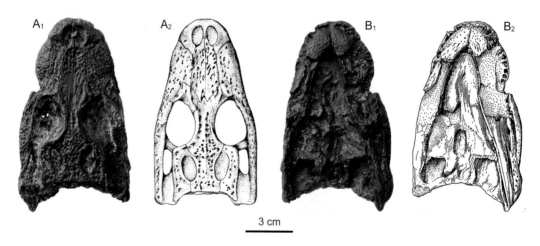

图 76 鲁钝吻鳄 *Alligator luicus*
正模 LPM 850001，头骨：A$_{1,2}$. 顶视；B$_{1,2}$. 腹视（线条图引自李锦玲和王宝忠，1987，图1）

扬子鳄 *Alligator sinensis* Fauvel, 1879
（图 77）

正模 现生标本，模式标本产地位于安徽芜湖附近。

归入标本 NMNS006394-F051722 头骨和下颌。

鉴别特征 中小型鳄类，一般体长 1.5 m。吻短而扁平，前端钝圆。下颌齿每侧少于20枚，第四下颌齿嵌入上颌的一个凹槽内，口闭合时，第四下颌齿不显露。

产地与层位 零散化石见于山西、山东、安徽、河南、浙江、广东和台湾等地的古新统至中更新统；现生扬子鳄分布限于安徽、江苏和浙江三省毗邻长江及其支流的一些地区。

评注 地质时期的 *Alligator* 较扬子鳄分布范围要宽广得多，但化石大多是零散的牙齿和甲片（见周明镇、王伴月，1964；黄万波等，1982，1988 等），并不能确切地定出其属种名称。Shan 等（2013）记述了发现于台湾澎湖海沟上更新统的一鳄类头骨化石（NMNS006394-F051722），这是迄今为止唯一的扬子鳄头骨化石。

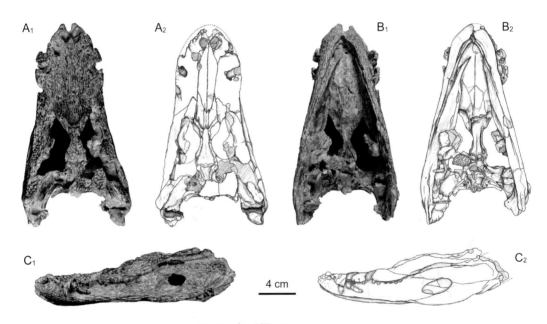

图 77 扬子鳄 *Alligator sinensis*

归入标本 NMNS006394-F051722，头骨和下颌：$A_{1,2}$. 顶视；$B_{1,2}$. 腹视；$C_{1,2}$. 左侧视（线条图引自 Shan et al., 2013, Fig. 4）

原钝吻鳄属 Genus *Protoalligator* Wang, Sullivan et Liu, 2016

模式种 怀宁原钝吻鳄 *Protoalligator huiningensis* (Young, 1982) Wang, Sullivan et Liu, 2016

鉴别特征 一个短吻的钝吻鳄类。具下列独有的特征组合：前颌骨后突伸入外鼻孔；第四齿骨齿伸入前颌骨和上颌骨之间的凹；在下颌第五齿之后第十一和第十二下颌齿是齿骨后部牙齿中最大的。以前颌骨后突伸入外鼻孔区别于除 *Alligator* 外所有其他的钝吻鳄类（alligatoroid）；以第四齿骨齿伸入前颌骨和上颌骨之间的凹区别于大部分钝吻鳄类；以齿骨后部牙齿中最大的是第十一和第十二下颌齿区别于钝吻鳄亚科的其他成员。

中国已知种 仅模式种。

分布与时代 安徽怀宁，古新世。

评注 杨钟健（1964b）建立了钝吻鳄亚科的始猛鳄属（*Eoalligator*），当时仅有的种——存义始猛鳄（*Eoalligator chunyii*）被指定为模式种。杨钟健（1982c）建立了该属的第二个种——怀宁始猛鳄（*E. huiningensis*）。Wang 等（2016）在对中国的钝吻鳄类（alligatoroid）进行支序分析时发现：存义始猛鳄和南岭亚洲鳄在鳄科的基干位置组成姐妹群，而怀宁始猛鳄仍位于 alligatoroid 内，存义始猛鳄被鉴定为南岭亚洲鳄的晚出同物异名。由于模式种的移出，始猛鳄属变为无效名称。Wang 等（2016）以怀宁种为模式种，建立了原钝吻鳄属（*Protoalligator*）。

怀宁原钝吻鳄 *Protoalligator huiningensis* (Young, 1982) Wang, Sullivan et Liu, 2016
（图 78）

Eoalligator huiningensis：杨钟健，1982c，47 页

正模 IVPP V 4058，一头骨和下颌的前部。安徽怀宁丁花屋。

鉴别特征 同属。

产地与层位 安徽怀宁丁花屋，古新统望虎墩组上部。

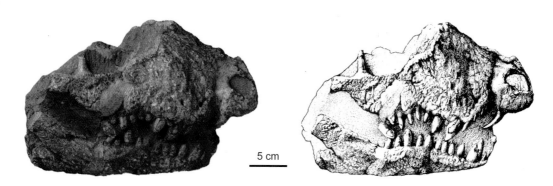

图 78 怀宁原钝吻鳄 *Protoalligator huiningensis*
正模 IVPP V 4058 头骨和下颌前部右侧视（线条图引自 Sun et al., 1992, Fig. 116）

钝吻鳄科属种未定 Alligatoridae gen. et sp. indet.

Skutschas 等（2014）描述了广东茂名上始新统油柑窝组的一鳄类化石（MMC

001）。它仅包括一极为破碎头骨，被作为 Alligatoridae 属种未定处理。这是在中国始新世地层中，也是广东茂名发现的第一个钝吻鳄类。Skutschas 等（2014）所做的系统发育分析表明，该化石位于 *Alligator* 冠群分支之外，是 Alligatoridae 的基干成员。因化石保存状态不佳，一些特征的确定缺乏切实的依据，这一分析结果同样存在不确定性。

真鳄下中目科未定 Eusuchia incertae familiae

皖鳄属 Genus *Wanosuchus* Zhang, 1981

模式种 无孔皖鳄 *Wanosuchus atresus* Zhang, 1981

鉴别特征 小型短吻的鳄类。下颌支前半部的上缘呈显著的波浪形，后半部明显升高，无外下颌孔。下颌联合部较短；夹板骨的前端抵下颌联合，但不参加其组成。牙齿侧扁，下颌齿 13 枚；第一齿较粗壮，有些前倾，第四和第十一齿大，为犬齿状，最后一齿的齿冠短而钝。下颌支的外侧面布满雕饰花纹，仅反关节突的外表面平滑无纹。

中国已知种 仅模式种。

分布与时代 安徽，古新世?。

无孔皖鳄 *Wanosuchus atresus* Zhang, 1981
（图 79）

正模 IVPP V 6262，一几乎完整的左下颌支。安徽南部。

鉴别特征 同属。

产地与层位 安徽南部（具体产地不详），古新统?。

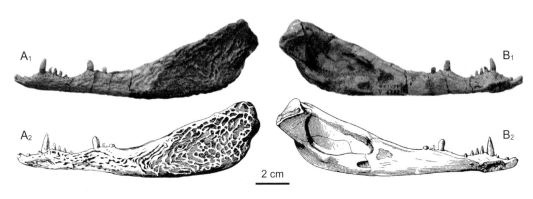

图 79 无孔皖鳄 *Wanosuchus atresus*
正模 IVPP V 6262，左下颌支：A₁‚₂. 外侧视；B₁‚₂. 内侧视（线条图引自张法奎，1981，图 1）

第三部分　翼　龙　类

翼龙目导言

一、概　述

　　翼龙是一种已经灭绝的飞行爬行动物，最早出现在约 2.2 亿年前的三叠纪晚期，一直延续到 6500 万年前的白垩纪末期（Wellnhofer, 1991）。翼龙常常被误认为是一种会飞的恐龙，然而在分类学上，翼龙并不是恐龙，翼龙和恐龙之间有着很近的亲缘关系，翼龙、恐龙和现存的鳄鱼等都属于主龙类（Archosauria）的爬行动物（Witton, 2013）。翼龙是三类飞行脊椎动物（翼龙、鸟类、蝙蝠）中最早飞向天空的，比鸟类早约 7000 万年。

　　世界上第一件翼龙化石发现于 18 世纪后期，来自德国晚侏罗世索伦霍芬灰岩中，1784 年意大利博物学家科里尼发表了第一篇关于翼龙的研究论文，由于无法理解这一生物的奇特特征，科里尼依据与其共同保存的海生生物推测这一化石也是一种海洋生物。1801 年，法国著名的比较解剖学家乔治·居维叶在没有直接观察标本，仅仅是查阅了科里尼的描述和图片后，认为这一动物属于爬行动物，并且确认了加长的第四手指，认为这是一种会飞的爬行动物。所以将这种生物命名为 Ptero-Dactyle，分别由表示翅膀的"Ptero"和表示手指的"Dactyle"构成，这就是翼手龙属（*Pterodactylus*）一词的由来（Wellnhofer, 2008）。1834 年，Kaup 最早使用了 Pterosaurii 一词来指翼龙类，其中的"saur"意为蜥蜴，代表爬行动物，整个词就是有翅膀的爬行动物。1842 年，Owen 首次使用现在的 Pterosauria 一词来表示翼龙目的爬行动物（Wellnhofer, 2008）。

　　尽管翼龙的骨骼像鸟类一样，骨壁薄而内多中空，造成了翼龙化石十分稀少，但是翼龙化石却分布在各大陆上（Barrett et al., 2008；汪筱林等，2014），其至南极洲都有翼龙化石的发现（Hammer et Hickerson, 1994）。目前最早的翼龙化石是意大利上三叠统地层中发现的真双型齿翼龙属（*Eudimorphodon*）和翅龙属（*Peteinosaurus*），最晚的记录是白垩纪末期包括风神翼龙属（*Quetzalcoatlus*）在内的神龙翼龙科（Azhdarchidae）的成员。

　　中国是全世界翼龙种类最多、化石数量最为丰富的国家之一。目前有过翼龙化石报道的有新疆、内蒙古、辽宁、河北、甘肃、四川、山东、浙江八个省区，化石时代从中侏罗世一直延续到晚白垩世。其中尤以辽西及其周边地区和新疆的翼龙化石最为丰富。辽西等地区发现有热河生物群和燕辽生物群，其中包括许多平板状保存的完整翼龙化石骨架等。新疆发现了乌尔禾翼龙动物群和哈密翼龙动物群，这两个动物群的翼龙都呈三维立体保存，其中哈密翼龙动物群保存的翼龙化石数量和富集程度世所罕见。四川自贡中侏罗世的狭鼻翼龙属（*Angustinaripterus*）是中国目前发现的时代最早的翼龙种类，而浙江临海晚白垩世的浙江翼龙属（*Zhejiangopterus*）则是中国目前发现的时代最晚的翼龙类型（汪筱林等，2014）。

除了中国的几个重要的翼龙化石产地之外，全球还有其他一些较为著名的翼龙化石发现，如欧洲以德国晚侏罗世索伦霍芬为代表，其中翼手龙属和喙嘴龙属（*Rhamphorhynchus*）最为著名；亚洲在哈萨克斯坦晚侏罗世卡拉套发现蛙颌翼龙属（*Batrachognathus*）和索德斯龙属（*Sordes*）等；南美的巴西阿拉莱皮盆地早白垩世桑塔纳组发现古魔翼龙属（*Anhanguera*）和古神翼龙属（*Tapejara*），阿根廷圣路易斯省早白垩世的地层中发现有南方翼龙属（*Pterodaustro*）；以及北美洲的美国得克萨斯州晚白垩世发现无齿翼龙属（*Pteranodon*）等（Barrett et al., 2008）。

翼龙的个体差异比较大，目前较为认可的最大翼龙是发现于美国得克萨斯州的诺氏风神翼龙（*Quetzalcoatlus northropi*）。由于发现的标本并不完整，仅有一完整的巨大肱骨，所以翼展大小只能推测。采用的参照物不同推测数据也不同，如参考翼手龙属，推测其翼展为 11 m；参考准噶尔翼龙属（*Dsungaripterus*）和无齿翼龙属，推测其翼展有 15.5 m；依据翼龙从小到大的生长趋势，推测其翼展可达 21 m。最后采取了一个折中的数据，其翼展为 15.5 m（Lawson, 1975）。但 Langston（1981）认为风神翼龙属的翼展不可能达到 15.5 m，这样的翼展推测其体重只能有 136 kg，而这一体重是不可能有足够的肌肉来满足飞行需要的。所以，风神翼龙属的翼展最有可能的还是 11–12 m。包括哈特兹哥翼龙属（*Hatzegopteryx*）在内的许多神龙翼龙科成员也可能具有与风神翼龙属相当的翼展长度。

发现于我国辽西的森林翼龙属（*Nemicolopterus*）翼展仅有 25 cm，依据其骨骼的骨化和愈合程度判断其为亚成年个体，到骨骼完全骨化的这段过程中，体型不会有过大的增加，所以森林翼龙属被认为是达到成年个体时翼展最小的翼龙，至少也是最小的准噶尔翼龙次亚目（Dsungaripteroidea）的成员（Wang et al., 2008b）。

二、翼龙的生殖生理习性

翼龙是温血还是冷血目前还不能确认，但是大多数的翼龙研究者都比较支持翼龙是一种温血动物（Unwin et Bakhurina, 1994；汪筱林等，2002；Witton, 2013）。翼龙是爬行动物，而现生的所有爬行动物都是冷血动物。1870 年，Owen 就认为翼龙是冷血动物，且不可能具有足够飞行的能量。1831 年和 1927 年 Goldfuss 和 Broili 在德国索伦霍芬分别发现了翼龙身体周围有"毛"的痕迹（Witton, 2013），之后在哈萨克斯坦晚侏罗世的沉积中发现了一件完整带"毛"的翼龙化石——索德斯龙属（Sharov, 1971；Unwin et Bakhurina, 1994）。在我国内蒙古道虎沟发现了一件精美的热河翼龙属（*Jeholopterus*）的标本，全身保存"毛"状结构（汪筱林等，2002；Kellner et al., 2010）；在热河生物群中发现的包括格格翼龙属（*Gegepterus*）在内的许多翼龙化石也保存"毛"状结构（Wang et al., 2007；Jiang et Wang, 2011a）。这些翼龙体表保存的"毛"状结构最主要的功能应当是保温，这是翼龙为温血动物最有力的证据。

现生的所有鸟类都是卵生，现生其他的爬行动物绝大多数是卵生，部分为卵胎生，现生的哺乳动物绝大多数是胎生。翼龙属于爬行动物，所以推测翼龙的生殖方式最有可能是卵生的（Wellnhofer, 1991）。直到辽西发现了第一枚带胚胎的翼龙蛋化石（Wang et Zhou, 2004），才确认了翼龙卵生的生殖方式，并在蛋壳上发现乳突状结构，推测翼龙蛋具有硬质外壳，且翼龙具有早熟性的发育模式。对阿根廷发现的一枚带胚胎的翼龙蛋的研究显示翼龙蛋壳具有 30 μm 厚的钙质层，并且具有与恐龙和鸟类等主龙类相似的结构（Chiappe et al., 2004）。而对与第一枚翼龙蛋同一层位发现的另一枚蛋化石研究却显示翼龙蛋不具有硬质外壳，而具有软的革质状蛋壳 (Ji et al., 2004)。哈密翼龙属（*Hamipterus*）的蛋化石是世界上最早发现的三维立体保存的翼龙蛋化石（Wang X. L. et al., 2014a），之后在阿根廷也报道了一枚三维保存的南方翼龙属的蛋化石（Grellet-Tinner et al., 2014）。通过对哈密翼龙属的蛋壳显微结构的研究，认为哈密翼龙属的蛋壳外层是一层厚度约 60 μm 的硬质的钙质层，内层是一层厚约 200 μm 的软质的壳膜层，这一结构与现生的爬行动物如锦蛇的"软壳蛋"相似（Wang X. L. et al., 2014a）。

在燕辽生物群中的一鲲鹏翼龙属（*Kunpengopterus*）的体内和体外各发现了一枚大小相当的蛋化石，从而推测翼龙具有双侧功能性输卵管，这一结构与现生大多数鸟类一侧输卵管退化仅具有单侧功能性输卵管不同，而与恐龙和现生一些爬行动物相似（Lü et al., 2011a；Wang X. L. et al., 2015）。

很多类型的翼龙头部发育头骨脊，从上颌的前上颌骨脊、额骨脊、顶骨脊到下颌的齿骨脊，形态变化多样，其上还附着有软组织（Czerkas et Ji, 2002；Frey et al., 2003b），是翼龙种间差异和种内差异，特别是性双型的重要特征（Wang X. L. et al., 2014a）。对于不同的翼龙，不同形态的头饰的作用也各不相同（图 80）。包括性别展示、空气动力平衡及稳定性和散热等，最主要的功能是性展示，同一种类的雌性和雄性翼龙可能有着大小不同，形态也不同的头饰，如无齿翼龙属（Bennett, 1992）和哈密翼龙属（Wang X. L. et al., 2014a）；有些头饰类似于现在的船舵，在飞行中可以控制方向，保持平衡，如古神翼龙属（Frey et al., 2003b）；有些头饰上布满血管，类似现在大象的耳朵，可以用来散热，如掠海翼龙属（*Thalassodromeus*, Kellner et Campos, 2002）；还有的头饰表面光滑，可以减小在水中的阻力，如伊卡兰翼龙属（*Ikrandraco*, Wang X. L. et al., 2014b）。

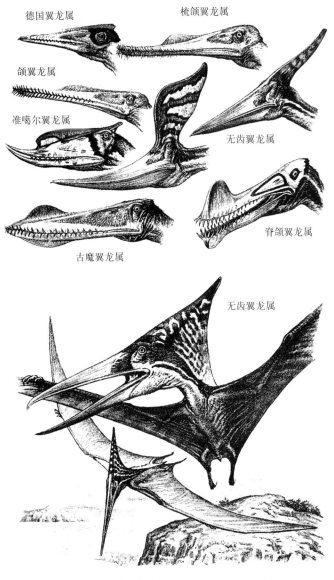

德国翼龙属   梳颌翼龙属

颌翼龙属

准噶尔翼龙属   无齿翼龙属

脊颌翼龙属

古魔翼龙属

无齿翼龙属

图 80　翼龙的头饰（引自 Wellnhofer, 1991）

三、系统发育关系和分类

最早的翼龙出现于晚三叠世，然而此时的翼龙已经十分特化（Wild, 1984；Dalla Vecchia, 1998），到目前为止也没有发现任何比翼龙更加原始的、向翼龙演化的类型，所以关于翼龙的起源问题并没有确切的答案。居维叶最早认为翼龙是爬行动物，但是在之后的很长一段时间内，还有研究者认为翼龙是鸟类（Blumenbach, 1807）或者是蝙蝠和鸟类之间过渡类型的哺乳动物（von Soemmerring, 1812），不过翼龙属于爬行动物目前已无疑问（Wellnhofer, 2008；Witton, 2013）。然而，翼龙在爬行动物中的具体位置还有着不同的假说（图81）：①属于主龙型类（Archosauromorpha）中的原龙类（Protorosauria），并与三叠纪的后肢具膜的滑翔生物 Sharovipteryx 具有较近的亲缘关系（Peters, 2000）；②属于双孔类（Diapsida）中的有鳞类（Squamata）（Peters, 2008）；③属于主龙形类（Archosauriformes），处于较为原始的位置（Bennett, 1996a；Unwin, 2006）；④属于主龙形类，与恐龙超目（Dinosauria）一同构成鸟颈类（Ornithodira），并认为 Scleromochlus 是两者已知最近的共同祖先类型（Padian, 1984a；Hone et Benton, 2007, 2008；Nesbitt et al., 2010b；Nesbitt, 2011）。目前，假说④在化石中得到了最多的支持，接受程度也最高。

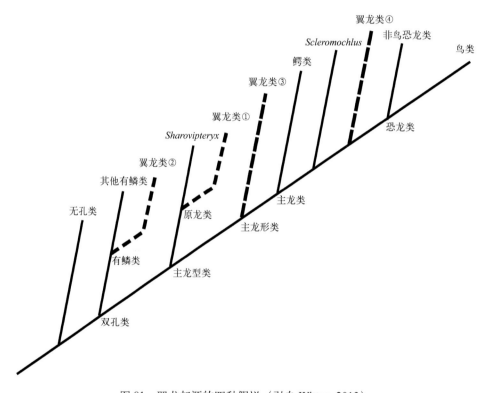

图81　翼龙起源的四种假说（引自 Witton, 2013）

Kellner（2003）和 Unwin（2003）依据各自的系统发育分析，给出了翼龙目的定义。Kellner（2003）认为翼龙目是蛙嘴翼龙科（Anurognathidae）、沛温翼龙属（Preondactylus）和风神翼龙属的最近共同祖先及其所有后裔；Unwin（2003）认为翼龙目是布氏沛温翼龙（Preondactylus buffarinii）和诺氏风神翼龙的最近共同祖先及其所有后裔。这一定义不足之处在于，当发现更为原始的翼龙类型时，就要对这一定义进行修订，所以在最新的关于翼龙目的系统发育中，Andres 等（2014）将翼龙目定义为像古老翼手龙（Pterodactylus antiquus）一样具有加长的掌骨和指骨并形成翅膀的所有类型，这一定义最早由 Padian（2004）提出。

Kellner（1996）在其研究基础上，结合前人的研究成果总结了翼龙目的共有裔征，现罗列如下：①多孔的骨骼（Romer, 1956）；②加长的前上颌骨背突与额骨相关联（Romer, 1956）；③上颌骨构成外鼻孔的大部分边缘（Sereno, 1991）；④前上颌骨缺失眶前窝（antorbital fossa）（Sereno, 1991）；⑤方轭骨构成下颞孔的前腹缘（Romer, 1956），但不与鳞骨相接（Sereno, 1991）；⑥具有假筛骨（pseudomesethmoid）；⑦腭骨形成内鼻孔的前缘，并向前延伸到犁骨处；⑧翼骨与基蝶骨之间存在翼骨间孔（interpterygoid vacuity）（Romer, 1956）；⑨缺失下颌外窗（external mandibular fenestra）（Romer, 1956）；⑩前凹型颈椎（Sereno, 1991）；⑪联合荐椎至少包括 4 枚椎体（Romer, 1956）；⑫在原始类型中具有加长的尾椎以及前后关节突和脉弧（Sereno, 1991）（在进步类型及蛙嘴翼龙类中尾椎变短）；⑬撑杆状的乌喙骨具有与胸骨的关节（Sereno, 1991）；⑭肩臼窝朝向前外侧（Romer, 1956）；⑮胸骨发育，并具有胸骨前突（cristospine）（Romer, 1956）⑯肱骨前端膨大，呈马鞍状（Romer, 1956），并具有宽的三角肌脊（Wellnhofer, 1978）；⑰肱骨与股骨近等长；⑱具有翅骨（Romer, 1956）；⑲第一至第三掌骨长（Romer, 1956），长度相当（Sereno, 1991）；⑳第四掌骨长，且比第一至第三掌骨粗壮；㉑加长的第四手指支撑翼膜（Curvier, 1801）；㉒在第一翼指骨的近端发育伸肌腱突；㉓第一至第三翼指骨远端膨大呈靴状，第二至第四翼指骨近端膨大呈向后凹的关节面；㉔缺失第五手指（Wellnhofer, 1978）；㉕腰带前髋臼突（preacetabular process）长，不短于后髋臼突（postacetabular process）（Sereno, 1991）；㉖耻骨与坐骨向腹侧扩张，形成深的坐骨-耻骨板；㉗成对的前耻骨在中间愈合（Romer, 1956）；㉘股骨关节头与股骨干由收缩的股骨颈明显分开（Romer, 1956）；㉙腓骨退化并与胫骨愈合；㉚距骨和根骨与胫骨愈合形成胫跗骨（Sereno, 1991）；㉛根骨明显小于胫骨；㉜第一跗骨比第二至第四跗骨略短（Sereno, 1991）；㉝具有加长的第五脚趾（Sereno, 1991），在进步类型中缩短或退化。

按照传统的翼龙分类，将翼龙目分为两个亚目（图 82），即"喙嘴龙亚目"（"Rhamphorhynchoidea"）和翼手龙亚目（Pterodactyloidea），这一分类由 Plieninger（1901）最早提出。但是现代的系统发育分析一致认为，"喙嘴龙亚目"并非单系，而是翼龙目中除翼手龙亚目这个单系类群之外的所有基干类型所构成的一个复系类群（Bennett, 1994；Unwin, 1995, 2003；Kellner, 1996, 2003）。所以，目前部分学者使用非翼手龙类（non-pterodactyloids）来代替，但是"喙嘴龙亚目"使用范围广，文献资料中使用频率高，甚至目前的研究中仍有使用，所以翼龙部分仍然保留"喙嘴龙亚目"（加双引号，表示非单系类群，后同）。但是这样做也会存在一些问题，如近几年在辽西及周边地区晚侏罗世燕辽生物群中发现的悟空翼龙科（Wukongopteridae）具有"喙嘴龙亚目"和翼手龙亚目两大类的共同形态特征，是介于两大类之间演化的关键缺失环节（Wang et al., 2009, 2010；Lü et al., 2010b）。在大多数的系统发育分析中，悟空翼龙类都是翼手龙亚目的姐妹群，并与其构成一个单系类群，属于一个比翼手龙亚目更高的分类阶元，称为单孔翼

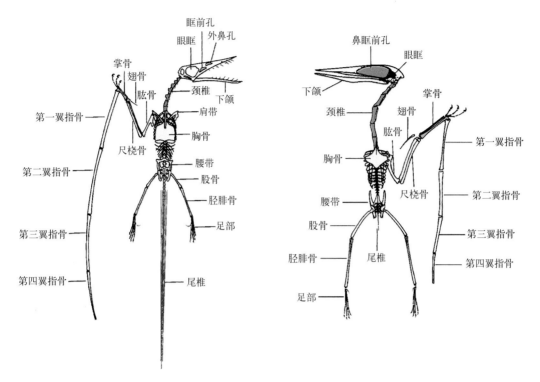

图 82 "喙嘴龙类"（左）和翼手龙类（右）骨骼对比图（引自 Wellnhofer, 1991，有修改）

龙类（Monofenestra）。那么，悟空翼龙科与翼手龙亚目之间的亲缘关系更近，但是本文中却将其放入了"喙嘴龙亚目"，这样的问题还存在于其他归入"喙嘴龙亚目"的成员中，在此加以说明。

　　"喙嘴龙类"最主要特征是上下颌都具有牙齿，鼻孔和眶前孔分离，枕髁指向后部，方骨相对垂直，颈椎和翼掌骨都较短，具加长的第五脚趾，绝大部分都是长尾的，且尾椎的数量和长度都明显增加。仅有蛙嘴翼龙科这一特殊的类群，虽然它一般不具有长尾，但具有"喙嘴龙类"的其他特征，仍被归为"喙嘴龙类"。翼手龙类代表了翼龙的鼎盛时期，它们在种类、数量、形态以及地理分布等方面都表现出了极大的多样性。它们的牙齿在数量上呈现明显的多样化，许多类群没有牙齿，有些种类仅吻端保留牙齿，更有一些种类的牙齿达上千枚。翼手龙类的鼻孔和眶前孔愈合为鼻眶前孔，枕髁指向后下方，方骨相对水平，颈椎和翼掌骨都较长，第五脚趾退化或消失，尾椎短且数量少。

　　悟空翼龙科（Wukongopteridae）是近几年在辽西晚侏罗世地层中发现的一类介于原始长尾的"喙嘴龙类"和进步短尾的翼手龙类之间过渡的翼龙类型（图 83）。它们具有许多"喙嘴龙类"和翼手龙类的镶嵌特征，它们的头部首先向翼手龙类演化，如鼻孔和眶前孔已经愈合成为大的鼻眶前孔，是较为明显的翼手龙类特征；而它们的颈椎和掌骨相对加长居于"喙嘴龙类"和翼手龙类之间；而其尾长且第五脚趾特别发育则是明显的"喙嘴龙类"的特征（Wang et al., 2009, 2010；Lü et al., 2010b）。已经发现的悟空翼

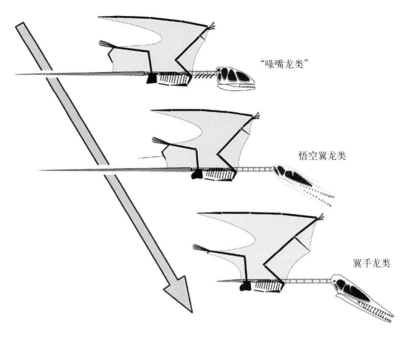

图 83　翼龙目的演化简图，显示悟空翼龙科处于演化的过渡环节（引自 Lü et al., 2010b）

龙科的成员包括辽宁建昌晚侏罗世李氏悟空翼龙（*Wukongopterus lii*）、模块达尔文翼龙（*Darwinopterus modularis*）、玲珑塔达尔文翼龙（*D. linglongtaensis*）、粗齿？达尔文翼龙（*D. robustodens?*）和中国鲲鹏翼龙（*Kunpengopterus sinensis*）。

　　系统发育系统学（也称分支或支序系统学）在翼龙演化及分类中起到了越来越重要的作用，虽然目前仍然没有统一的翼龙分类方案，但是在许多类群的演化关系上具有一致或相似的结果。Howse（1986）首次利用支序系统学的研究手段，基于颈椎的 8 个特征进行了支序系统学的研究，没有使用任何软件，得到了两个系统发育关系图。Bennett（1989）首次利用 PAUP 软件对 19 个类型（喙嘴龙属和 18 个翼手龙类）进行了系统发育分析。之后，Bennett（1994）扩大了他的研究矩阵，包含了 27 个属种和 37 个特征。Unwin（1995）进行了翼龙类的系统发育分析，但是没有对矩阵和结果进行详细的讨论。Kellner（1996）在其博士论文中有较为详细的矩阵及结果讨论。这些研究成果确认了"喙嘴龙类"是一个复系类群，而不是之前认为的单系类群，而翼手龙类确实属于同一个单系类群。

　　Kellner（2003）和 Unwin（2003）最早发表了对整个翼龙目的系统发育分析结果，并对特征的选择，系统发育分析的结果进行了详尽的讨论，这成为后来进行翼龙目系统发育研究的最重要依据（图 84，图 85），不过他们二人分析的结果还是存在着一些明显的差异，如蛙嘴翼龙类的系统发育位置等。之后的系统发育研究都是分别以其中某一个为基础，并兼顾另一个的部分特征，所以依然存在最初未能解决的矛盾，如一些研究者（Kellner, 2004；Lü et al., 2006b；Andres et Ji, 2008；Wang X. L. et al., 2009, 2012, 2014a, b）

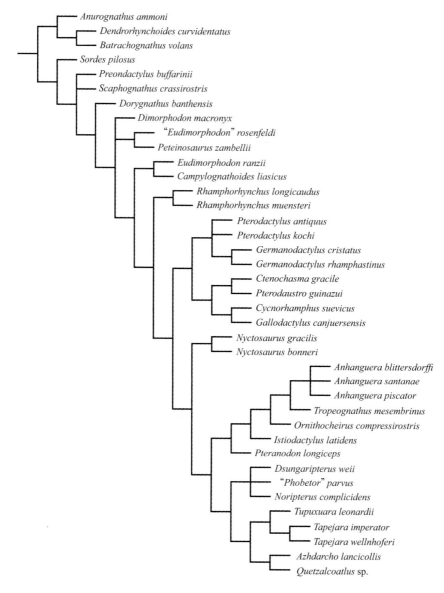

图 84　翼龙目的系统发育关系（引自 Kellner, 2003）

主要沿用了 Kellner（2003）的特征和矩阵，而另外一些研究者（Unwin et Martill, 2007；Dalla Vecchia 2009；Lü et al., 2010b, 2012b）主要沿用了 Unwin（2003）的特征和矩阵进行分析。Andres 等（2010）综合了这两者的特征和矩阵，对非翼手龙类的成员进行了详细的系统发育分析。Andres 和 Myers（2013）发表了利用 TNT 对整个翼龙目进行的系统发育研究结果，这个研究包括了 109 个翼龙类型和 185 个特征，其中前 31 个特征为连续变化特征，这是连续变化特征在翼龙的系统发育分析中的首次应用。Andres 等（2014）在之前的基础上增加了 3 个类型和 39 个特征，其中连续特征增加了 8 个，所得的结果也与之前两大类系统发育分析存在一定的差别（图 86）。

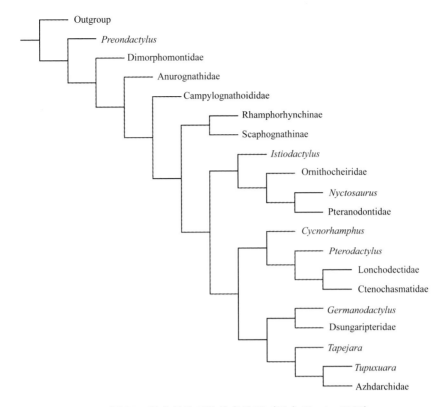

图 85　翼龙目的系统发育关系（引自 Unwin, 2003）

由于大部分具有争议的翼龙类型在中国并没有被发现，仅有如蛙嘴翼龙科、北方翼龙科（Boreopteridae）等存在分类争议。经本志书查证和确认，目前在中国共记述的翼龙化石有 13 科、51 属、57 种，其中存疑的有 4 属 6 种。本志书采用的科一级以上的分类方案如下，这一方案被大部分的翼龙研究者所接受，对于有争议的分类问题，会在后文涉及的部分中做进一步的讨论。

翼龙目 Order Pterosauria

"喙嘴龙亚目" Suborder "Rhamphorhynchoidea"

　　蛙嘴翼龙科 Family Anurognathidae

　　喙嘴龙科 Family Rhamphorhynchidae

　　掘颌翼龙科 Family Scaphognathidae

　　悟空翼龙科 Family Wukongopteridae

翼手龙亚目 Suborder Pterodactyloidea

　　古翼手龙超科 Superfamily Archaeopterodactyloidea

　　梳颌翼龙科 Family Ctenochasmatidae

　　高卢翼龙科 Family Gallodactylidae

　　北方翼龙科 Family Boreopteridae

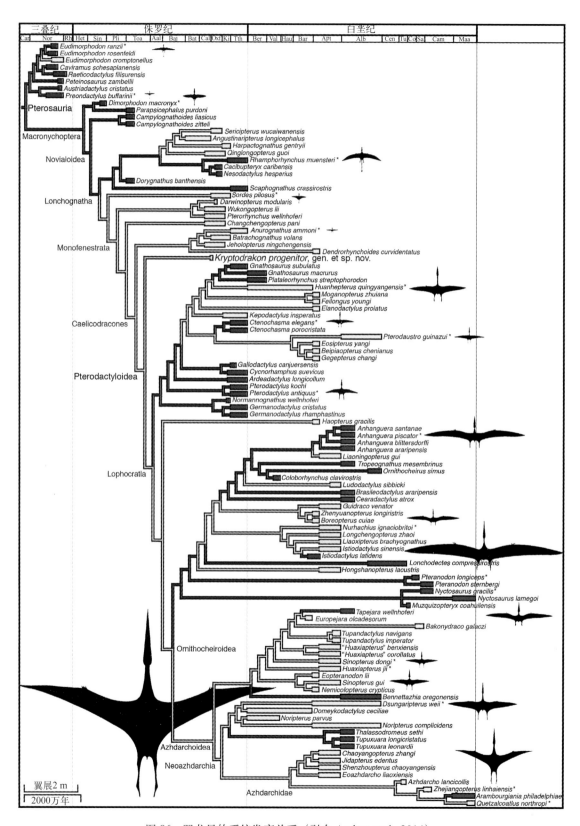

图 86　翼龙目的系统发育关系（引自 Andres et al., 2014）

无齿翼龙超科 Superfamily Pteranodontoidea

　　　古魔翼龙科 Family Anhangueridae

　　　帆翼龙科 Family Istiodactylidae

　　神龙翼龙超科 Superfamily Azhdarchoidea

　　　准噶尔翼龙科 Family Dsungaripteridae

　　　古神翼龙科 Family Tapejaridae

　　　朝阳翼龙科 Family Chaoyangopteridae

　　　神龙翼龙科 Family Azhdarchidae

四、翼龙骨骼形态特征

　　翼龙作为一类利用加长的第四指支撑翼膜作为翅膀进行主动飞行的爬行动物，与鸟类和蝙蝠在飞行骨骼结构上有着巨大的差别，但翼龙的翼膜和蝙蝠比较相似，都具有前膜、翼膜（胸膜）和尾膜（图 87），尤其具有长尾的"喙嘴龙类"的尾膜比较发育。翼龙与现生的鳄鱼、鸟类和蝙蝠在骨骼上也具有一定程度的相似性和可对比性。尽管这三种现生动物的骨骼结构与翼龙仍有着巨大的差别，但是却也是了解翼龙骨骼结构最好的现生参考。

　　　　蝙蝠　　　　　　　　　　　　鸟　　　　　　　　　　　翼龙

图 87　三类飞行脊椎动物翅膀对比（修改自 Wellnhofer, 1991）

红色为肱骨，蓝色为尺桡骨，绿色为掌骨和指骨

　　如同鳄鱼和其他脊椎动物，翼龙的骨骼也分为中轴骨骼（axial skeleton）和附肢骨骼（appendicular skeleton）。不同于其他大多数动物的是，在进一步了解翼龙的骨骼特征之前，首先要了解翼龙的解剖学方位。翼龙在飞行时和站立时不同的姿势下骨骼的方位也不同，一般情况下，研究翼龙所采用的是其飞行状态下的方位（图 88）。在确定的姿势下，每个骨骼都有前部（anterior）和后部（posterior），背面（dorsal）和腹面（ventral），以及内侧（medial）和外侧（lateral）。同时，对于附肢骨骼，距离中轴较近的为近端（proximal），距离中轴较远的为远端（distal）。

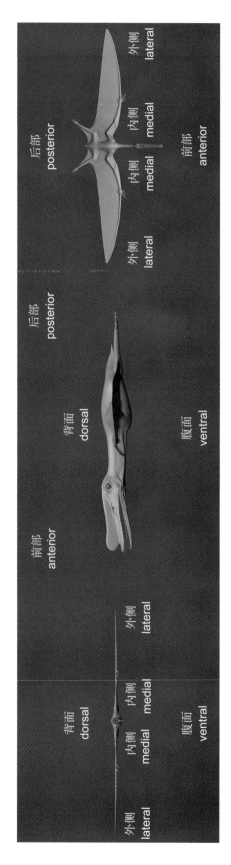

图 88　天山哈密翼龙 *Hamipterus tianshanensis* 三视图，显示翼龙研究时采用的方位

在翼龙的研究中，头部骨骼是最重要的部分（图89）。翼龙中颅表面具有一些常见的大孔，包括了四足类头骨中常见的枕骨大孔（fm, foramen magnum）、眼眶（or, orbit）、外鼻孔（nar, external naris）和内鼻孔（ch, choanae），还有双孔型爬行动物中的上颞孔（utf, upper temporal fenestra）和下颞孔（ltf, lower temporal fenestra）。在单孔翼龙类中，眼眶和外鼻孔会愈合成单独的鼻眶前孔（naof, nasoantorbital fenestra）；而在部分类型中，还具有眶下孔（soo, suborbital opening），如准噶尔翼龙属（杨钟健，1964c）等。

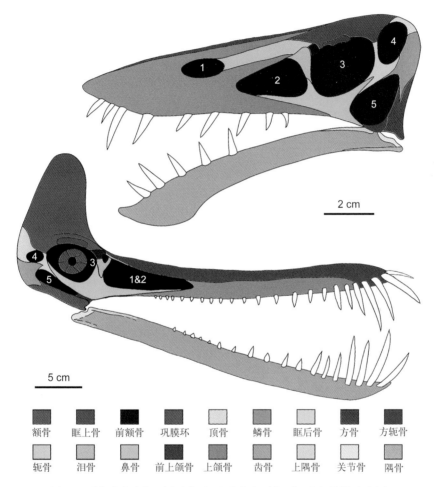

图89　"喙嘴龙类"（右上）和翼手龙类（左下）头部骨骼示意图

黑色为头部较明显的大孔：1，鼻孔；2，眶前孔；1&2，鼻眶前孔（鼻孔和眶前孔愈合而成）；3，眼眶；4，上颞孔；5，下颞孔

依据《扬子鳄大体解剖》一书中头部骨骼的分类（丛林玉等，1998），头部骨骼包括脑颅、咽颅及舌弓。脑颅部分有脑颅本部的外枕骨（ex, exoccipital）、外耳骨（op, opisthotic）、上枕骨（soc, supraoccipital）、基枕骨（bo, basioccipital）、基蝶骨（bs, basisphenoid）、侧蝶骨（ls, laterosphenoid）、眶间骨（ios, interorbital septum）、顶骨（p, parietal）、额骨（f, frontal）、前额骨（prf, prefrontal）、眶上骨（sor, supraorbital）和鳞骨（sq, squamosal）；耳囊的前耳骨（pro, prootic）；鼻囊的鼻骨（n, nasal）和犁骨（vo, vomer）；眶周围的泪骨（la, lacrimal）、眶后骨（po, postorbital）和骨化的巩膜环（scl, sclerotic ring）。咽颅部分有上颌的腭骨（pl, palatine）、翼骨（pty, pterygoid）、外翼骨（epty, ectopterygoid）、方骨（q, quadrate）、前上颌骨（pm, premaxilla）、上颌骨（m, maxilla）、轭骨（j, jugal）和方轭骨（qj, quadratojugal）；下颌的关节骨（art, articular）、上隅骨（san, surangular）、隅骨（ang, angular）、齿骨（d, dentary）、夹板骨（spl, splenial）和前关节骨（prearticular，也称冠状骨）。舌弓部分有镫骨（stp, stape，也称耳柱骨）和舌骨（hy, hyoid）。

翼龙的牙齿变化和分异较大，特别是在较为进步的翼手龙亚目中，从许多无齿的类型，到近千枚细长牙齿的类型，牙齿的不同和分化与其食性密切相关。翼龙的牙齿多为单型齿，仅有少数类群有牙齿简单的分异，如北方翼龙科（Jiang et al., 2014）和一些非翼手龙类成员，如真双型齿翼龙属（Wellnhofer, 2003）。翼龙的牙齿具有替换齿。

颅后中轴骨骼包括了椎骨（ver, vertebra）、胸骨（st, sternum）和肋骨（ri, rib）等（见图82）。翼龙9枚颈椎（cv, cervical vertebrae）的观点已经基本被接受，最后一枚颈椎在形态上趋向于背椎（Averianov, 2010；Bennett, 2014）；背椎（dv, dorsal vertebrae）在一些类群中可愈合成联合背椎（not, notarium），且背椎神经棘与其间骨化的韧带共同愈合成板状，如准噶尔翼龙属（杨钟健，1964c），并与肩胛骨相关节；荐椎（sv, sacral vertebrae）的横突明显向后而与背椎相区别，数量在5枚左右，可愈合成联合荐椎（sac, sacrum），并与腰带愈合；尾椎（cdv, caudal vertebrae）在翼龙中有明显的两极分化，原始的非翼手龙类尾椎数量多，单个椎体加长，并有加长的关节突（z, zygapophysis）和脉弧（che, chevron）；而在翼手龙类中尾椎数量少而长度短。胸骨上的乌喙骨关节窝（sta, sternocoracoid articulation）在一些类群中左右分布或者前后分布，胸骨有龙骨突（ke, keel），但不如鸟类发育。

附肢骨骼包括了带骨和肢骨（图82）。带骨有肩带（pec, pectoral girdle）和腰带（pel, pelvis or pelvic girdle），在翼龙中肩带包括了乌喙骨（cor, coracoid）和肩胛骨（sca, scapula），这两块骨骼会愈合成肩胛乌喙骨（sca-cor, scapulocoracoid），无锁骨；腰带包括了肠骨（il, ilium）、坐骨（is, ischium）、耻骨（pu, pubis）和前耻骨（ppu, prepubis），前三块骨骼会愈合在一起，前耻骨仅见于翼龙中，位于耻骨之前，与耻骨不完全愈合，前耻骨的形态变化较大。

肢骨有前肢的肱骨（hu, humerus）、尺骨（ul, ulna）、桡骨（ra, radius）、腕骨（car, carpals）、翅骨（pt, pteroid）、掌骨（mc, metacarpals）和指骨（manual digits）。翅骨是翼龙所特有的骨骼，但这一骨骼与腕骨还是掌骨同源还没有定论（Unwin et al., 1996）；在翼龙中，第四掌骨也称翼掌骨（mcIV, wing metacarpal），第四指骨也称翼指骨（ph1-4d4, wing phalanx），翼掌骨和翼指骨都有明显加长加粗的现象；翼龙的肱骨通常都有十分发育的三角肌脊（dpc, deltopectoral crest），这与附着飞行肌肉有关（Bennett, 2003）。

肢骨还有后肢的股骨（fe, femur）、胫骨（ti, tibia）、腓骨（fi, fibula）、跗骨（ta, tarsals）、蹠骨（mt, metatarsals）和趾骨（pedal digits）。翼龙的第五脚趾在翼手龙类中都明显退化缩短，甚至消失，而在非翼手龙类中则十分加长，并且有第二趾节弯曲的特殊现象，如悟空翼龙类（Wang et al., 2009），这可能与其飞行中调节尾膜形态有关。

对于翼龙骨骼的测量，目前还没有完全统一的方案，但是总体上差别不大。对于形态变化较大的骨骼，如头骨、椎体等，通常都会加以说明，指出所测长度的起始位置，便于比较。而对于头后骨骼，如前后肢骨，通常不会有说明，建议采用 Bennett（2001）提出的测量方案（图90），这一方案已经被其他研究者正式采用（Andres et Ji, 2006）。本文对第一翼指骨的测量进行了修改，其长度包括了愈合的骨化伸肌腱突（etp, extensor tendon process）。

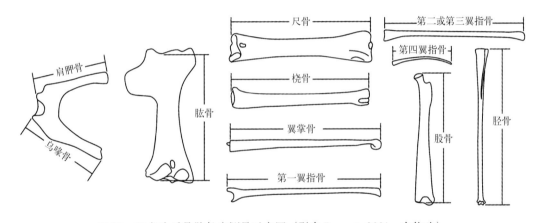

图90 翼龙头后骨骼长度测量示意图（引自 Bennett, 2001，有修改）

五、中国的翼龙化石发现与研究

中国的第一件翼龙化石可能是来自山东蒙阴的无编号标本，这件标本最初被当做是一种兽脚类恐龙的尺骨（Young, 1935），目前已遗失。中国最早被报道的翼龙化石是1951年在山东莱阳下白垩统青山群发现的，包括了前肢和后肢的一些零散骨骼，在莱阳标本研究的基础上，认为蒙阴标本也可能属于翼龙（杨钟健，1958b）。第一具相对完整的翼龙骨架是来自新疆准噶尔盆地乌尔禾早白垩世的魏氏准噶尔翼龙（*Dsungaripterus weii*）（杨钟健，1964c），这一地点发现了大量三维立体保存的翼龙化石，包括魏氏准噶尔翼龙和复齿湖翼龙（*Noripterus complicidens*）及大量恐龙化石，被称之为乌尔禾翼龙动物群（杨钟健，1973d）。乌尔禾翼龙动物群的发现和研究，是我国翼龙化石的第一次重大发现和系统性研究，为其后中国翼龙研究奠定了基础。随后在甘肃庆阳（董枝明，1982）、四川自贡（何信禄等，1983）、浙江临海（蔡正权、魏丰，1994）等地发现了一些较为零散的翼龙化石。而自贡中侏罗世狭鼻翼龙属和临海晚白垩世的浙江翼龙属分别代表了中国最早和最晚的翼龙类化石记录。

1997 年，姬书安和季强报道了辽西热河生物群的第一件翼龙化石——杨氏东方翼龙（*Eosipterus yangi*）。此后的近 20 年中，超过 30 个来自热河生物群的新属种被发现并研究命名，热河生物群成为全世界研究翼龙多样性及其辐射演化的最重要地点之一(汪筱林、周忠和，2006；汪筱林等，2014)。内蒙古宁城道虎沟的热河翼龙属（汪筱林等，2002）和翼手喙龙属（*Pterorhynchus*）(Czerkas et Ji, 2002) 的报道，为燕辽生物群（道虎沟生物群）的翼龙研究拉开了序幕。随着辽宁建昌玲珑塔和河北青龙等新地点的发现，燕辽生物群的翼龙研究也在世界范围内受到广泛关注，特别是在玲珑塔等地发现的悟空翼龙类，代表了原始的长尾翼龙向进步的短尾翼龙演化的过渡环节（Wang et al., 2009, 2010；Lü et al., 2010b)，到目前为止在燕辽翼龙动物群（玲珑塔翼龙动物群）中已经报道和研究了 10 余种翼龙类型（汪筱林等，2014)。

在热河生物群和燕辽生物群翼龙研究的同时，除了在山东莱阳发现的一件不完整的

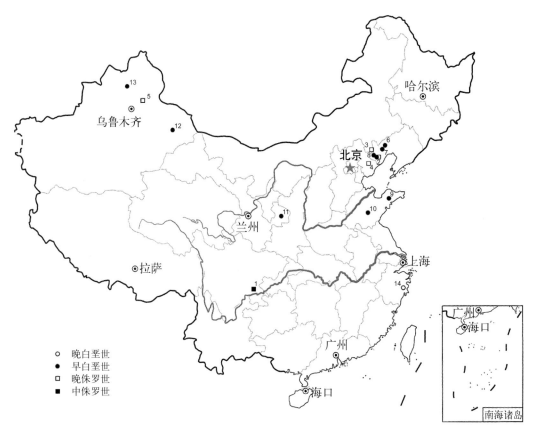

图 91　中国翼龙化石分布图

1，四川大山铺；2，辽宁建昌；3，内蒙古宁城；4，河北青龙；5，新疆五彩湾；6，辽宁阜新；7，辽宁朝阳；8，辽宁锦州；9，山东莱阳；10，山东蒙阴；11，甘肃庆阳；12，新疆哈密；13，新疆乌尔禾；14，浙江临海

神龙翼龙科的肱骨之外 (Zhou, 2010)，其他地区的重要发现和研究都是来自于新疆 (Andres et al., 2010, 2014；Wang X. L. et al., 2014a)。发现于新疆哈密地区早白垩世的天山哈密翼龙最具影响力，其中对世界上首批三维立体保存的翼龙蛋研究，明确了翼龙蛋壳的显微结构，还发现了在哈密翼龙中雌雄个体之间在头饰上具有明显的性双型现象 (Wang X. L. et al., 2014a；Martill, 2014)，哈密翼龙属及其共生的大量恐龙等脊椎动物化石组成哈密翼龙动物群。另外，在新疆五彩湾晚侏罗世沉积中还报道了两个翼龙属种 (Andres et al., 2010, 2014)。

就我国目前发现的翼龙而言，地史分布从中侏罗世一直延续到晚白垩世，其中以早白垩世热河生物群的翼龙种类最为丰富，燕辽生物群的翼龙种类也较多，可见中国的翼龙在辽西及其周边地区一直具有较高的多样性，在翼龙对比、起源和辐射演化等方面具有其他翼龙地点所没有的优势 (图 91)。目前，新疆发现的翼龙种类相对单一，乌尔禾和五彩湾各 2 个属种，哈密仅 1 个属种，但化石数量巨大，且都三维立体保存，不但可以研究翼龙的形态特征和演化，而且在翼龙个体发育、种内差异和生殖等研究方面具有重要价值。

系 统 记 述

翼龙目 Order PTEROSAURIA Kaup, 1834

"喙嘴龙亚目" Suborder "RHAMPHORHYNCHOIDEA" Plieninger, 1901

概述 Plieninger (1901) 首次提出"喙嘴龙亚目"，之后的系统发育分析都证实了这一分类并不是一个单系类群 (Bennett, 1994；Kellner, 2003；Unwin, 2003；Andres et al., 2014)。"喙嘴龙亚目"是翼龙类早期的主要类群，在侏罗纪极其繁盛，直到白垩纪的早期才完全绝灭。目前已知时代最早的"喙嘴龙亚目"成员是发现于意大利贝加莫上三叠统诺利阶的真双型齿翼龙属。

定义与分类 "喙嘴龙亚目"是包括除翼手龙亚目之外的所有原始翼龙类群。主要包括蛙嘴翼龙科、喙嘴龙科、掘颌翼龙科和悟空翼龙科等。

形态特征 "喙嘴龙亚目"具有如下的鉴别特征：中部颈椎具颈肋；肱骨与翼掌骨的比值大于 1.5，尺骨长度大于翼掌骨的 2 倍，第一翼指骨长度大于翼掌骨长度的 2 倍，股骨长度大于翼掌骨的长度，第五脚趾具两个加长的趾节。

分布与时代　全球广布，在中国、德国、美国、意大利、蒙古等国有大量分布；时代为晚三叠世至早白垩世。

蛙嘴翼龙科 Family Anurognathidae Nopcsa, 1928

模式属　蛙嘴翼龙 *Anurognathus* Döderlein, 1923

定义与分类　蛙嘴翼龙科是一个包含蛙嘴翼龙属、蛙颌翼龙属及其最近共同祖先和所有后裔在内的类群。目前包括四个属：树翼龙属（*Dendrorhynchoides*）、热河翼龙属、蛙嘴翼龙属和蛙颌翼龙属。

鉴别特征　"喙嘴龙亚目"成员，具有如下的特征组合：头骨（最前端到枕骨突）短、宽、高；不具前突的吻部（最前端到外鼻孔的前缘）；前上颌骨呈 T 型且向后陡峭地伸展；牙齿细尖；颈椎短粗；翼掌骨短；第 V 趾具两个长的趾节。

中国已知属　树翼龙 *Dendrorhynchoides* Ji et Ji, 1998 和热河翼龙 *Jeholopterus* Wang, Zhou, Zhang et Xu, 2002，共 2 个属。

分布与时代　中国、德国和哈萨克斯坦都有蛙嘴翼龙科成员的分布，在美国和蒙古都有可能的蛙嘴翼龙科成员；时代为晚侏罗世至早白垩世。

评注　Döderlein（1923）命名了蛙嘴翼龙属，Nopsca（1928）最早提出将蛙嘴翼龙属归入喙嘴龙科的蛙嘴翼龙亚科（Anurognathinae）。Riabinin（1948）命名了蛙颌翼龙属，并指出其具有与蛙嘴翼龙属非常相近的关系。Kuhn（1967）将蛙嘴翼龙科作为与喙嘴龙科并列的分类单元。姬书安和季强（1998）命名了树翼龙属，不过将其归入了喙嘴龙科。汪筱林等（2002）命名了热河翼龙属，并将其与树翼龙属一起归入蛙嘴翼龙科。

蛙嘴翼龙科的系统分类位置尚不确定。① Kellner（2003）和 Unwin（2003）的系统发育分析结果均认为蛙嘴翼龙科是比较原始的类群，位于翼龙系统树的基干位置。② Andres 等（2014）的分析认为蛙嘴翼龙科是相当进步的类群，是翼手龙亚目的姊妹群。形成观点②的原因之一，就是早期发现的蛙嘴翼龙类标本全为短尾类型或未保存尾椎，Wellnhofer（1978）和 Bennett（2007）均将短尾作为蛙嘴翼龙科的鉴别特征之一。Lü 和 Hone（2012）、Jiang 等（2015）分别发表了保存有长尾的蛙嘴翼龙类标本，证明蛙嘴翼龙科中既包括了具有短尾的属种，同时也包括了长尾的属种，因此蛙嘴翼龙科的系统分类位置应该更接近观点①，本文暂时采用这一观点。

树翼龙属 Genus *Dendrorhynchoides* Ji et Ji, 1998

模式种　弯齿树翼龙 *Dendrorhynchoides curvidentatus* Ji et Ji, 1998

鉴别特征　小型的蛙嘴翼龙科成员，具有如下的特征组合：肱骨三角肌脊呈近三角形；翼掌骨短，稍长于尺骨长度的 1/4；第一翼指骨明显长于第二翼指骨；第二翼指骨与尺桡骨长度相近；胫骨与肱骨近等长；腓骨明显存在但细弱，其长约为胫骨的一半；跖骨 I–IV 几乎等长，跖骨 V 短直。

中国已知种 弯齿树翼龙 *Dendrorhynchoides curvidentatus* Ji et Ji, 1998，以及一个存疑的种——木头凳树翼龙？*Dendrorhynchoides? mutoudengensis* Lü et Hone, 2012。

分布与时代 辽宁和河北，晚侏罗世到早白垩世。

评注 姬书安和季强（1998）建立这一新属时使用的属名是 *Dendrorhynchus*，之后发现该拉丁语属名已被一无脊椎动物先行使用，所以 Ji 等（1999）将其属名修订为 *Dendrorhynchoides*。姬书安和季强（1998）提出的鉴别特征还有：①牙齿齿冠较高、尖锐而略弯曲；②颈椎短粗；③尾长且中后部尾椎的神经弧与脉弧显著拉长；④胫骨短于肱骨；⑤后肢第 V 趾具有两枚极发育的趾节，每一趾节均约为跖骨 I–IV 长的 2/3，末端趾节弯曲且端部变尖。特征①和②，即略微弯曲尖锐的牙齿和短粗的颈椎属于蛙嘴翼龙科的鉴别特征。关于特征③中具加长神经弧和脉弧的长尾，Unwin 等（2000）详细描述了正模尾椎的形态，指出化石的长尾部分是伪造的。并根据前几节尾椎逐渐变短的趋势推断弯齿树翼龙是一种短尾翼龙，并将其归入蛙嘴翼龙科。特征④中关于胫骨与肱骨长度的比较，姬书安和季强（1998）的测量数据为左肱骨 27.8 mm，右肱骨 27.0 mm，左胫骨 26.7 mm，并不能反映胫骨明显短于肱骨。特征⑤中弯曲的第 V 趾第 II 趾节，因弯齿树翼龙是中国发现的蛙嘴翼龙科成员中唯一具有该特征的，因此应该作为弯齿树翼龙的种征。

弯齿树翼龙 *Dendrorhynchoides curvidentatus* Ji et Ji, 1998

（图 92）

Dendrorhynchus curvidentatus：姬书安、季强，1998。

正模 GMC V2128，一具较完整的骨架。产自辽宁北票张家沟，下白垩统义县组尖山沟层；现存于中国地质博物馆（北京）。

鉴别特征 树翼龙属成员，翼展约 0.4 m，具有如下的特征组合与其他成员相区别：同型齿，翼掌骨长度约为肱骨的 1/3，第 V 趾第 II 趾节弯曲。

评注 弯齿树翼龙最早被认为发现于辽宁北票四合屯（姬书安、季强，1998）。汪筱林等（1999）经过与化石发现者在野外实地考证，确认化石地点在与四合屯相距不远的张家沟。Lü 和 Hone（2012）质疑弯齿树翼龙可能产自中侏罗世地层，但没有提供证据。因此，本文采用正模产自张家沟的观点。

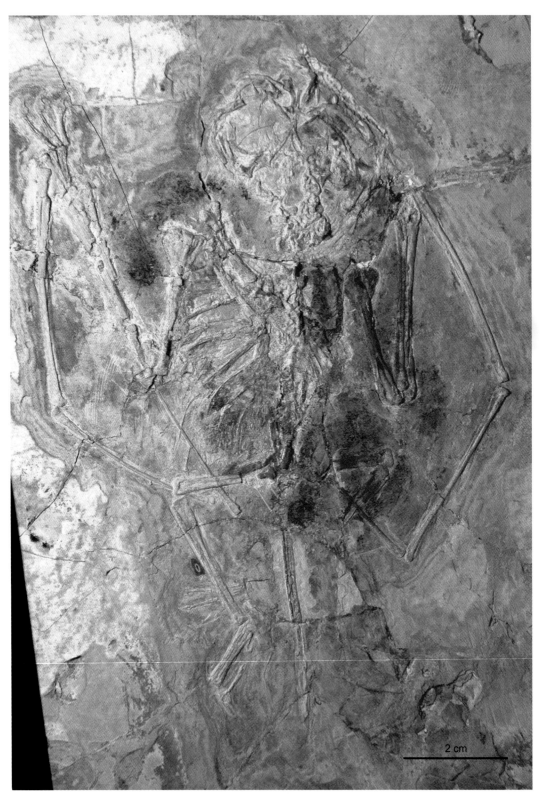

图 92　弯齿树翼龙 *Dendrorhynchoides curvidentatus*
正模（GMC V2128）照片（引自姬书安、季强，1998）

木头凳树翼龙？ *Dendrorhynchoides? mutoudengensis* Lü et Hone, 2012

（图93）

正模 JZMP-04-07-3，一具基本完整的骨架。产自河北青龙木头凳，上侏罗统髫髻山组（蓝旗组、道虎沟组）；现存于锦州古生物博物馆（辽宁）。

鉴别特征 蛙嘴翼龙科成员，具有如下的特征组合：头骨小且宽，头骨长约为宽的80%；双型齿，一些牙齿短、粗、直，另一些牙齿较长并具微弯的齿尖；具长尾；翼掌骨长度约为肱骨的40.7%；翼指骨具四个指节；第Ⅴ趾第Ⅱ趾节直。

评注 Lü 和 Hone（2012）在命名木头凳树翼龙？时将其归入了树翼龙属。然而除了这一类型（晚侏罗世）与弯齿树翼龙（早白垩世）在时代上相去甚远外，同时它还具有长尾和双型齿的特征，这是相对原始的特征。因此，本文暂时将其归入树翼龙属，在属名后加问号以示属存疑。

汪筱林等（2000，2005）最早提出"道虎沟层"和"道虎沟化石层"概念，并认为这套富含化石的地层相当于热河群义县组最下部，代表了热河生物群的最早记录。张俊峰（2002）据此提出"道虎沟组"，但没有详细的地层剖面记述，并将这套地层中所含的化石称为"道虎沟生物群"或"前热河生物群"，时代为晚侏罗世。Zhou 等（2010）认为"道虎沟生物群"等同于"燕辽生物群"，主要化石所属时代为晚侏罗世，产出层位为蓝旗组（或髫髻山组）。目前，研究者普遍接受内蒙古宁城道虎沟、辽宁建昌玲珑塔和河北青龙木头凳三个主要化石产地层位相当，都属于燕辽生物群的组成部分。本文使用"髫髻山组（蓝旗组、道虎沟组、道虎沟层）"描述该层位，下同。

热河翼龙属 Genus *Jeholopterus* Wang, Zhou, Zhang et Xu, 2002

模式种 宁城热河翼龙 *Jeholopterus ningchengensis* Wang, Zhou, Zhang et Xu, 2002

鉴别特征 蛙嘴翼龙科的成员，以如下特征区别于其他蛙嘴翼龙科成员：个体较大（翼展约90 cm）；短尾；翼掌骨短于桡骨长度的1/4；翼指骨具四个指节；第Ⅴ趾第Ⅰ趾节较长且粗壮（与蹠骨Ⅰ–Ⅳ相当），第Ⅱ趾节直；第Ⅴ趾长度为第Ⅲ趾长度的1.5倍。

中国已知种 仅模式种。

分布与时代 内蒙古，晚侏罗世。

评注 汪筱林等（2002）建立该属时将①头骨宽大于长；②翼指骨的四个指节依次变短，其中第Ⅳ指节明显很短；③翼爪明显大于脚爪，作为鉴别特征。不过这是所有蛙嘴翼龙科成员的共同特征（Döderlein，1923；Riabinin，1948；姬书安、季强，1998；Lü et Hone, 2012)，因此本文予以删除。同时增加了短尾的鉴别特征，与木头凳树翼龙？相区别。Bennett（2007）描述了第二件阿氏蛙嘴翼龙（*Anurognathus ammoni*）标本，并将翼指骨

图 93　木头凳树翼龙？*Dendrorhynchoides*? *mutoudengensis*
正模（JZMP-04-07-3）照片（引自 Lü et Hone, 2012）

具有三个指节作为蛙嘴翼龙属的鉴别特征。因此，本文将翼指骨具四个指节作为热河翼龙属的鉴别特征之一，以与蛙嘴翼龙属相区别。

宁城热河翼龙 *Jeholopterus ningchengensis* Wang, Zhou, Zhang et Xu, 2002

（图 94，图 95）

正模 IVPP V 12705，一件近乎完整的化石骨架，并保存了非常完整的翼膜和"毛"状皮肤衍生物。产于内蒙古宁城道虎沟；现存于中国科学院古脊椎动物与古人类研究所(北京)。

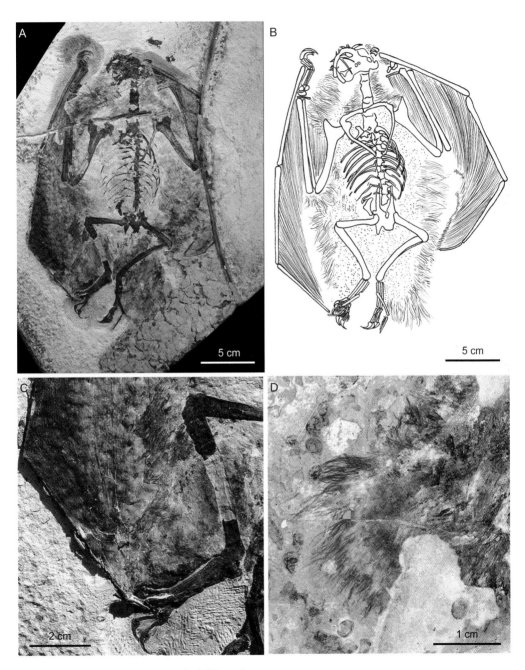

图 94 宁城热河翼龙 *Jeholopterus ningchengensis*

正模（IVPP V 12705）：A. 照片；B. 线条图（A 和 B 引自汪筱林等，2002）；C. 脚部；D. "毛"状皮肤衍生物

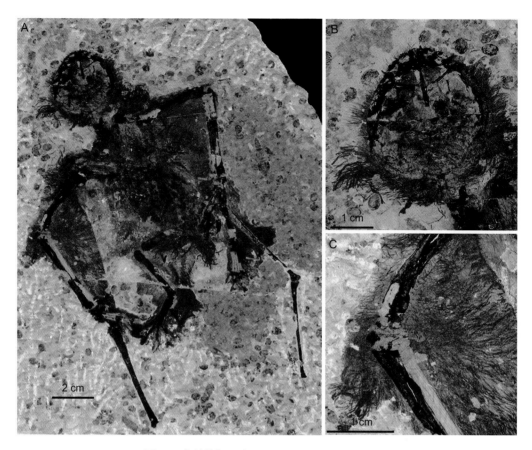

图 95　宁城热河翼龙 *Jeholopterus ningchengensis*

归入标本（IGCAGS-02-81）照片：A. 整体；B. 头部；C. "毛" 状皮肤衍生物（引自季强、袁崇喜，2002）

归入标本　IGCAGS-02-81，基本完整的化石骨架，同时保存了翼膜等软组织。现存于中国地质科学院地质研究所（北京）。

鉴别特征　同属。

产地与层位　内蒙古宁城道虎沟，上侏罗统髫髻山组（蓝旗组、道虎沟组、道虎沟层）。

评注　宁城热河翼龙的正模是世界上保存最完整软组织的翼龙标本之一。Kellner 等（2010）详细讨论了该标本的软组织和翼膜结构，将体侧翼膜分为两部分，近端更具张力的腱翼膜和远端相对刚性的肌翼膜，肌翼膜从翼指伸出到肱骨与前臂的关节处，至少保存有三层纤维层，每层纤维的延伸方向不同，呈平行或近平行排列，埋藏压实叠加后呈网格状。

正模的后肢之间保存了尾膜的软组织，但没有保存任何尾椎，同时根据该处尾膜纤维较短和尾巴末端扇状毛状结构分布的特征，认为宁城热河翼龙只具有很短的尾椎（汪筱林等，2002）。季强和袁崇喜（2002）提及了一件同样产自道虎沟的保存有软组织的短尾翼龙标本，但没有对标本进行详细描述。Lü 和 Hone（2012）认为季强和袁崇喜提及的标本属于热河翼龙属。本文将其作为宁城热河翼龙的归入标本。

喙嘴龙科 Family Rhamphorhynchidae Seeley, 1870

模式属 喙嘴龙 *Rhamphorhynchus* von Meyer, 1846

定义与分类 喙嘴龙科是一类原始翼龙类群，包含狭鼻翼龙属、丝绸翼龙属（*Sericipterus*）及其最近共同祖先和所有后裔在内的翼龙类群。目前包括 7 个属：喙嘴龙属、狭鼻翼龙属、岛翼龙属（*Nesodactylus*）、青龙翼龙属（*Qinglongopterus*）、喙头龙属（*Rhamphocephalus*）、丝绸翼龙属和翼手喙龙属。

鉴别特征 "喙嘴龙亚目"成员，具有如下的特征组合：头骨较蛙嘴翼龙科和双齿型翼龙科（Dimorphodontidae）更加低矮和平滑；眼眶一般是头骨上最大的孔；牙齿单尖，细长并前倾，或短的并垂直；吻部最前端一般无齿；方骨垂直或稍微倾斜；髋臼前突一般较髋臼后突长；前耻骨一般细长并具侧突。

中国已知属 狭鼻翼龙 *Angustinaripterus* He, Yang et Shu, 1983，青龙翼龙 *Qinglongopterus* Lü, Unwin, Zhao, Gao et Shen, 2012，丝绸翼龙 *Sericipterus* Andres, Clark et Xu, 2010 和翼手喙龙 *Pterorhynchus* Czerkas et Ji, 2002。

分布与时代 中国、德国、古巴和英国，侏罗纪。

评注 Seeley（1870）建立了喙嘴龙科，当时仅包括喙嘴龙属一个成员。Wellnhofer（1991）将沛温翼龙属（*Preondactylus*）、矛颌翼龙属（*Dorygnathus*）、曲颌形翼龙属（*Campylognathoides*）、喙头龙属、双孔翼龙属（*Parapsicephalus*）、掘颌翼龙属（*Scaphognathus*）、索德斯龙属、狭鼻翼龙属归入喙嘴龙科。Unwin（2006）将喙嘴龙科分为喙嘴龙亚科（Rhamphorhynchinae）和掘颌翼龙亚科（Scaphognathinae）。其中，喙嘴龙亚科包括狭鼻翼龙属、矛颌翼龙属、岛翼龙属、青龙翼龙属、喙头龙属和喙嘴龙属。掘颌翼龙亚科包括卡奇布翼龙属（*Cacibupteryx*）、抓颌翼龙属（*Harpactognathus*）、翼手喙龙属、掘颌翼龙属和索德斯龙属。Andres 等（2010）命名了丝绸翼龙属，并将其归入喙嘴龙科。Cheng X. 等（2012）重新将掘颌翼龙科作为与喙嘴龙科并列的分类单元，同时将掘颌翼龙属和索德斯龙属从喙嘴龙科移入掘颌翼龙科。Bennett（2014）将矛颌翼龙属也归入了掘颌翼龙科。Lü 等（2015）命名了东方颌翼龙属（*Orientognathus*），并将其归入喙嘴龙科。

狭鼻翼龙属 Genus *Angustinaripterus* He, Yang et Shu, 1983

模式种 长头狭鼻翼龙 *Angustinaripterus longicephalus* He, Yang et Shu, 1983

鉴别特征 头骨低而长，吻端比较钝；外鼻孔窄长，呈裂隙状，从前往后，上下高度均匀；眶前孔大而长，略呈三角形；齿骨前端微弱加高；上颌齿列从前上颌骨前端开始向后到眶前孔前端 1/3 处结束。

中国已知种 仅模式种。

分布与时代　四川，中侏罗世。

评注　何信禄等（1983）命名狭鼻翼龙属时，所列鉴别特征包括：①头骨骨片完全愈合；②眶前孔与外鼻孔、眼眶与眶前孔均完全分开；③方骨窄，下端向前下方倾斜；④下颞孔大，向下逐渐变窄；⑤眼眶大而圆；⑥头骨顶部有低而长的纵脊，从头骨最前端向后至少延至眼眶上部；⑦下颌直而细长，下缘直；⑧上颌具 9 颗牙齿，其中包括 3 颗尖而细长并显著向前倾斜的前颌齿和 6 颗相对比较粗短的上颌齿；⑨下颌可能具 9 或 10 颗牙齿，前部的牙齿细长而尖，中后部的牙齿比较粗短，相对较钝；⑩牙齿冠面均光滑无纹饰。其中特征①是个体发育特征，特征②是非翼手龙类中除悟空翼龙科以外的基本特征，特征③至⑩在非翼手龙类中很常见。因此，本文将狭鼻翼龙属的特征修订如上。

长头狭鼻翼龙 *Angustinaripterus longicephalus* He, Yang et Shu, 1983
（图 96）

正模　ZDM T8001，一个不完整的头骨。产自四川自贡大山铺，中侏罗统下沙溪庙组中部；现存于自贡恐龙博物馆（四川）。

鉴别特征　同属。

图 96　长头狭鼻翼龙 *Angustinaripterus longicephalus*
正模（ZDM T8001）照片：A. 右视；B. 左视

评注　长头狭鼻翼龙是华南发现的为数不多的翼龙化石材料之一。有学者认为长头狭鼻翼龙加长的眶前孔和狭长的外鼻孔，显示眶前孔与外鼻孔正接近愈合的阶段（吕君昌等，2006）。然而由于化石材料的稀少和不完整，目前尚不能确定这一观点是否正确。

翼手喙龙属 Genus *Pterorhynchus* Czerkas et Ji, 2002

模式种　威氏翼手喙龙 *Pterorhynchus wellnhoferi* Czerkas et Ji, 2002

鉴别特征　头骨具矢状脊，脊由骨质的支撑部分和软组织部分组成；尾长与翼相当；尾膜延伸到尾的末端 2/3 处。

中国已知种　仅模式种。

分布与时代　内蒙古，晚侏罗世。

评注　Czerkas 和 Ji（2002）建立翼手喙龙属时，将其归入喙嘴龙科。Unwin（2006）将翼手喙龙属归入掘颌翼龙科，但没有给出具体理由。Bennett（2014）将翼手喙龙属从掘颌翼龙科移除。本文支持将翼手喙龙属归入喙嘴龙科。

威氏翼手喙龙 *Pterorhynchus wellnhoferi* Czerkas et Ji, 2002

（图 97）

正模　IGCAGS-02-2/DM 608，一具近完整的骨架。产自内蒙古宁城道虎沟，上侏罗统髫髻山组（蓝旗组、道虎沟组）；现由中国地质科学院地质研究所交流至恐龙博物馆（美国，布兰丁）。

鉴别特征　同属。

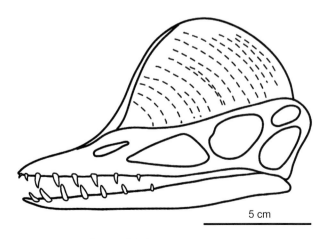

5 cm

图 97　威氏翼手喙龙 *Pterorhynchus wellnhoferi*
正模（IGCAGS-02-2/DM 608）头部线条图（引自 Czerkas et Ji, 2002）

评注 Czerkas 和 Ji（2002）命名威氏翼手喙龙时，确定的产地和层位是内蒙古赤峰道虎沟，中上侏罗统海房沟组。如前所述，本文将该套地层归为上侏罗统髫髻山组（蓝旗组、道虎沟组、道虎沟层）。

丝绸翼龙属 Genus *Sericipterus* Andres, Clark et Xu, 2010

模式种 五彩湾丝绸翼龙 *Sericipterus wucaiwanensis* Andres, Clark et Xu, 2010

鉴别特征 最大的"喙嘴龙类"翼龙，翼展约 1.73 m，具有以下特征组合：吻端膨胀并具 2 对牙齿；鼻骨上颌骨突具 T 型横截面；大的、U 型方轭骨与头骨腹面相交很宽；顶骨侧支很大并与眶后骨的额骨支相连；顶骨脊低矮，延伸长度与顶骨长度相当；额骨、顶骨相连处具横脊；肩胛骨与乌喙骨长度相当；翼指骨横截面呈椭圆形，宽度为深度的 2 倍；第一和第二翼指骨末端膨大，其宽度为中段宽度的 2 倍；第四翼指骨较第二翼指骨稍长；蹠骨具膨大的末端关节。

中国已知种 仅模式种。

分布与时代 新疆，晚侏罗世。

评注 Andres 等（2010）命名丝绸翼龙属时做的系统分析结果显示，丝绸翼龙属属于喙嘴龙科，与狭鼻翼龙属为姊妹群。

五彩湾丝绸翼龙 *Sericipterus wucaiwanensis* Andres, Clark et Xu, 2010
（图 98）

正模 IVPP V 14725，一具不完整的骨架，包括不完整的头骨，部分下颌，至少 12 枚散落的牙齿，以及部分头后骨骼。产自新疆五彩湾，上侏罗统石树沟组；现存于中国科学院古脊椎动物与古人类研究所。

鉴别特征 同属。

青龙翼龙属 Genus *Qinglongopterus* Lü, Unwin, Zhao, Gao et Shen, 2012

模式种 郭氏青龙翼龙 *Qinglongopterus guoi* Lü, Unwin, Zhao, Gao et Shen, 2012

鉴别特征 喙嘴龙科成员，并具以下特征组合：肩胛骨与乌喙骨长度相当；第一至第三翼指骨近等长，第四翼指骨很短，约为第一至第三翼指骨的 2/3；前耻骨末端具相对细长的突；第 V 趾第 II 趾节较第 I 趾节长。

中国已知种 仅模式种。

分布与时代 河北，晚侏罗世。

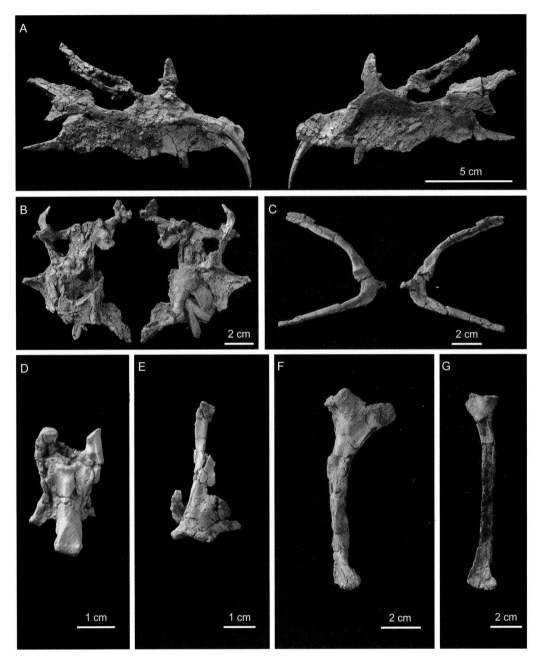

图 98　五彩湾丝绸翼龙 *Sericipterus wucaiwanensis*

正模（IVPP V 14725）照片：A. 头骨吻端；B. 头骨颞窗及枕区；C. 右肩胛乌喙骨；D. 颈椎；E. 方骨；F. 右肱骨；G. 左肱骨

评注　Lü 等（2012c）命名青龙翼龙属时，将头骨短作为鉴别特征之一。然而，根据描述，郭氏青龙翼龙的正模是一个幼年个体，短的头骨是个体发育的特征。此外，短的翅骨并具膨大呈瘤状的末端，是非翼手龙类中比较常见的特征。而短的第四翼指骨和长度相当的肩胛骨和乌喙骨，是非翼手龙类中比较少见的，因此对鉴别特征做如上修订。

头骨突出的吻端，少量、细长的牙齿，长的尾椎，发育的第 V 趾，都说明青龙翼龙属是非翼手龙类。Lü 等（2012c）所做的支序分析显示青龙翼龙属与喙嘴龙属为姊妹群。

郭氏青龙翼龙 *Qinglongopterus guoi* Lü, Unwin, Zhao, Gao et Shen, 2012
（图 99）

正模　DLNHM D3080 和 D3081，一具近完整的骨架。产自河北青龙木头凳，上侏罗统髫髻山组（蓝旗组、道虎沟组）；现存于大连自然博物馆。

鉴别特征　同属。

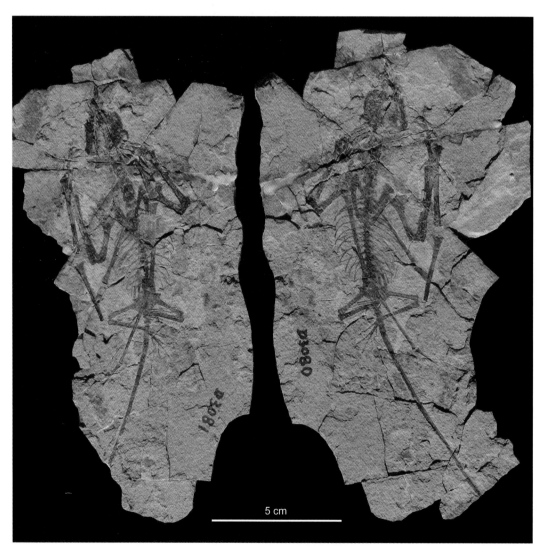

图 99　郭氏青龙翼龙 *Qinglongopterus guoi*
正模（DLNHM D3080 和 D3081）照片（引自 Lü et al., 2012c）

掘颌翼龙科 Family Scaphognathidae Hooley, 1913

模式属 掘颌翼龙 *Scaphognathus* Wagner, 1861

定义与分类 掘颌翼龙科目前包括掘颌翼龙属、索德斯龙属、抓颌翼龙属、建昌颌翼龙属和矛颌翼龙属五个属,以及一个存疑归入的属——东方颌翼龙属。

鉴别特征 "喙嘴龙亚目"成员,具有如下的特征组合:下颌前端粗壮且钝,下颌支深且前后深度均匀;牙齿呈圆锥形、锋利,数量少,齿间距大;翼指骨短,四个指节中的任何一个都短于尺骨;第一翼指骨较第二和第三翼指骨短;第 V 趾具两个发达的趾节,第 II 趾节在中部弯曲呈约 140°。

中国已知属 建昌颌翼龙 *Jianchangnathus* Cheng, Wang, Jiang et Kellner, 2012,以及一个存疑归入的属——东方颌翼龙 *Orientognathus* Lü, Pu, Xu, Wei, Chang et Kundrát, 2015。

分布与时代 中国、德国、哈萨克斯坦和美国,晚侏罗世。

评注 Hooley(1913)建立了掘颌翼龙亚目(Scaphognathoidea),包括粗喙掘颌翼龙(*Scaphognathus crassirostris*)、伯氏双孔翼龙(*Parapsicephalus purdoni*)和长爪双齿型翼龙(*Dimorphodon macronyx*)。Kuhn(1967)将其降为喙嘴龙科中的掘颌翼龙亚科,仅包括掘颌翼龙属一个属。Wellnhofer(1975, 1978)继续使用掘颌翼龙亚科,包括粗喙掘颌翼龙、伯氏双孔翼龙和多毛索德斯龙(*Sordes pilosus*),并归纳鉴别特征为相对较短的头骨;方骨垂直;牙齿少,齿间距大;第一翼指骨短于第二和第三翼指骨;尺骨较翼指骨任何指节都长。Unwin(2003)将伯氏双孔翼龙移出掘颌翼龙亚目,并把金氏抓颌翼龙(*Harpactognathus gentryii*)归入,同时提出了该亚科的鉴别特征为 9 枚或数量更少、直或微弯的、间距很大的上颌齿;6 枚或数量更少的、竖直的下颌齿;第 V 趾第 II 趾节中部弯曲呈 40°–45°。Lü 等(2010a)与 Lü 和 Bo(2011)分别命名了新属种李氏凤凰翼龙(*Fenghuangopterus lii*)和 ?赵氏建昌翼龙(?*Jianchangopterus zhaoianus*),并且都归入了掘颌翼龙亚科。Cheng X. 等(2012)命名了强壮建昌颌翼龙(*Jianchangnathus robustus*),并将其与掘颌翼龙属、索德斯龙属、抓颌龙属和凤凰翼龙属归入掘颌翼龙科。Bennett(2014)描述了另一件粗喙掘颌翼龙的标本,归纳掘颌翼龙科的鉴别特征为大而锋利的圆锥形牙齿;下颌前端粗壮且钝,下颌支较深且深度均匀;翼指骨短,任何一个指节都短于尺骨;第一翼指骨短于第二和第三翼指骨;第 V 趾第 II 趾节在中部弯曲呈 40°–45°。同时,认为建昌颌翼龙属是掘颌翼龙属的晚出异名,认为掘颌翼龙科包括掘颌翼龙属、索德斯龙属和矛颌翼龙属,同时将抓颌龙属、建昌翼龙属? 和凤凰翼龙属排除在外。Lü 等(2015)命名了朝阳东方颌翼龙(*Orientognathus chaoyangensis*),根据文章中对标本的描述及图版,东方颌翼龙属的特征与掘颌翼龙科更加接近。

虽然对掘颌翼龙科的范围和鉴别特征都存在争议,但是对这一类型的翼龙也存在着较为一致的认识:研究者广泛接受掘颌翼龙科(亚科)是一类牙齿数量很少,齿间距大,下颌前端较钝，下颌支较深的翼龙。基于这样的共识，本文暂时认为掘颌翼龙科包括掘颌翼龙属、索德斯龙属、抓颌翼龙属、建昌颌翼龙属和矛颌翼龙属，以及一个归入存疑的属——东方颌翼龙属，鉴别特征如上所述。

建昌颌翼龙属 Genus *Jianchangnathus* Cheng, Wang, Jiang et Kellner, 2012

模式种　强壮建昌颌翼龙 *Jianchangnathus robustus* Cheng, Wang, Jiang et Kellner, 2012

鉴别特征　掘颌翼龙科成员，以如下的特征组合与其他成员相区别：与掘颌翼龙属相比外鼻孔较小而眶前孔较长，前上颌骨骨突向后更加伸长，上颌齿向前倾，上颌骨的轭骨支构成眶前孔腹缘的 2/3，具 5 颗下颌齿，齿骨前部的齿槽边缘侧面突出，前三对牙齿近平伏，掌骨中第 II 掌骨直径最小。

中国已知种　仅模式种。

分布与时代　辽宁，晚侏罗世。

评注　Cheng X. 等（2012）建立了建昌颌翼龙属，指出在掘颌翼龙科中该属与产自德国索伦霍芬灰岩的掘颌翼龙属最为相似，正因如此，有研究者认为建昌颌翼龙属是掘颌翼龙属的晚出异名（Bennett，2014）。然而，两者不仅在产地上相去甚远，在形态上也有比较明显的不同。除了上述鉴别特征之外，掘颌翼龙属的牙齿近竖直，而不似建昌颌翼龙属倾斜的牙齿。本文认为建昌颌翼龙仍然是有效的属。

强壮建昌颌翼龙 *Jianchangnathus robustus* Cheng, Wang, Jiang et Kellner, 2012

（图 100）

Scaphognathus robustus：Bennett, 2014

正模　IVPP V 16866，一具较完整的骨架。产自辽宁建昌玲珑塔；现存于中国科学院古脊椎动物与古人类研究所。

归入标本　PMOL-AP00028，基本完整的头骨和下颌以及部分头后骨骼。产自辽宁建昌玲珑塔；现存于辽宁古生物博物馆。

鉴别特征　同属。

产地与层位　辽宁建昌玲珑塔，上侏罗统髫髻山组（蓝旗组、道虎沟组）。

评注　强壮建昌颌翼龙的正模产自辽宁建昌玲珑塔大西山剖面，与之产自相同地点的还有悟空翼龙科的成员，以及李氏凤凰翼龙和?赵氏建昌翼龙，关于化石所属层位及时代目前仍然存在争议。Wang 等（2009, 2010）根据沉积层序及脊椎动物化石组合，认为该套地层时代应为晚侏罗世。段冶等（2009）根据已发现的化石组合，将这套地

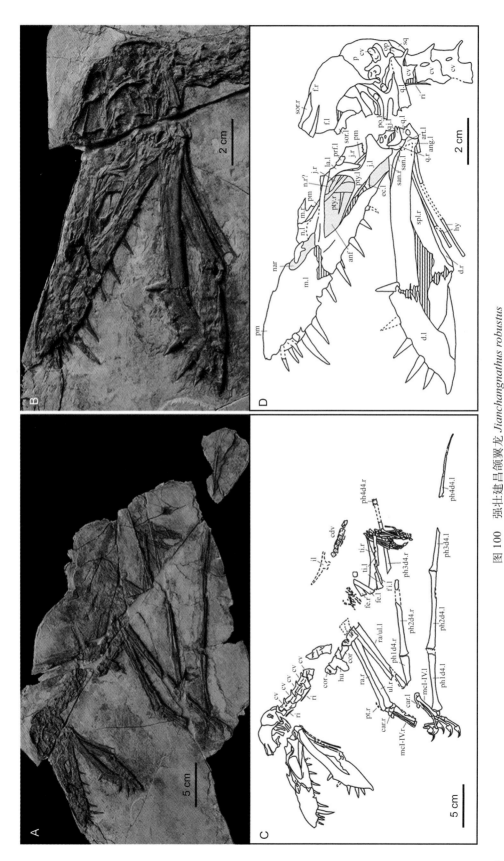

图 100　强壮建昌颌翼龙 *Jianchangnathus robustus*

正模（IVPP V 16866）：A. 照片；B. 头部照片；C. 线条图；D. 头部线条图（引自 Cheng X. et al., 2012）（图中缩写见翼龙目导言之"四、翼龙骨骼形态特征"部分）

层归为中侏罗统髫髻山组。Zhou 等 (2010) 认为辽宁建昌玲珑塔是"燕辽生物群"的主要化石产地之一，主要的化石产出层位相当于上侏罗统蓝旗组（髫髻山组）。Liu 等 (2012) 对该套地层上部化石层附近的两个岩石样品进行了锆石 U-Pb 同位素测年，得到 160.54 ± 0.99 Ma 和 161.0 ± 1.4 Ma 两个年龄结果，并据此将这套地层归为中侏罗统髫髻山组。Peng 等 (2012) 对这套地层底部的岩石样品进行测年，得到了 160.7 ± 3.2 Ma 的结果。王亮亮等 (2013) 对该套含化石地层的同位素测年结果为 160 Ma。此后，汪筱林等 (2014) 对化石层位之下的沉积岩碎屑锆石进行了同位素测年，得到的结果证明样品所属层位的岩石形成年龄晚于 150 Ma，据此认为化石产出层位的年龄晚于 150 Ma，应为晚侏罗世。根据最新的地质年代表，中、晚侏罗世界限为 163.5 ± 1.0 Ma（Cohen et al., 2013），本文将该套地层年代归为晚侏罗世。

掘颌翼龙科？ Family Scaphognathidae Hooley, 1913 ?

东方颌翼龙属 Genus *Orientognathus* Lü, Pu, Xu, Wei, Chang et Kundrát, 2015

模式种 朝阳东方颌翼龙 *Orientognathus chaoyangensis* Lü, Pu, Xu, Wei, Chang et Kundrát, 2015

鉴别特征 大型非翼手龙类成员，翼展约 1.1 m，具以下特征组合：翼掌骨长度为肱骨长度的 38%，尺骨短于任何一个翼指骨，尺骨长度为胫骨长度的 92%，胫骨与股骨长度相当，翅骨长度约为肱骨长度的 21%。

中国已知种 仅模式种。

分布与时代 辽宁，晚侏罗世。

评注 Lü 等 (2015) 建立了东方颌翼龙属，并归入喙嘴龙科。根据描述，其与掘颌翼龙科非常相似，包括下颌吻端的形态，数量少、细长锋利的牙齿，弯曲的第 V 趾第 II 趾节。东方颌翼龙属区别于掘颌翼龙科的特征在于，其尺骨长度短于任何一个翼指骨。然而，根据作者提供的图版，朝阳东方颌翼龙正模的尺桡骨断裂移位，并且部分被遮挡，很难保证尺骨长度的测量结果。因此，本文暂时将东方颌翼龙属归为可能的掘颌翼龙科成员。

朝阳东方颌翼龙 *Orientognathus chaoyangensis* Lü, Pu, Xu, Wei, Chang et Kundrát, 2015

（图 101）

正模 HNGM 41HIII-0418，一具不完整的骨架。产自辽宁朝阳东山，上侏罗统髫髻山组（蓝旗组、道虎沟组、道虎沟层）；现存于河南地质博物馆（郑州）。

B

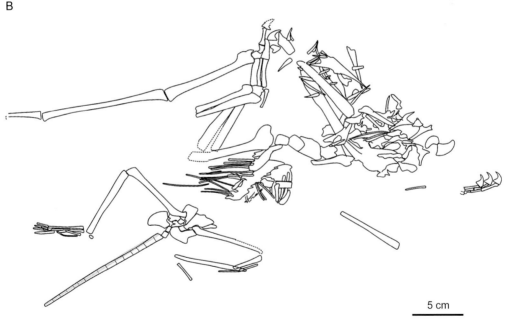

5 cm

图 101 朝阳东方颌翼龙 *Orientognathus chaoyangensis*
正模（HNGM 41HIII-0418）：A. 照片；B. 线条图（引自 Lü et al., 2015）

鉴别特征 同属。

评注 Lü 等（2015）建立东方颌翼龙属时认为产出地点为辽宁朝阳，层位为土城子组。然而，野外考察证明辽西及相邻地区的土城子组多为红色泥岩、砾岩以及灰绿色砂岩，几乎没有如标本所赋存的灰色、灰黑色页岩。因此，根据标本赋存岩性推测，化石产出地点很可能是建昌玲珑塔或相邻的青龙木头凳地区的髫髻山组（蓝旗组、道虎沟组、道虎沟层）。

悟空翼龙科 Family Wukongopteridae Wang, Kellner, Jiang et Meng, 2009

模式属 悟空翼龙 *Wukongopterus* Wang, Kellner, Jiang et Meng, 2009

定义与分类 悟空翼龙科代表了由原始的非翼手龙类向进步的翼手龙类过渡的一类翼龙。悟空翼龙科目前包括悟空翼龙属、达尔文翼龙属和鲲鹏翼龙属三个属，以及两个可能归入本科的属：长城翼龙属（*Changchengopterus*）和建昌翼龙属?。

鉴别特征 "喙嘴龙亚目"成员，具有如下的特征组合：愈合的鼻眶前孔；鼻骨突短；方骨后倾；齿骨联合短，小于下颌长度的 1/3；上下颌均具牙齿，牙齿较短且大小相当；颈椎加长，神经棘低矮，颈肋缩短或消失；翼掌骨加长，约为第一翼指骨长度的 1/2；长尾，尾椎加长并被关节突加长形成的骨棒包围；第 V 趾第 II 趾节发达并弯曲。

中国已知属 悟空翼龙 *Wukongopterus* Wang, Kellner, Jiang et Meng, 2009，达尔文翼龙 *Darwinopterus* Lü, Unwin, Jin, Liu et Ji, 2010，鲲鹏翼龙 *Kunpengopterus* Wang, Kellner, Jiang, Cheng, Meng et Rodrigues, 2010，以及可能归入本科的长城翼龙 *Changchengopterus* Lü, 2009b 和建昌翼龙? *Jianchangopterus* Lü et Bo, 2011 ?。

分布与时代 中国，晚侏罗世。

评注 Wang 等（2009）描述并命名了李氏悟空翼龙，并建立了悟空翼龙科，从而发现了这一代表原始的非翼手龙类向进步的翼手龙类过渡环节的翼龙类群。悟空翼龙科成员既具有非翼手龙类的某些原始特征，如发达的第 V 趾和长尾，又具有一些翼手龙类的进步特征，如愈合的鼻眶前孔。同时，悟空翼龙科成员相对非翼手龙类，具有加长的颈椎和翼掌骨、数量减少的尾椎等明显的过渡特征。Lü 等（2010b）命名了模块达尔文翼龙，但没有将其归入任何科级分类单元，而是使用了新的分支系统学类群单孔翼龙类，认为达尔文翼龙是翼手龙亚目的姊妹群，单孔翼龙类是包含达尔文翼龙属与翼手龙亚目最近的共同祖先及其所有后裔在内的类群。Wang 等（2010）描述并命名了玲珑塔达尔文翼龙和中国鲲鹏翼龙，并将其归入悟空翼龙科，同时根据潘氏长城翼龙形态特征，将长城翼龙属暂时归入悟空翼龙科。Lü 等（2011b）还命名了粗齿? 达尔文翼龙。

Lü 等（2011a）描述了一件带蛋的悟空翼龙类标本（ZMNH M8802），在一悟空翼龙类个体的荐椎和尾椎附近保存了一枚蛋的印痕，在将其归为达尔文翼龙属的同时，将具有前上颌骨骨脊（头饰）的个体作为达尔文翼龙属的雄性个体，不具前上颌骨骨脊的个体作为达尔文翼龙属的雌性个体。目前为止对翼龙性别的研究中，无齿翼龙属和哈密翼龙属的雌雄辨别是被广泛接受的，化石都是群体保存，并且雌雄个体之间具有明显的形态差异，最主要的差异是雌雄个体的脊的形态大小不同（Bennett，1992；Wang X. L. et al.，2014a）。因此，认为翼龙头饰的大小形态差异是翼龙性双型的重要鉴别特征，而是否具有头饰则是翼龙不同属种的最主要的形态学特征，而非性别特征（Wang X. L. et al.，2014a）。Wang 等（2015）描述并研究了 IVPP V 18403（与 ZMNH M8802 为同一标本的正反两面），并发现了腹腔内的第二枚翼龙蛋，证明翼龙具有双侧功能性的输卵管，并且一次先后产两枚蛋。同时，根据 IVPP V 18403 头骨的形态、鼻眶前孔的大小以及牙齿的形状，将其归入鲲鹏翼龙属。

悟空翼龙属 Genus *Wukongopterus* Wang, Kellner, Jiang et Meng, 2009

模式种　李氏悟空翼龙 *Wukongopterus lii* Wang, Kellner, Jiang et Meng, 2009

鉴别特征　悟空翼龙科成员，以下列特征组合与悟空翼龙科其他成员相区别：前两对前上颌齿突出于齿骨之外，且基本竖直；牙齿呈短圆锥状，齿尖锋利，大小均匀，表面具纵纹；上颌具至少 16 对上颌齿；齿骨联合长度小于下颌长度的 1/5；肠骨前髋臼部分较短且粗壮，呈圆柱状并向背侧弯曲；第 V 趾第 II 趾节在中部强烈弯曲成 70°。

中国已知种　仅模式种。

分布与时代　辽宁，晚侏罗世。

评注　Wang 等（2009）建立悟空翼龙属时归纳的鉴别特征还包括：①方骨后倾约 120°；②颈椎较其他非翼手龙类更为加长；③翼掌骨长度约为第一翼指骨长度的 1/2，这些特征都属于悟空翼龙科的鉴别特征。Wang 等（2010）将第 V 趾第 II 趾节的弯曲角度修订为 70°。悟空翼龙属的牙齿大小均匀，与模块达尔文翼龙相区别。

李氏悟空翼龙 *Wukongopterus lii* Wang, Kellner, Jiang et Meng, 2009

（图 102）

正模　IVPP V 15113，一具近完整的骨架，除头骨顶部部分骨骼缺失外，其他骨骼全部保存完整并关节在一起。产自辽宁建昌玲珑塔，上侏罗统髫髻山组（蓝旗组、道虎沟组、道虎沟层）；现存于中国科学院古脊椎动物与古人类研究所。

鉴别特征　同属。

评注　Wang 等（2009）命名李氏悟空翼龙时，将层位及所属时代确定为道虎沟层（组），晚侏罗世至早白垩世。如前所述，本文将该套地层归为上侏罗统髫髻山组（蓝旗组、道虎沟组）。

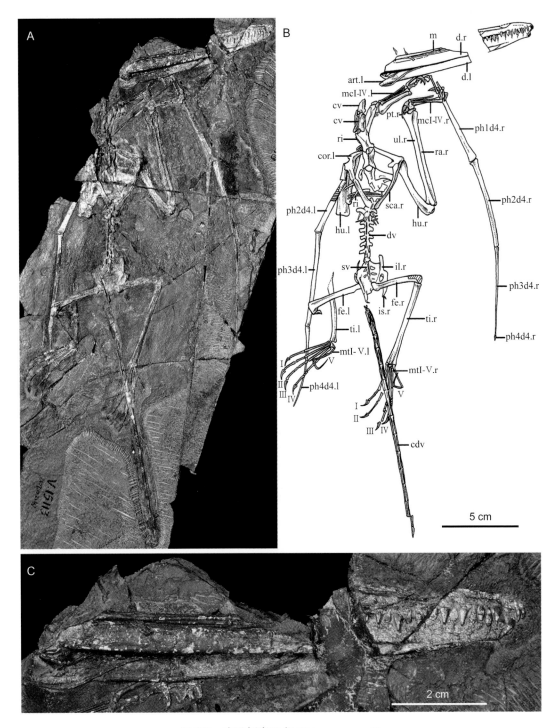

图 102　李氏悟空翼龙 *Wukongopterus lii*

正模（IVPP V 15113）：A. 照片；B. 线条图；C. 头部（引自 Wang et al., 2009）（图中缩写见翼龙目导言之"四、翼龙骨骼形态特征"部分）

达尔文翼龙属 Genus *Darwinopterus* Lü, Unwin, Jin, Liu et Ji, 2010

模式种 模块达尔文翼龙 *Darwinopterus modularis* Lü, Unwin, Jin, Liu et Ji, 2010

鉴别特征 悟空翼龙科成员，以下列特征组合与悟空翼龙科其他成员相区别：头骨后部加长；前上颌骨背缘具骨质脊；鼻骨突细；牙齿表面不具明显的纵纹；肠骨前髋臼部分加长；第 V 趾第 II 趾节在距近端 1/3 处弯曲成钝角。

中国已知种 模块达尔文翼龙 *Darwinopterus modularis* Lü, Unwin, Jin, Liu et Ji, 2010 和玲珑塔达尔文翼龙 *Darwinopterus linglongtaensis* Wang, Kellner, Jiang, Cheng, Meng et Rodrigues, 2010，以及存疑的粗齿? 达尔文翼龙 *Darwinopterus robustodens* Lü, Xu, Chang et Zhang, 2011 ?。

分布与时代 辽宁，晚侏罗世。

评注 Lü 等（2011b）命名粗齿? 达尔文翼龙时，归纳了达尔文翼龙属的鉴别特征：牙齿间距大，最长的牙齿位于齿列前半部；齿槽边缘膨大，但程度不及准噶尔翼龙；具愈合的鼻眶前孔；加长的颈椎，具低矮的神经棘，颈肋退化或消失；长尾，具至少 20 枚尾椎，由加长的前后关节突围绕；短的翼掌骨，长度小于肱骨长度的 60%；第 V 趾具两枚加长的趾节，第 II 趾节弯曲约 130°。这些特征中，第 V 趾第 II 趾节弯曲成 130° 和最长的牙齿位于齿列前半部是模块达尔文翼龙的鉴别特征，而其他特征均属于悟空翼龙科的鉴别特征。达尔文翼龙属的牙齿表面光滑，不具悟空翼龙属和鲲鹏翼龙属的牙齿表面明显的纵纹，因此将其作为达尔文翼龙属的鉴别特征之一。第 V 趾第 II 趾节在距近端约 1/3 处弯曲，是达尔文翼龙属区别于悟空翼龙属和鲲鹏翼龙属的特征。

模块达尔文翼龙 *Darwinopterus modularis* Lü, Unwin, Jin, Liu et Ji, 2010
（图 103，图 104）

正模 ZMNH M8782，一具不完整的骨架，包括头骨、下颌及部分头后骨骼。产自辽宁建昌玲珑塔；现存于浙江自然博物馆。

归入标本 (YZFM) YH-2000，一具基本完整的骨架。产自辽宁建昌玲珑塔；现存于宜州化石馆。

鉴别特征 达尔文翼龙属中的一个种，以下列特征与达尔文翼龙属其他成员相区别：头骨后部较玲珑塔达尔文翼龙更为加长；前上颌骨骨脊前端位于鼻眶前孔前缘之前；具 15 对牙齿，齿间距大，牙齿较细长，最长的牙齿位于齿列前半部；第 V 趾第 II 趾节弯曲成 130°。

产地与层位 辽宁建昌玲珑塔，上侏罗统髫髻山组（蓝旗组、道虎沟组）。

评注 Lü 等（2010b）命名模块达尔文翼龙时，提出的鉴别特征还有：①愈合的鼻

图 103　模块达尔文翼龙 *Darwinopterus modularis*
正模（ZMNH M8782）照片（引自 Lü et al., 2010b）

眶前孔；②倾斜的方骨；③加长的颈椎，具低矮的神经棘，颈肋退化或消失；④长尾，具至少 20 枚尾椎，由加长的前后关节突围绕；⑤关节窝位于肩胛骨之上；⑥翼掌骨短，小于肱骨长度的 66%；⑦第 V 趾具两枚加长的趾节。其中特征①、②、③、④、⑥和⑦属于悟空翼龙科的共同特征，特征⑤是非翼手龙类中常见的特征。因此对模块达尔文翼龙的种征做如上修订。

Lü 等（2010b）命名模块达尔文翼龙时，将其层位确定为中侏罗统髫髻山组。如前所述，本文将该套地层归为上侏罗统髫髻山组（蓝旗组、道虎沟组）。

玲珑塔达尔文翼龙 *Darwinopterus linglongtaensis* Wang, Kellner, Jiang, Cheng, Meng et Rodrigues, 2010

（图 105）

正模　IVPP V 16049，一具近完整的骨架。产自辽宁建昌玲珑塔，上侏罗统髫髻山

图 104　模块达尔文翼龙 *Darwinopterus modularis*
归入标本 [(YZFM) YH-2000] 照片（引自 Lü et al., 2010b）

图 105　玲珑塔达尔文翼龙 *Darwinopterus linglongtaensis*

正模（IVPP V 16049）照片：A. 整体；B. 头部；C. 胸骨；D. 脚部（引自 Wang et al., 2010）

组（蓝旗组、道虎沟组）；现存于中国科学院古脊椎动物与古人类研究所。

鉴别特征 达尔文翼龙属中的一个种，以下列特征与达尔文翼龙属其他成员相区别：头骨后部较长，但程度不及模块达尔文翼龙；前上颌骨骨质脊较小，骨质脊前缘位于鼻眶前孔前缘之后；鼻眶前孔加长，约为头骨的1/2；牙齿呈短的圆锥状；轭骨的泪骨支相对较细；轭骨的上颌骨支粗壮、加长；鼻骨突具有圆形的孔；肠骨前髋臼部分非常纤细，且前端稍微向腹侧弯曲；第V趾第II趾节弯曲成115°。

评注 Wang等（2010）命名玲珑塔达尔文翼龙时，将其层位确定为道虎沟层（组）或髫髻山组。如前所述，本文将该套地层归为上侏罗统髫髻山组（蓝旗组、道虎沟组）。

粗齿？达尔文翼龙 *Darwinopterus robustodens* Lü, Xu, Chang et Zhang, 2011 ?

（图106）

正模 HNGM 41HIII-0309A，一具完整的骨架。产自辽宁建昌玲珑塔，上侏罗统髫髻山组（蓝旗组、道虎沟组）；现存于河南地质博物馆。

鉴别特征 达尔文翼龙属中的一个种，以下列特征与达尔文翼龙属其他成员相区别：前上颌骨骨脊前端位于鼻眶前孔前缘之前；牙齿较模块达尔文翼龙粗且尖利；上颌具9对、下颌具11对齿。

产地与层位 辽宁建昌玲珑塔，上侏罗统髫髻山组（蓝旗组、道虎沟组）。

评注 Lü等（2011b）命名粗齿？达尔文翼龙时，提出其与模块达尔文翼龙的区别仅在于牙齿的数量、形态以及个体较模块达尔文翼龙小。其中，粗齿？达尔文翼龙具9对上颌齿和11对下颌齿，下颌齿数量多于上颌齿的情况是非翼手龙类中唯一的（Wellnhofer, 1978, 1991），同时根据对化石的观察，在鼻眶前孔中部仍然具有齿槽和散落的牙齿，因此，粗齿？达尔文翼龙的牙齿数量应该远不止上颌9对和下颌11对。此外，粗齿？达尔文翼龙和模块达尔文翼龙的牙齿形态，除了后者的牙齿较长并弯曲之外，并无明显不同。然而，这也可能是牙齿在化石埋藏和形成过程中移位造成的。粗齿？达尔文翼龙的第V趾第II趾节在距近端约1/3处弯曲成130°，与模块达尔文翼龙基本一致。因此，本文对粗齿？达尔文翼龙这一种的有效性存疑，故在种本名后加问号。

Lü等（2011b）命名粗齿？达尔文翼龙时，将其层位确定为中侏罗统髫髻山组。如前所述，本文将该套地层归为上侏罗统髫髻山组（蓝旗组、道虎沟组）。

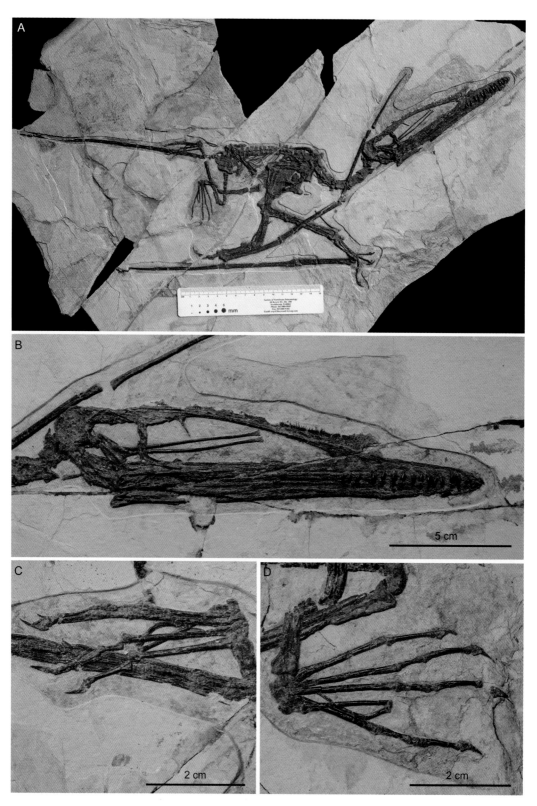

图 106 粗齿？达尔文翼龙 *Darwinopterus robustodens*？

正模（HNGM 41HIII-0309A）照片：A. 整体；B. 头部（A 和 B 引自 Lü et al., 2011b）；C, D. 脚部

鲲鹏翼龙属 Genus *Kunpengopterus* Wang, Kellner, Jiang, Cheng, Meng et Rodrigues, 2010

模式种 中国鲲鹏翼龙 *Kunpengopterus sinensis* Wang, Kellner, Jiang, Cheng, Meng et Rodrigues, 2010

鉴别特征 悟空翼龙科成员，以下列特征组合与悟空翼龙科其他成员相区别：头骨后部呈圆形；前上颌骨背缘平滑，不具骨质脊；鼻眶前孔短；牙齿呈短圆锥状，齿尖锋利，表面具纵纹；第V趾第II趾节弯曲成约137°。

中国已知种 中国鲲鹏翼龙 *Kunpengopterus sinensis* Wang, Kellner, Jiang, Cheng, Meng et Rodrigues, 2010 和 *Kunpengopterus* sp.。

分布与时代 辽宁，晚侏罗世。

评注 Wang 等（2010）命名中国鲲鹏翼龙时指出正模头骨背缘存在一个低矮的骨质隆起，但不具前上颌骨脊，已发现的悟空翼龙类标本展现了两种类型的前上颌骨，具骨质脊和不具骨质脊，同时将是否具有前上颌骨脊，作为属一级的鉴别特征之一。悟空翼龙类的前上颌骨脊有两种类型，一种较大并且前端位于鼻眶前孔前缘之前，见于模块达尔文翼龙和粗齿？达尔文翼龙，另一种较小并且前端位于鼻眶前孔前缘之后，见于玲珑塔达尔文翼龙。达尔文翼龙属形态不同的前上颌骨脊，是否与无齿翼龙属和哈密翼龙属的情况相同（Bennett, 1992；Wang X. L. et al., 2014a），代表了雌雄个体的差异，目前尚无定论。另有观点认为是否具有前上颌骨脊是悟空翼龙类的性别标志（Lü et al., 2011a）。根据描述，模块达尔文翼龙和粗齿？达尔文翼龙的正模都是成年个体，而玲珑塔达尔文翼龙的正模是亚成年个体（Lü et al., 2010b, 2011b；Wang et al., 2010），然而从形态上可以判断前上颌骨脊的差异不是个体发育特征。因此，本文将前上颌骨脊作为鲲鹏翼龙属区别于达尔文翼龙属的特征之一。

中国鲲鹏翼龙 *Kunpengopterus sinensis* Wang, Kellner, Jiang, Cheng, Meng et Rodrigues, 2010

（图107）

正模 IVPP V 16047，一具近完整的骨架。产自辽宁建昌玲珑塔，上侏罗统髫髻山组（蓝旗组、道虎沟组）；现存于中国科学院古脊椎动物与古人类研究所。

鉴别特征 鲲鹏翼龙属成员，以下列特征组合与其他成员相区别：轭骨的上颌骨支很短且纤细；鼻骨突粗壮，具中轴近垂直的孔；额骨背侧具软组织突起；鼻眶前孔长度约为头骨长度的35%；第V趾第II趾节在靠近近端处弯曲。

评注 Wang 等（2010）命名中国鲲鹏翼龙时，将其层位确定为道虎沟层（组）或髫

图 107 中国鲲鹏翼龙 *Kunpengopterus sinensis*

正模（IVPP V 16047）照片：A. 整体；B. 头部（引自 Wang et al., 2010）

髫山组。如前所述，本文将该套地层归为上侏罗统髫髫山组（蓝旗组、道虎沟组）。

鲲鹏翼龙未定种 *Kunpengopterus* sp.

(图 108，图 109)

产地与层位 辽宁建昌玲珑塔，上侏罗统髫髫山组（蓝旗组、道虎沟组）。

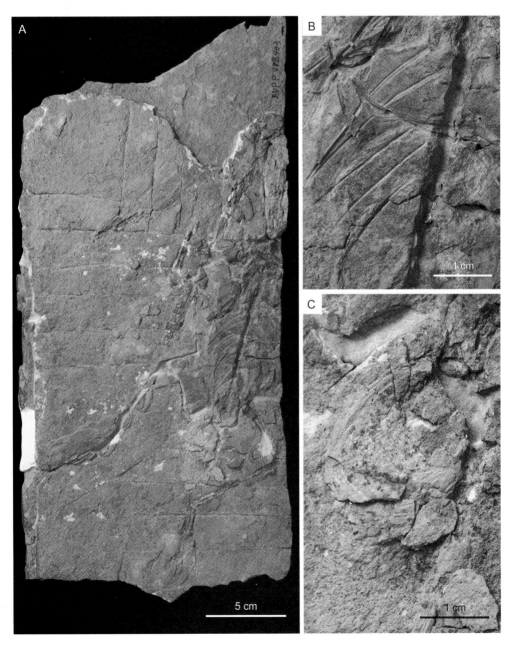

图 108　鲲鹏翼龙未定种 *Kunpengopterus* sp.

正面（IVPP V 18403）照片：A. 整体；B, C. 两枚蛋化石（引自 Wang et al., 2015）

图 109　鲲鹏翼龙未定种 *Kunpengopterus* sp.
反面（ZMNH M8802）照片（引自 Lü et al., 2011a）

评注　Lü 等（2011a）描述了一具基本完整的翼龙标本 ZMNH M8802（产自辽宁建昌玲珑塔，髫髻山组，晚侏罗世，现存于浙江自然博物馆），并将其归入达尔文翼龙属。Wang 等（2015）描述了与 ZMNH M8802 为同一标本正反两面的 IVPP V 18403（现存于中国科学院古脊椎动物与古人类研究所），并根据其形态特征，如鼻眶前孔长度约为头骨长度的 40%（Lü et al., 2011a）；肠骨前髋臼部分加长呈板状；第 V 趾第 I 趾节长于第 IV 蹠骨；第 V 趾第 II 趾节在中部弯曲等，将其归入鲲鹏翼龙属。Wang 等（2010）命名中国鲲鹏翼龙时，将其层位确定为道虎沟层（组）或髫髻山组。如前所述，本文将该套地层归为上侏罗统髫髻山组（蓝旗组、道虎沟组）。

悟空翼龙科？ Family Wukongopteridae?

长城翼龙属 Genus *Changchengopterus* Lü, 2009b

模式种 潘氏长城翼龙 *Changchengopterus pani* Lü, 2009a

鉴别特征 "喙嘴龙亚目"成员，具有以下的特征组合：相对短的尾椎关节突和脉弧，肱骨三角肌脊呈近三角形，尺骨＞第二翼指骨＞第三翼指骨＝第一翼指骨＞肱骨＞胫骨＞股骨＞翼掌骨。

中国已知种 仅模式种。

分布与时代 河北和辽宁，晚侏罗世。

评注 Lü（2009b）命名了长城翼龙属，并将其归入喙嘴龙科，根据其所做的支序系统分析，长城翼龙属靠近基干的位置，位于矛颌翼龙属和曲颌形翼龙属之间。Wang 等（2010）根据长城翼龙属加长的颈椎和翼指骨的长度比例，将长城翼龙属暂时归入悟空翼龙科。

潘氏长城翼龙 *Changchengopterus pani* Lü, 2009b
(图 110，图 111)

正模 (CBFNG) CYGB-0036，一具不完整的骨架，头骨和下颌缺失。产自河北青龙木头凳；现存于朝阳鸟化石国家地质公园。

归入标本 PMOL-AP00010，一具不完整的骨架，头骨和下颌缺失。产自辽宁建昌玲珑塔；现存于辽宁古生物博物馆。

鉴别特征 同属。

产地与层位 河北青龙木头凳、辽宁建昌玲珑塔，上侏罗统髫髻山组（蓝旗组、道虎沟组）。

评注 Lü（2009b）命名潘氏长城翼龙时指出其产地为河北青龙木头凳，Zhou 和 Schoch（2011）描述的第二件潘氏长城翼龙标本产自辽宁建昌玲珑塔。Wang 等（2010）认为这两个化石层位属于同一个地层单元，即道虎沟层（组）或髫髻山组。如前所述，本文将该套地层归为上侏罗统髫髻山组（蓝旗组、道虎沟组）。

Zhou 和 Schoch（2011）描述了第二件潘氏长城翼龙的标本（PMOL-AP00010），与正模一样，也缺失了头骨。新标本颈肋退化消失，颈椎加长，第Ⅴ趾具两个趾节，第Ⅱ趾节弯曲。证明其与悟空翼龙类具有很近的演化关系。然而，新标本保存的三枚后部颈椎的加长程度明显大于正模，新标本是否应该归属于潘氏长城翼龙，或者建立新种甚至新属，还有待进一步的研究。

图 110　潘氏长城翼龙 *Changchengopterus pani*
正模 [(CBFNG) CYGB-0036] 照片（引自 Lü, 2009b）

建昌翼龙属？　Genus *Jianchangopterus* Lü et Bo, 2011？

模式种　?赵氏建昌翼龙 *?Jianchangopterus zhaoianus* Lü et Bo, 2011

鉴别特征　一种类似索德斯龙属的翼龙，具有如下特征：具 7 对上颌齿和 6 对下颌齿；似抓颌龙的上颌骨凹缝（眶前孔）；牙齿侧面平坦；齿骨联合腹侧具明显的中脊；第四翼指骨强烈弯曲，约为第一翼指骨长度的 96%，并且比其他 3 个翼指骨明显纤细；与索德斯龙属不同，第 IV 趾第 IV 趾节的长度没有达到第 I–III 趾节长度的总和。

中国已知种　仅模式种。

分布与时代　辽宁，晚侏罗世。

评注　Lü 和 Bo（2011）建立建昌翼龙属?，并根据相对短的头骨、短的翼指骨、第一翼指骨短于第二和第三翼指骨、尺骨较任何翼指骨长、第 V 趾长等特征将其归入掘颌翼龙亚科。原文中归纳的鉴别特征之一，"齿骨联合背侧具明显的中脊"，根据对图版

图 111 潘氏长城翼龙 *Changchengopterus pani*
归入标本（PMOL-AP00010）照片（引自 Zhou et Schoch, 2011）

的观察应为腹侧。Bennett（2014）指出？赵氏建昌翼龙正模的下颌支前端是尖锐突出的，同时下颌支也不似掘颌翼龙科其他成员均匀的、深的形态，第Ⅴ趾第Ⅱ趾节弯曲的位置不是在中部，而是与喙嘴龙属类似在近端，据此将建昌翼龙属？排除在掘颌翼龙科之外。根据 Lü 和 Bo（2011）的描述，？赵氏建昌翼龙正模的上颌骨具有一个明显的凹陷，被认为是眶前孔的前缘。根据图版，建昌翼龙属？的眶前孔前缘十分靠近吻端，眶前孔背缘与头骨背缘近平行。？赵氏建昌翼龙正模的头骨前部保存基本完好，骨骼牙齿都保存在原位，从眶前孔前缘的形态和位置判断，建昌翼龙属？可能并不具有独立的外鼻孔，而是类似悟空翼龙科具有外鼻孔和眶前孔愈合形成的鼻眶前孔（Wang et al., 2009, 2010；Lü et al., 2010b），同时建昌翼龙属？第Ⅴ趾第Ⅱ趾节的形态与鲲鹏翼龙属非常相似。因此，本文将建昌翼龙属？暂时归为可能的悟空翼龙科成员。属名后加问号以示属的有效性存疑，而鉴别特征仅将原文中的内容罗列如上。

？赵氏建昌翼龙　？*Jianchangopterus zhaoianus* Lü et Bo, 2011

（图 112）

正模 (YZFM) YHK-0931，一件基本完整的化石骨架，包括完整的头骨和下颌。产于辽宁建昌玲珑塔，上侏罗统髫髻山组（蓝旗组、道虎沟组）；现存于宜州化石馆。

鉴别特征　同属。

评注　Lü 和 Bo（2011）将？赵氏建昌翼龙产出层位归为中侏罗统髫髻山组。如前所述，本文将该套地层归为上侏罗统髫髻山组（蓝旗组、道虎沟组）。种名前加问号以示其属种有效性都存疑，理由同上。

"喙嘴龙亚目"科未定 "Rhamphorhynchoidea" incertae familiae

凤凰翼龙属 Genus *Fenghuangopterus* Lü, Fucha et Chen, 2010

模式种　李氏凤凰翼龙 *Fenghuangopterus lii* Lü, Fucha et Chen, 2010

鉴别特征　"喙嘴龙亚目"成员，头骨长度小于尺骨长度，肩胛骨短于乌喙骨，尺骨长度小于第一翼指骨，第一翼指骨与第二翼指骨长度的比例约为5：3。

中国已知种　仅模式种。

分布与时代　辽宁，晚侏罗世。

评注　Lü 等（2010a）建立凤凰翼龙属时，根据其①相对较短的头骨，②钝的吻端，③大的眶前孔，④齿间距大以及⑤竖直而非倾斜的牙齿等特征，将其归入掘颌翼龙亚科。特征①，凤凰翼龙属的头骨长度短于尺骨，而掘颌翼龙属、索德斯龙属和建昌颌翼龙属

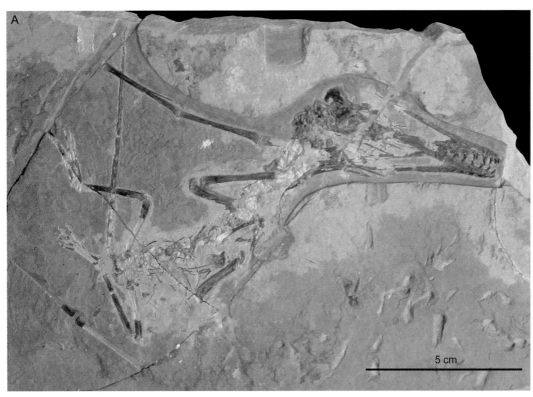

图 112 ?赵氏建昌翼龙 ?*Jianchangopterus zhaoianus*
正模 [(YZFM) YHK-0931] 照片（引自 Lü et Bo, 2011）

的头骨均较尺骨长（Wellnhofer, 1978；Cheng et al., 2012；Bennett, 2014）。特征②，李氏凤凰翼龙正模的头骨及下颌保存为腹侧视，文章中没有对下颌吻端进行描述，根据提供的图版也不能辨认下颌吻端的形态。特征③，大的眶前孔是大多数原始的非翼手龙类普遍具有的特征（Wellnhofer, 1978, 1991；Kellner, 2003；Unwin, 2003）。特征④，李氏凤凰翼龙正模的上颌齿数量（11）较掘颌翼龙属（7–9）和建昌颌翼龙属（9）多，而由于头骨短，牙齿分布明显更密集。特征⑤，化石的保存情况对判断牙齿的原始形态影响很大，另外掘颌翼龙科成员之间的牙齿形态也不尽相同。由此可见，Lü 等（2010a）列举的凤凰翼龙属属于掘颌翼龙科的特征基本不成立。然而，凤凰翼龙属的某些特征是显著区别于掘颌翼龙科成员的，如：头骨长度小于尺骨长度；第一翼指骨（125 mm）长度与第二翼指骨（75 mm）的比例约为 5∶3；尺骨较第一翼指骨短；肩胛骨比乌喙骨短。综上所述，本文将凤凰翼龙属暂时归为科未定的属，并对凤凰翼龙属的鉴别特征做如上修订。

李氏凤凰翼龙 *Fenghuangopterus lii* Lü, Fucha et Chen, 2010

（图 113）

正模　(CBFNG) CYGB-0037，一件基本完整的化石骨架，包括部分头骨和下颌。产于辽宁建昌玲珑塔，上侏罗统髫髻山组（蓝旗组、道虎沟组）；现存于朝阳鸟化石国家地质公园。

鉴别特征　同属。

评注　Lü 等（2010a）将李氏凤凰翼龙产出层位归为中侏罗统髫髻山组。如前所述，本文将该套地层归为上侏罗统髫髻山组（蓝旗组、道虎沟组）。

道虎沟翼龙属 Genus *Daohugoupterus* Cheng, Wang, Jiang et Kellner, 2015

模式种　娇小道虎沟翼龙 *Daohugoupterus delicatus* Cheng, Wang, Jiang et Kellner, 2015

鉴别特征　非翼手龙类成员，具以下特征组合：鼻骨后突延伸到额骨之间；胸骨板的宽度为长度的 2.5 倍；上颞孔较悟空翼龙科和掘颌翼龙科小；下颞孔呈狭缝状；与曲颌形翼龙科（Campylognathoididae）相比，肱骨三角肌脊更加发育；翅骨加长并且很直。

中国已知种　仅模式种。

分布与时代　内蒙古，晚侏罗世。

评注　Cheng 等（2015）建立了道虎沟翼龙属，并根据短的颈椎和发育的颈肋将其归入"喙嘴龙亚目"。可惜的是，娇小道虎沟翼龙的正模是一具不完整的骨架，化石缺失了肱骨以下的前肢、所有后肢和尾椎，许多重要的分类特征都不得而知，诸如尺骨和翼指骨长度比例、第 V 趾形态和尾椎长短等。因此，道虎沟翼龙的科级分类单元尚不能确定。

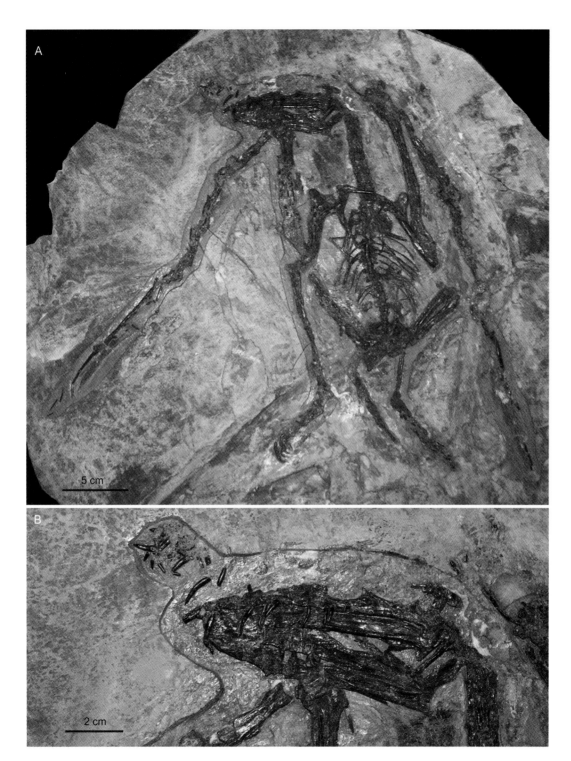

图 113　李氏凤凰翼龙 *Fenghuangopterus lii*
正模 [(CBFNG) CYGB-0037] 照片：A. 整体；B. 头部

娇小道虎沟翼龙 *Daohugoupterus delicatus* Cheng, Wang, Jiang et Kellner, 2015

（图 114）

正模 IVPP V 12537，一具不完整的骨架，包含基本完整的头骨。产自内蒙古宁城道虎沟，上侏罗统髫髻山组（蓝旗组、道虎沟组）；现存于中国科学院古脊椎动物与古人类研究所。

鉴别特征 同属。

评注 Cheng 等（2015）命名了娇小道虎沟翼龙，其正模是一成年个体，根据肱骨的尺寸，娇小道虎沟翼龙是在道虎沟发现的体型最小的翼龙。

古帆翼龙属？ **Genus *Archaeoistiodactylus* Lü et Fucha, 2010 ？**

模式种 ?玲珑塔古帆翼龙 *?Archaeoistiodactylus linglongtaensis* Lü et Fucha, 2010

鉴别特征 帆翼龙科成员，具有如下的特征组合：下颌前端齿槽为圆形；相对短的掌骨；翼掌骨长度约为肱骨的 60%；第二、第三翼指骨和胫骨近等长；上颌保存的一枚牙齿齿尖向后，与红山翼龙相似。

中国已知种 仅模式种。

分布与时代 辽宁，晚侏罗世。

评注 Lü 和 Fucha（2010）根据一件保存状况不好、不完整、零散的骨架，建立了古帆翼龙属?，并命名了?玲珑塔古帆翼龙，同时将其归入帆翼龙科，依据的仅仅是一枚零散保存的上颌齿的形态，以及不完整的肱骨三角肌脊。Sullivan 等（2014）指出，?玲珑塔古帆翼龙具有的许多特征，诸如短的翼掌骨、长度相当的第二和第三翼指骨等，均为非翼手龙类的典型特征，头后骨骼的比例也与非翼手龙类接近。此外，?玲珑塔古帆翼龙具有的短的颈椎也与非翼手龙类相似，其具有的愈合的鼻眶前孔并不能决定其属于翼手龙类，悟空翼龙科成员也具有该特征。因此，本文将其暂列入科未定的"喙嘴龙亚目"成员，属名后加问号以示属的有效性存疑，而鉴别特征也仅将原文中的内容罗列如上。

？玲珑塔古帆翼龙 *?Archaeoistiodactylus linglongtaensis* Lü et Fucha, 2010

（图 115）

正模 JPM04-0008，一具不完整的骨架，包含部分下颌。产于辽宁建昌玲珑塔，上侏罗统髫髻山组（蓝旗组、道虎沟组）；现存于热河古生物博物馆。

鉴别特征 同属。

评注 种名前加问号以示其属种有效性都存疑，理由同上。

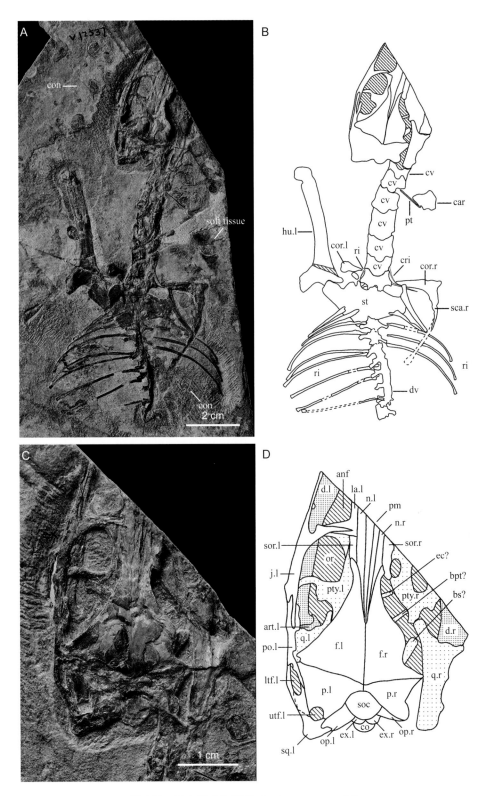

图 114　娇小道虎沟翼龙 *Daohugoupterus delicatus*

正模（IVPP V 12537）：A. 照片；B. 线条图；C. 头部照片；D. 头部线条图。软组织（soft tissue）；叶肢介（con, conchostracan）（引自 Cheng et al., 2015）（图中缩写见翼龙目导言之"四、翼龙骨骼形态特征"部分）

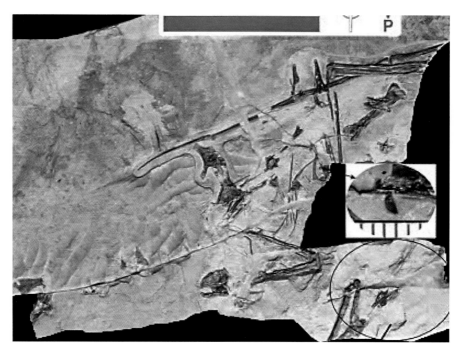

图 115 ?玲珑塔古帆翼龙 ?*Archaeoistiodactylus linglongtaensis*
正模（JPM04-0008）照片（引自 Lü et Fucha, 2010）

翼手龙亚目 Suborder PTERODACTYLOIDEA Plieninger, 1901

概述　Plieninger（1901）首次提出翼手龙亚目，之后的系统发育分析都证实了这是一个单系类群（Bennett, 1994；Kellner, 2003；Unwin, 2003；Andres et al., 2014）。翼手龙亚目是翼龙类后期的主要类群，在白垩纪极其繁盛，直到白垩纪末期才完全绝灭。目前已知最原始的翼手龙亚目成员是发现于我国新疆五彩湾石树沟组的先驱藏龙（*Kryptodrakon progenitor*）。

定义与分类　翼手龙亚目是包括古老翼手龙和诺氏风神翼龙在内的最小类群。翼手龙亚目可以分为古翼手龙超科、无齿翼龙超科和神龙翼龙超科这三个主要类群，以及一些基干的类群。

形态特征　翼手龙亚目具有如下的共有裔征：中部颈椎颈肋缺失；尾椎数量小于15枚；肱骨与翼掌骨的长度比值大于0.4小于1.5；肱骨三角肌脊长，位于肱骨的近端，且腹面弯曲；尺骨长度不到翼掌骨长度的2倍；第一翼指骨长度不到翼掌骨长度的2倍；股骨长度不超过翼掌骨的长度；第五脚趾退化为一节或完全消失。

分布与时代　全球广布，在中国、德国、美国、巴西、阿根廷等有大量分布；晚侏罗世至晚白垩世。

古翼手龙超科 Superfamily Archaeopterodactyloidea Kellner, 2003

概述 Kellner（2003）的系统发育分析中首次使用了这一分类单元，包括了翼手龙属、德国翼龙属（*Germanodactylus*）、梳颌翼龙科和高卢翼龙科等成员。由于不同的分支系统学研究而有许多类似而不完全相同的分类单元。Unwin（2002, 2003）的系统发育分析提出了一个和古翼手龙超科相类似的分类单元——梳颌翼龙超科（Ctenochasmatoidea），很多情况下，研究者会选择其中一个来使用，并说明两者相似但不完全相同。这两者的差别主要在德国翼龙科的分类位置，Kellner（2003）将其归入了古翼手龙超科中，而Unwin（2003）将其排除出了梳颌翼龙超科，并认为两者的关系较远。Andres 等（2014）的系统发育分析保留了这两个分类单元，并将梳颌翼龙超科归入了古翼手龙超科中，但支持德国翼龙科属于古翼手龙超科。

定义与分类 古翼手龙超科是翼手龙属、梳颌翼龙属（*Ctenochasma*）和高卢翼龙属（*Gallodactylus*）的最近共同祖先及其所有后裔在内的类群（Kellner, 2003）。Andres 等（2014）在此基础上对描述进行了调整，定义为：古翼手龙超科是包括纤细梳颌翼龙（*Ctenochasma elegans*）和具冠德国翼龙（*Germanodactylus cristatus*）在内的最小分类单元。古翼手龙超科目前包括了翼手龙科、梳颌翼龙科、高卢翼龙科、德国翼龙科（Germanodactylidae）和北方翼龙科（Kellner, 2003；Jiang S. X. et al., 2014）。

形态特征 古翼手龙超科的成员具有如下的共有衍征：鼻骨突向外伸；头骨后部呈圆形，且鳞骨位于腹面；方骨向后倾斜，与上颌腹面呈约150°的夹角；中部颈椎加长；中部颈椎的神经棘低矮且呈刀片状（Kellner, 2003）。

分布与时代 全球分布，主要在中国、德国、法国、英国和阿根廷等；晚侏罗世至早白垩世。

梳颌翼龙科 Family Ctenochasmatidae Nopcsa, 1928

模式属 梳颌翼龙 *Ctenochasma* von Meyer, 1851

定义与分类 梳颌翼龙科是一个包含颌翼龙属（*Gnathosaurus*）、梳颌翼龙属及其最近共同祖先和所有后裔在内的类群。目前分为两个亚科，梳颌翼龙亚科（Ctenochasmatinae）和颌翼龙亚科（Gnathosaurinae）。

鉴别特征 古翼手龙超科成员，具有如下的特征组合：吻部长度超过头骨长度的一半；吻端前部圆且背腹向扁；上下颌单侧至少25枚牙齿；至少在前端的牙齿向两侧伸出；前端牙齿相对加长，齿冠下部为长的圆柱形，上部逐渐变尖；中部颈椎具有后腹关节突（postexapophysis）；第三跖骨长度大于胫骨长度的1/3。

中国已知属 环河翼龙 *Huanhepterus* Dong, 1982，东方翼龙 *Eosipterus* Ji et Ji, 1997，

北票翼龙 *Beipiaopterus* Lü, 2003，震旦翼龙 *Cathayopterus* Wang et Zhou, 2006，鸢翼龙 *Elanodactylus* Andres et Ji, 2008，格格翼龙 *Gegepterus* Wang, Kellner, Zhou et Campos, 2007 和滤齿翼龙 *Pterofiltrus* Jiang et Wang, 2011b，共 7 属。

分布与时代 中国、德国、法国、英国和阿根廷都有梳颌翼龙科成员的分布，在日本、摩洛哥和智利都有可能的梳颌翼龙科成员；晚侏罗世至早白垩世。

评注 Nopcsa（1928）最早提出了梳颌翼龙亚科，包含梳颌翼龙属和颌翼龙属两个属。Kuhn（1967）将其称为梳颌翼龙科，并认为颌翼龙属不属于该科。Wellnhofer（1970，1978）仍将颌翼龙属归入梳颌翼龙科，且认为南方翼龙属也属于这一科。梳颌翼龙科是热河生物群的优势类群，其发现大大丰富了这一类群的成员（汪筱林、周忠和，2006；Wang et Zhou, 2006；汪筱林等，2014）。

目前对于梳颌翼龙科的范围存在较多的争议，主要有三种观点：①传统观点，梳颌翼龙科包含了梳颌翼龙亚科和颌翼龙亚科两大类，这两类构成一个姐妹群，Unwin（2003）的系统发育分析和后续研究都支持这一观点；②基于 Kellner（2003）的系统发育分析和后续的研究，梳颌翼龙科仅包含梳颌翼龙属和南方翼龙属两个类型；③最新的系统发育分析结果认为梳颌翼龙科包含了梳颌翼龙亚科和颌翼龙亚科，还包含了莫干翼龙亚科（Moganopterinae）等，并且梳颌翼龙亚科和颌翼龙亚科之间并不构成姐妹群（Andres et al., 2014）。其中观点①被最为广泛的接受，本文也采用这一观点。

虽然对梳颌翼龙科的范围和鉴别特征都存在争议，但对这一类型翼龙也有一些较为一致的认识：翼龙研究者广泛接受梳颌翼龙科是一类牙齿数量众多，牙齿细长，上下颌牙齿合拢形成一个篮子状结构，营滤食的翼龙。基于这样的共识，对梳颌翼龙科的鉴别特征也有一些共识：梳颌翼龙科的吻部十分加长，只不过在加长的程度上稍有不同（Unwin, 2003；Kellner, 2003；Andres et al., 2014）；牙齿细长，数量众多，在众多程度上也略有不同（Unwin, 2003；Kellner, 2003；Andres et al., 2014）。本文的鉴别特征在这些较一致的特征上采用了观点①所提出的具体数值，其他方面综合了这三种观点的特征。

环河翼龙属 Genus *Huanhepterus* Dong, 1982

模式种 庆阳环河翼龙 *Huanhepterus quingyangensis* Dong, 1982

鉴别特征 中到大型的梳颌翼龙科成员，翼展约 2 m，具有如下的特征组合：具有发育的前上颌骨脊，前端高，后端背缘平直；前上颌骨脊始于吻端前部，至少延伸到鼻眶前孔的前缘；前上颌骨脊上具有平行排列的纵向纹饰；颈椎极度加长；7 节愈合的荐椎。

中国已知种 仅模式种。

分布与时代 甘肃，早白垩世。

评注 董枝明（1982）建立这一属种时提出的鉴别特征还有：①上下颌牙齿排列紧密，牙齿细长，参差不齐，牙齿形态类似于颌翼龙属；②颈长，颈椎体细长，构造简单；③背椎略有分化，胸部的背椎较腰部的大，无联合背椎；④尾短，尾椎退化；⑤胸骨薄，无龙骨突；⑥趾长，具4趾。特征①、②和⑥的趾长都属于梳颌翼龙科的鉴别特征，而颈椎只保存印痕，并不能反映其构造简单，所以特征②中颈椎结构简单不准确。特征③中无联合背椎在古翼手龙超科中普遍存在。特征④和⑥中的第五趾退化都属于翼手龙亚目的特征。特征⑤胸骨薄可见于几乎所有的翼龙类型中，无龙骨突是由于标本没有完全保存胸骨造成的，实际情况未知，所以也不是环河翼龙属的特征。吕君昌等（2006）修订的环河翼龙属的鉴别特征还有：牙齿数目大于50枚。实际上应该是上颌牙齿数目约为50枚，牙齿总数约为100枚，这一特征属于梳颌翼龙科的鉴别特征。

董枝明（1982）认为志丹群化石分子与热河生物群相似，而热河生物群当时被认为是晚侏罗世，所以也将志丹群归入了晚侏罗世。目前认为热河生物群的时代为早白垩世（Swisher et al., 1999, 2001；He et al., 2004），所以环河翼龙属的时代也应当为早白垩世，这一观点已经被翼龙研究者广泛接受（吕君昌等，2006；汪筱林等，2014；Andres et al., 2014）。

庆阳环河翼龙 *Huanhepterus quingyangensis* Dong, 1982

(图 116)

正模 IVPP V 9070，一具不完整的骨架印模，头骨仅保存吻端部分。产于甘肃庆阳三十里铺，下白垩统志丹群环河组；现存于中国科学院古脊椎动物与古人类研究所。

鉴别特征 同属。

评注 庆阳环河翼龙是在甘肃庆阳三十里铺采石场取石料时被发现的，属于同一个翼龙个体，由于爆破，很多骨骼都受到破坏，保存的大多数为骨骼的印痕。化石保存情况与董枝明（1982）描述的略有不同，原图版 I-2 头部化石进行了进一步的修理，原图版 I-3 中的后肢和足下落不明。

东方翼龙属 Genus *Eosipterus* Ji et Ji, 1997

模式种 杨氏东方翼龙 *Eosipterus yangi* Ji et Ji, 1997

鉴别特征 小型的梳颌翼龙科成员，具有如下的特征组合：尺桡骨长为翼掌骨长的1.3倍，尺骨与第二翼指骨及胫骨等长，肱骨长于股骨。

中国已知种 仅模式种。

分布与时代 辽宁，早白垩世。

评注 姬书安和季强（1997）建立东方翼龙属时认为其属于翼手龙亚目科未定；Ji

图116 庆阳环河翼龙 *Huanhepterus quingyangensis*

正模（IVPP V 9070）照片：A.头骨；B.颈椎印痕；C.背椎和荐椎印痕；D.部分头后骨骼及印痕（图中缩写见翼龙目导言之"四、翼龙骨骼形态特征"部分）

等（1999）依据形态测量值的主成分分析认为东方翼龙属很可能是翼手龙属的晚出异名；姬书安（1999）认为东方翼龙属属于翼手龙科，是否为翼手龙属还不能确认；Unwin等（2000）认为东方翼龙属可能属于梳颌翼龙科，加问号存疑；Wang等（2005, 2007）认为东方翼龙属于古翼手龙超科科未定；汪筱林和周忠和（2006）认为其属于翼手龙科。最新的系统发育分析中，东方翼龙属被归入了梳颌翼龙科中（Andres et al., 2014）。

姬书安和季强（1997）建立东方翼龙属时还提出了一些鉴别特征：①翼展约1.2 m；②尾短，尾椎退化；③腹肋细弱；④前肢骨骼较粗大，尺桡骨长为翼掌骨长的1.3倍；⑤翼指骨各端关节面都明显扩展；⑥股骨较直，其长略小于胫骨长的2/3；⑦尺骨、第一翼指骨、胫骨的长度相等；⑧第一——四蹠骨细长，第五蹠骨退化而未消失。Lü等（2006a）报道了一件东方翼龙属的新材料，并对东方翼龙属的特征做出了修订，保留了特征①，修改了特征⑦，将第一翼指骨改为第二翼指骨，增加了两个特征：（a）肱骨长于胫骨和（b）蹠骨与胫骨的比例约为0.4。不久吕君昌等（2006）对东方翼龙属的特征又进行了修订，将特征（b）中的蹠骨明确为第三蹠骨，又增加了一个特征：（c）第一和第二蹠骨近等长。由于东方翼龙属明显是一件未成年的个体，所以翼展大小不能作为其特征之一。特征②和⑧出现在翼手龙亚目成员中，特征③出现在小型翼龙中，特征⑤出现在所有翼龙中（吕君昌等，2006）。特征④前肢粗大在翼龙中广泛分布，尺桡骨长为翼掌骨的 1.3 倍在古翼手龙超科这一比例的变化范围内，可以作为东方翼龙属的特征组合之一。特征⑥不仅出现在一些无齿的翼龙类型中（吕君昌等，2006），还广泛的出现在古翼手龙超科中。修订的特征⑦是东方翼龙属的特征组合之一。特征（a）不正确，可能为原作者的笔误，推测为肱骨长于股骨，这一特征除了原始的长尾翼龙之外，仅在部分古翼手龙超科中出现，可以作为东方翼龙属的特征组合之一。特征（b）是梳颌翼龙科的鉴别特征之一。特征（c）出现于几乎所有的翼龙类型中。

杨氏东方翼龙 *Eosipterus yangi* Ji et Ji, 1997

(图 117)

正模　GMC V2117，一具较完整的头后骨骼。产于辽宁北票四合屯；现存于中国地质博物馆。

归入标本　DLNHM D2514，一具近完整保存的头后骨骼，现存于大连自然博物馆。

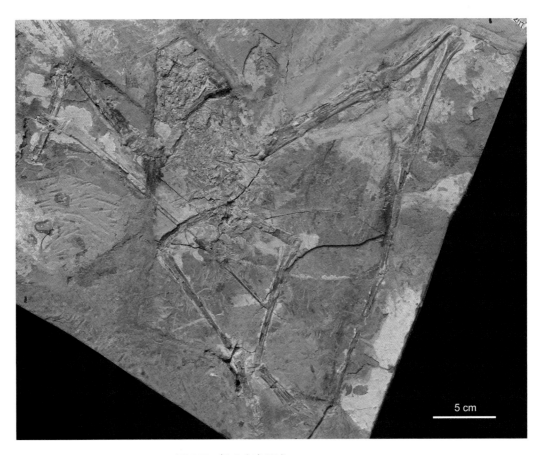

5 cm

图 117　杨氏东方翼龙 *Eosipterus yangi*

正模（GMC V2117）照片

鉴别特征　同属。

产地与层位　辽宁北票四合屯，下白垩统义县组下部。

评注　姬书安和季强（1997）建立杨氏东方翼龙时的正模产地为北票金刚山。汪筱林等（1998）认为正模可能产于尖山沟上部脊椎动物化石层，而非四合屯下部脊椎动物化石层或金刚山沉积夹层，准确层位有待进一步确认。姬书安（1999）将正模产地修改为北票四合屯。Lü等（2006b）报道了一件东方翼龙属的新材料，产于北票四合屯。目前杨氏东方翼龙的产地为北票四合屯的观点被普遍接受（Wang et Zhou, 2006；吕君昌等，2006），而四合屯的含化石层位是义县组下部（汪筱林等，1999）。

Wang等（2005）认为杨氏东方翼龙的正模还没有完全修理好，同时存在多处人造的痕迹。经过本文作者对标本的观察，右侧尺桡骨的近端，翼掌骨的近端，第二翼指骨的中部，股骨近端以及整个第四翼指骨以及左侧的腕骨都有人造部分，这些人造部分对原始研究结论基本不造成影响。

北票翼龙属　Genus *Beipiaopterus* Lü, 2003

模式种　陈氏北票翼龙 *Beipiaopterus chenianus* Lü, 2003

鉴别特征　梳颌翼龙科成员，具有如下的自有裔征：第一翼指骨极度加长，为第二翼指骨长的 2 倍多。还具有如下的特征组合：三节荐椎，翼掌骨与尺骨近等长，股骨与胫骨的长度比为 0.41。

中国已知种　仅模式种。

分布与时代　辽宁，早白垩世。

评注　Lü（2003）在建立北票翼龙属时还提出了两个特征：第一翼指骨极度加长，达到飞行指全长的 53%；第二翼指骨长度约为第一翼指骨长度的 46%。这两个特征实际上都是反映了第一翼指骨极度的加长，这在所有已知的翼龙类型中都没有出现过，所以是北票翼龙属的自有裔征。

陈氏北票翼龙　*Beipiaopterus chenianus* Lü, 2003

（图 118）

正模　BPM 0002，部分保存的头后骨骼化石，产于辽宁北票四合屯，下白垩统义县组下部；现存于北票博物馆。

鉴别特征　同属。

评注　正模的第一翼指骨中部有部分缺失，考虑到第一翼指骨极度加长，其与第二翼指骨的比例接近其他翼龙类第一和第二翼指骨长度之和与第三翼指骨的比例，另外这

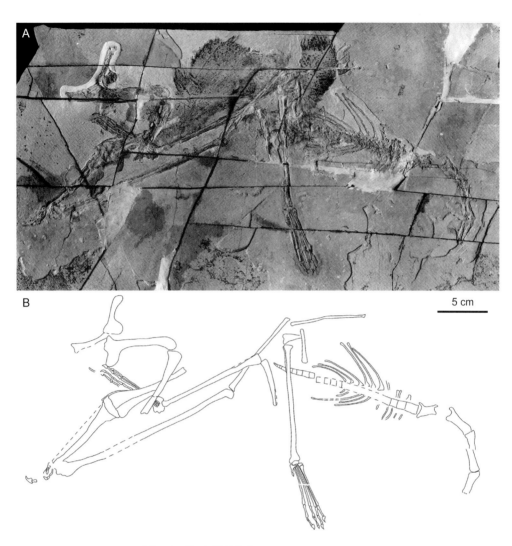

图 118　陈氏北票翼龙 *Beipiaopterus chenianus*
正模（BPM 0002）：A. 照片；B. 线条图（引自 Lü, 2003）

件标本中也没有观察到第四翼指骨，所以有可能第一翼指骨实际上为第一和第二翼指骨，并且第一翼指骨比第二翼掌骨略短，这一推测还有待于对标本进一步的观察，所以本文仍然保留第一翼指骨极度加长这一观点。

陈氏北票翼龙局部保存了精美的翼膜及其他软组织的印痕，通过扫描电镜的观察，对翼膜纤维有了初步的了解，认为硬纤维在翼膜的边缘，而弹性纤维则主要在翼膜的内部，为翼龙翼膜结构的研究提供了重要的信息（Lü, 2002）。

震旦翼龙属 Genus *Cathayopterus* Wang et Zhou, 2006

模式种　葛氏震旦翼龙 *Cathayopterus grabaui* Wang et Zhou, 2006

鉴别特征 梳颌翼龙科成员，具有如下的特征组合：吻端尖，没有明显的膨大；吻部约占头骨长度的 2/3；鼻眶前孔较小，占头骨长度的 1/5；每侧齿骨发育约 31–33 枚尖锐细长、侧向朝前并向上弯曲的牙齿；下颌齿列约占下颌长度的 45% 或占吻尖至鼻眶前孔长度的 63%，远未到达鼻眶前孔的前缘。

中国已知种 仅模式种。

分布与时代 辽宁，早白垩世。

评注 汪筱林和周忠和（2006）提出的特征中认为这是一类大型的梳颌翼龙科成员。首先，由于这一标本保存不太完整，大多数为印痕，所以很多骨骼的愈合程度上无法判断，另外也缺少头后骨骼部分，所以对于这一标本的个体发育阶段无法确定。而仅从保存的头骨长度上来看，其个体并非大型。

Cathayopterus 和 '*Huaxiapterus*' 具有同样的中文名：华夏翼龙属。这两个拉丁学名都符合规范，但是在翻译为中文名时会出现混淆。Cathay 一词源于契丹（Khitan），多数用法指中国的北方，有时也指中国，目前维基百科上使用"契丹翼龙属"来指 *Cathayopterus*（https://zh.wikipedia.org/wiki/ 契丹翼龍），这一做法也被一些科普读物所采用。*Cathayopterus* 这一名称发表在中文书籍上，中文名直接采用了华夏翼龙，其词源采用的是"中国的古称'华夏'"这一解释，所以"契丹翼龙属"这一中文名既与最初发表的中文名不一致，也不符合其词源的解释，应不予采用。考虑到"*Huaxiapterus*"词源来自汉语拼音"华夏"一词且发表较早，本志书建议仍然使用"华夏翼龙属"；而 *Cathayopterus* 词源为中国的古称，虽然在发表的文献中采用了华夏翼龙属，中文译名并不是生物的拉丁文学名，为了避免混淆，本志书建议将 *Cathayopterus* 翻译为震旦翼龙属，以与 '*Huaxiapterus*' 区别。

葛氏震旦翼龙 *Cathayopterus grabaui* Wang et Zhou, 2006

（图 119）

正模 IVPP V 13756，一件保存不完整的头骨化石。产于辽宁凌源大王杖子，下白垩统义县组中部；现存于中国科学院古脊椎动物与古人类研究所。

鉴别特征 同属。

评注 热河生物群目前已经报道的梳颌翼龙科成员都来自义县组，而其中葛氏震旦翼龙是唯一一件来自于义县组中部大王杖子层的梳颌翼龙科成员，其他都是来自于义县组下部。这一化石的发现在一定程度上增加了梳颌翼龙科在热河生物群的时代延限。

格格翼龙属 Genus *Gegepterus* Wang, Kellner, Zhou et Campos, 2007

模式种 张氏格格翼龙 *Gegepterus changae* Wang, Kellner, Zhou et Campos, 2007

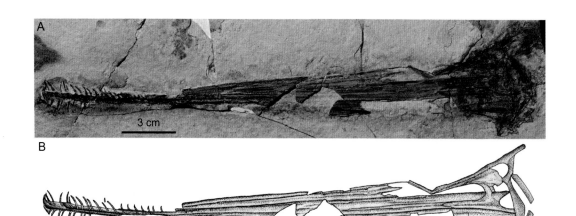

图 119　葛氏震旦翼龙 *Cathayopterus grabaui*

正模（IVPP V 13756）：A. 照片（引自汪筱林、周忠和，2006）；B. 素描图

鉴别特征　梳颌翼龙科的成员，具有如下的自有裔征：额骨前缘和侧缘具有明显的附着痕迹；泪骨前突覆盖于鼻骨之上；鼻骨具有两个神经孔；牙齿位于齿槽内，且齿槽连成一横沟；枢椎具有高的神经棘且背侧有球状膨胀。还具有如下的特征组合：薄而低矮的前上颌骨脊，局限于头骨的前部；上下颌共有约 150 枚细长的牙齿；具颈肋。

中国已知种　仅模式种。

分布与时代　辽宁，早白垩世。

评注　Wang 等（2007）建立该属时提到了鼻骨具有一个神经孔的特征。Jiang 和 Wang（2011a）通过对张氏格格翼龙的正模和归入标本的鼻骨重新观察后发现，其鼻骨上具有两个神经孔，这一特征在所有其他类型的翼龙中都没有发现，是一个新的自有裔征。Wang 等（2007）建立该属时特征组合中还包括了"中部颈椎具有发育的后腹关节突"，这一特征被认为是梳颌翼龙科的鉴别特征。

张氏格格翼龙 *Gegepterus changae* Wang, Kellner, Zhou et Campos, 2007
（图 120，图 121）

正模　IVPP V 11981，部分骨骼化石，包含了较完整的上下颌。产于辽宁北票四合屯；现存于中国科学院古脊椎动物与古人类研究所。

归入标本　IVPP V 11972，部分骨骼化石，包含了部分上下颌。产于辽宁北票四合屯；现存于中国科学院古脊椎动物与古人类研究所。

鉴别特征　同属。

产地与层位　辽宁北票四合屯，下白垩统义县组下部。

图 120　张氏格格翼龙 *Gegepterus changae*

正模（IVPP V 11981）照片：A. 整体；B. 头骨后部；C. 颈椎；D. 耻骨（B, C, D 引自 Wang et al., 2007）

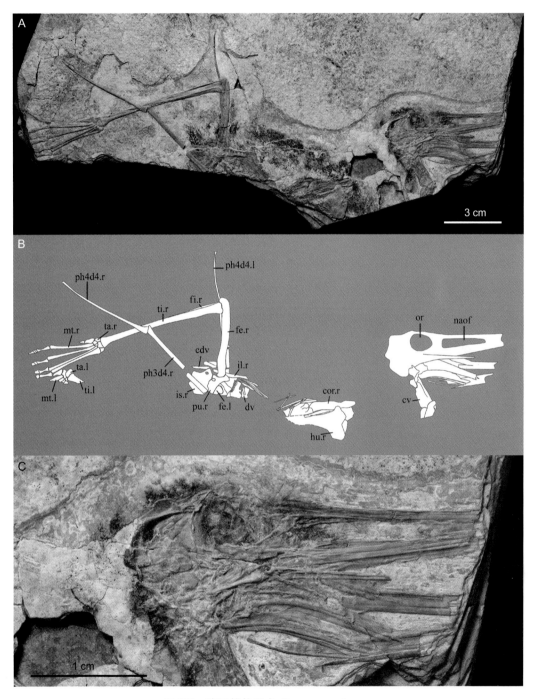

图 121 张氏格格翼龙 *Gegepterus changae*

归入标本（IVPP V 11972）：A. 照片；B. 线条图；C. 头部（引自 Jiang et Wang, 2011a）（图中缩写见翼龙
目导言之"四、翼龙骨骼形态特征"部分）

评注 张氏格格翼龙的学名最初发表时为 *Gegepterus changi*，种本名 *chang* 是献给
张弥曼院士（Wang et al., 2007）。考虑到张弥曼院士为女性，使用表示阳性的后缀 -i 不合适，
所以改为以表示阴性的后缀 -ae 结尾，将这一种翼龙的学名修改为 *Gegepterus changae*

（Wang et Dong，2008）。依据《国际动物命名法规》第 32.5 条和 33.2.3 条，这一修订不属于必须被改正的拼法，而是一项理由不充分的订正。由于目前订正后的种名是占优势的用法，依据《国际动物命名法规》第 33.2.3.1 条，这一订正被视为一项理由充分的订正，保留原始拼法的作者身份和日期，原始拼法不进入同名。

鸢翼龙属 Genus *Elanodactylus* Andres et Ji, 2008

模式种 长指鸢翼龙 *Elanodactylus prolatus* Andres et Ji, 2008

鉴别特征 大型的梳颌翼龙科成员，翼展约 2.5 m，具有如下的特征组合：中部颈椎神经棘极低矮，短粗的后腹关节突朝向后外侧方，神经棘没有愈合成一体；后部颈椎的后背关节突大，超过整个椎体约一半的长度和宽度；肱骨头的大小和三角肌脊相当，在肱骨远端后背侧有一神经孔，在肱骨头和三角肌脊之间具有一个明显的突起；第二和第三翼指骨都比第一翼指骨长，且第二翼指骨最长。

中国已知种 仅模式种。

分布与时代 辽宁，早白垩世。

评注 Andres 和 Ji（2008）提出的特征组合中关于颈椎的特征是：中部颈椎加长，长大约是中部宽的 4 倍，神经棘极低矮，短粗的后腹关节突朝向后外侧方，神经棘没有愈合成一体。这一特征中"中部颈椎加长，长约是宽的 4 倍"是梳颌翼龙科的特征之一，不属于鸢翼龙属的特征组合。

长指鸢翼龙 *Elanodactylus prolatus* Andres et Ji, 2008

（图 122）

正模 GMC V2330，一具不完整的头后骨骼。产于辽宁北票四合屯，下白垩统义县组下部；现存于中国地质博物馆。

鉴别特征 同属。

评注 Andres 和 Ji（2008）建立这一属种时的正模编号为 NGMC-99-07-1，保存于中国地质博物馆。经作者实地察看和询问，文章中所采用编号是标本征集编号，馆藏编号应为 GMC V2330。

滤齿翼龙属 Genus *Pterofiltrus* Jiang et Wang, 2011b

模式种 邱氏滤齿翼龙 *Pterofiltrus qiui* Jiang et Wang, 2011b

鉴别特征 梳颌翼龙科成员，具有如下的自有裔征：下颌愈合部的长度超过下颌长

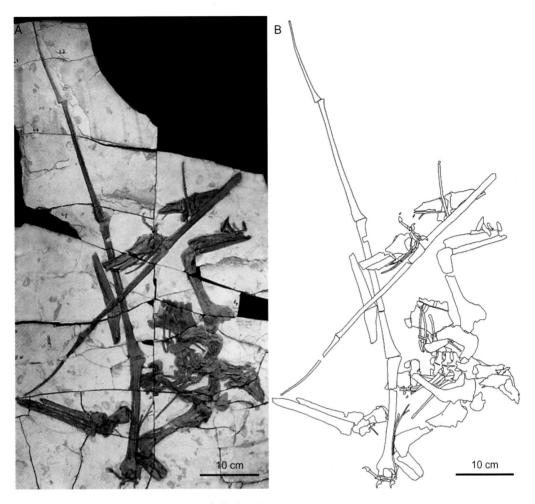

图 122　长指鸢翼龙 *Elanodactylus prolatus*
正模（GMC V2330）：A. 照片；B. 线条图（引自 Andres et Ji, 2008）

度的一半，下颌腹面具有一条愈合槽。还具有如下的特征组合：上下颌一共约 112 枚牙齿，齿列长度超过头骨长度的 50%，前端牙齿大小不同。

中国已知种　仅模式种。

分布与时代　辽宁，早白垩世。

邱氏滤齿翼龙 *Pterofiltrus qiui* Jiang et Wang, 2011b

（图 123）

正模　IVPP V 12339，一具破碎的上下颌及数枚颈椎。产于辽宁北票张家沟，下白垩统义县组下部；现存于中国科学院古脊椎动物与古人类研究所。

鉴别特征　同属。

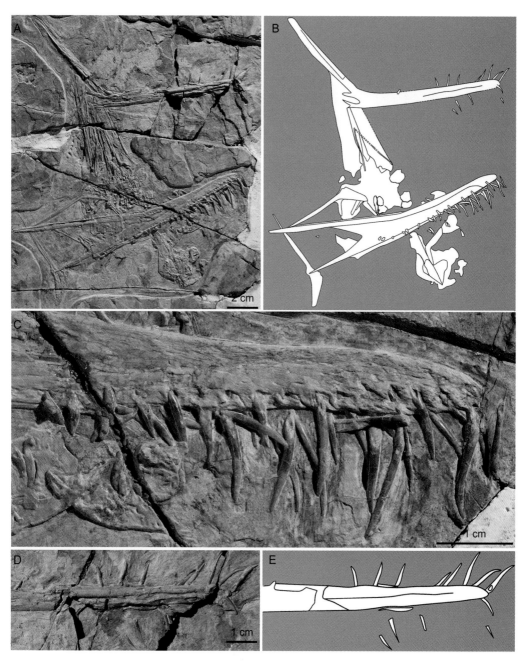

图 123　邱氏滤齿翼龙 *Pterofiltrus qiui*

正模（IVPP V 12339）：A. 照片；B. 线条图；C. 上颌前部；D. 下颌前部；E. 下颌前部线条图（引自 Jiang et Wang, 2011b）

高卢翼龙科 Family Gallodactylidae Wellnhofer, 1991

模式属　鹅喙翼龙 *Cycnorhamphus* Seeley, 1870

定义与分类　高卢翼龙科是一个包含高卢翼龙属、剑头翼龙属（*Gladocephaloideus*）

及其最近共同祖先和所有后裔在内的类群。目前确认的成员包括了3个属：高卢翼龙属、鹅喙翼龙属和剑头翼龙属。飞龙属（*Feilongus*）可能属于高卢翼龙科。

鉴别特征　古翼手龙超科成员，具有如下的自有裔征：牙齿局限于上下颌的前部；顶骨脊短而侧扁，后缘呈圆形。还具有如下的特征组合：牙齿数量不超过 50 枚；具有顶骨脊但不具有前上颌骨脊；鼻骨突在头骨两侧，且退化；肱骨加尺骨的长度不超过股骨加胫骨长度的 80%。

中国已知属　确认的成员有剑头翼龙 *Gladocephaloideus* Lü, Ji, Wei et Liu, 2012。飞龙 *Feilongus* Wang, Kellner, Zhou et Campos, 2005 可能属于高卢翼龙科。

分布与时代　中国、德国、法国，晚侏罗世至早白垩世。

评注　Fabre（1974, 1976）建立康秀高卢翼龙（*Gallodactylus canjuersensis*），并将苏维"翼手龙"（"*Pterodactylus*" *suevicus*）归入该属，称苏维高卢翼龙（*G. suevicus*），并将这两个类型归入翼手龙科（Pterodactylidae）。Wellnhofer（1991）第一次提出了高卢翼龙科，并认为高卢翼龙科这一名称由 Fabre（1974）提出，之后的研究者大都沿用了这一命名人（Kellner, 2003；Lü et al., 2012a）。Bennett（1996b）确认了 Wellnhofer 首次提出高卢翼龙科，并认为高卢翼龙属是鹅喙翼龙属的晚出异名，但苏维鹅喙翼龙（*Cycnorhamphus suevicus*）和康秀鹅喙翼龙两个种依然有效。部分研究者接受了这一观点（Unwin, 2003），也有部分研究者认为这两个类型代表了两个属，不是同物异名（Kellner, 2003；Wang et al., 2005；Lü et al., 2012a）。Bennett（2013a）认为这两个类型不仅是同一个属，还是同一个种，仅有苏维鹅喙翼龙是有效名称。但是，这一观点并没有被翼龙研究者所接受（Andres et al., 2014）。

Bennett（1996b）提出高卢翼龙科的鉴别特征是具有向后的短的顶骨脊，但不具有前上颌骨脊。Kellner（2003）在系统发育分析基础上提出了高卢翼龙科的特征有：鼻骨突在头骨两侧，且退化；顶骨脊短而侧扁，后缘呈圆形；牙齿局限于上下颌的前部；肱骨加尺骨的长度不超过股骨加胫骨长度的 80%。Unwin（2003）提出了鹅喙翼龙属（相当于高卢翼龙科）的鉴别特征为：牙齿细长弯曲，仅限于上下颌的前部；具有向后的短的顶骨脊但不具有前上颌骨脊 [与 Bennett（1996b）提出的特征相同]；第四翼指骨相对加长。Lü 等（2012a）综合了前人提出的高卢翼龙科的鉴别特征，增加了牙齿数量少于 50 枚这一特征。第四翼指骨相对其他肢骨并没有明显加长，所以 Unwin（2003）提出的这一特征被去除，其他特征都保留作为高卢翼龙科的鉴别特征。Bennett（2013a）提出的高卢翼龙科的特征主要基于一件私人标本，与已经发表的康秀高卢翼龙和苏维鹅喙翼龙之间存在明显差别，所以本文未予采用。

剑头翼龙属 Genus *Gladocephaloideus* Lü, Ji, Wei et Liu, 2012

模式种　金刚山剑头翼龙 *Gladocephaloideus jingangshanensis* Lü, Ji, Wei et Liu, 2012

鉴别特征 高卢翼龙科成员,具有如下的自有裔征:在尖的吻端共有 50 枚牙齿;鼻眶前孔小,约占头长的 13%;吻端占头长约 63%。

中国已知种 仅模式种。

分布与时代 辽宁,早白垩世。

评注 Lü 等(2012a)还提出了一个鉴别特征:相比高卢翼龙属其吻部更细长且顶骨脊远端更大。这一特征包含了两个方面:一方面是吻部细长,这一特征在高卢翼龙科中十分特别,是剑头翼龙属的自有裔征,但是和另一个特征吻端占头长 63% 雷同,所以没有保留;另一方面是顶骨脊更大,但是这一特征几乎无法辨识,所以也没有保留。

金刚山剑头翼龙 *Gladocephaloideus jingangshanensis* Lü, Ji, Wei et Liu, 2012
(图 124)

正模 IGCAGS-08-07,一具完整的上下颌及少量后肢骨骼。产于辽宁义县金刚山,下白垩统义县组上部;现存于中国地质科学院地质研究所。

鉴别特征 同属。

评注 金刚山剑头翼龙代表了热河生物群第一件确认的高卢翼龙科成员,同时也是古翼手龙超科在义县组上部唯一的代表,增加了古翼手龙超科在中国的分布类型和时代延限。

图 124 金刚山剑头翼龙 *Gladocephaloideus jingangshanensis*
正模(IGCAGS-08-07)头部照片(引自 Lü et al., 2012a)

高卢翼龙科？ Family Gallodactylidae?

飞龙属 Genus *Feilongus* Wang, Kellner, Zhou et Campos, 2005

模式种 杨氏飞龙 *Feilongus youngi* Wang, Kellner, Zhou et Campos, 2005

鉴别特征 大型的古翼手龙超科成员，翼展约 2.4 m，具有如下的自有裔征：具有两个头骨脊（一个低矮的前上颌骨脊，位于吻端的中部，结束于鼻眶前孔前缘之前，还有一个短的骨质顶骨脊）；上颌向前延伸超过下颌，超出部分长度约为下颌长度的 10%；上下颌牙齿 76 枚。

中国已知种 仅模式种。

分布与地质时代 辽宁，早白垩世。

评注 Wang 等（2005）建立该属时，依据其短而后端圆的顶骨脊以及牙齿局限于上下颌的前部这两个特征，认为飞龙属与高卢翼龙科成员十分相似，但是飞龙属具有前上颌骨脊，牙齿数量也较多，这又与高卢翼龙科成员存在明显差异，所以将该属归入高卢翼龙科，但加以问号。吕君昌等（2006）建立北方翼龙科，并将飞龙属归入其中。Lü 等（2012b）在北方翼龙科中又新建莫干翼龙亚科，并将飞龙属归入此亚科中。Jiang S. X. 等（2014）认为飞龙属不属于北方翼龙科，这一观点得到其他研究的支持（Andres et al., 2014）。Wang X. R. 等（2014）将一件新的标本归入飞龙属中，种未定，这一标本在牙齿形态和数量上都与飞龙属的模式种相似，但是与飞龙属的自有裔征不同，将这一新材料归入飞龙属还存在疑问，所以依据这一标本对飞龙属进行的讨论本文没有采用。

Wang 等（2005）建立该属时还提出了一个特征：顶骨脊后缘圆。这一特征为高卢翼龙科的鉴别特征之一，由于本文将飞龙属归入高卢翼龙科并加以问号，所以这一特征没有保留。吕君昌等（2006）对其鉴别特征进行了修订，认为上颌向前延伸超过下颌这一特征可能为保存原因，不能作为特征，又增加了一个特征：上下颌牙齿共 76 枚。上颌向前延伸超过下颌这一特征确实十分特殊，但是正模保存十分精美，上下颌大部分连续而没有破裂，所以由保存导致的可能性较小。本文仍将这一特征保留，有待于飞龙属其他标本的进一步研究。

杨氏飞龙 *Feilongus youngi* Wang, Kellner, Zhou et Campos, 2005

（图 125）

正模 IVPP V 12539，完整的上下颌。产于辽宁北票黑蹄子沟，下白垩统义县组下部；现存于中国科学院古脊椎动物与古人类研究所。

鉴别特征 同属。

评注　杨氏飞龙归入高卢翼龙科加以问号，但是这是第一个在中国发现的与高卢翼龙科成员关系较近的古翼手龙超科成员，这件标本的研究和报道进一步增加了义县组的翼龙组合和德国索伦霍芬灰岩中翼龙组合的相似性，为探讨中生代翼龙的辐射和演化提供了重要的化石证据。

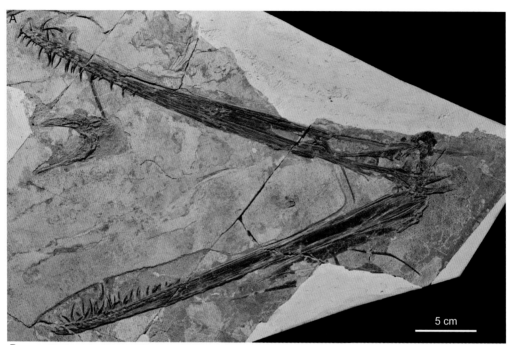

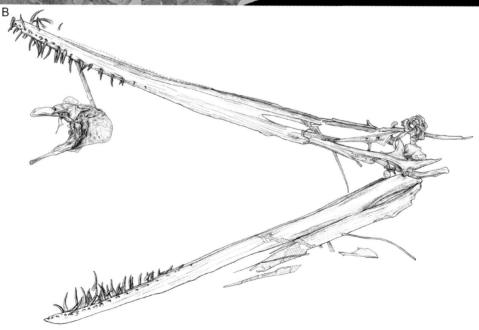

图 125　杨氏飞龙 *Feilongus youngi*
正模（IVPP V 12539）：A. 照片；B. 素描图（引自 Wang et al., 2005）

北方翼龙科 Family Boreopteridae Lü, Ji, Yuan et Ji, 2006

模式属 北方翼龙 *Boreopterus* Lü et Ji, 2005a

定义与分类 北方翼龙科是一个包含北方翼龙属、振元翼龙属（*Zhenyuanopterus*）及其最近共同祖先和所有后裔在内的类群。目前仅有北方翼龙属和振元翼龙属两个属，北方翼龙属包括崔氏北方翼龙（*B. cuiae*）和巨大北方翼龙（*B. giganticus*）两个种。

鉴别特征 中到大型的古翼手龙超科成员，具有如下的自有衍征：具有两种牙齿形态，前端牙齿细长，后端牙齿短且呈三角形；股骨和胫骨近等长。还具有如下的特征组合：齿列至少延伸到鼻眶前孔的中部，相对短的颈椎，相对高的神经棘，细弱的脚。

中国已知属 北方翼龙 *Boreopterus* Lü et Ji, 2005a 和振元翼龙 *Zhenyuanopterus* Lü, 2010，共 2 属。

分布与时代 目前世界上确认的北方翼龙科的成员有 2 属 3 种，所有属种都来自中国辽宁；时代为早白垩世。

评注 吕君昌等（2006）在建立北方翼龙科时，未指定模式属。Jiang S. X. 等（2014）指定北方翼龙属为该科的模式属。

吕君昌等（2006）建立北方翼龙科，将北方翼龙属和飞龙属两个属归入该科；Lü（2010）建立新属种长吻振元翼龙（*Zhenyuanopterus longirostris*），并归入该科；Lü 等（2012b）建立新属种朱氏莫干翼龙（*Moganopterus zhuiana*），也归入该科，并将北方翼龙科分为北方翼龙亚科(Boreopterinae)和莫干翼龙亚科，北方翼龙亚科包括北方翼龙属和振元翼龙属，莫干翼龙亚科包括飞龙属和莫干翼龙属。Jiang S. X. 等（2014）认为飞龙属和莫干翼龙属两个属与北方翼龙科的成员在头骨形态，牙齿形态和数量以及齿列长度等方面都存在明显的不同，同时，系统发育分析也支持飞龙属和莫干翼龙属不属于北方翼龙科，Jiang S. X. 等认为北方翼龙科属于古翼手龙超科。Andres 等（2014）对大多数翼龙的系统发育分析支持飞龙属和莫干翼龙属不属于北方翼龙科，但是认为鬼龙属（*Guidraco*）与北方翼龙属和振元翼龙属构成一个单系类群，这一单系类群属于无齿翼龙超科。考虑到鬼龙属的牙齿形态明显更为粗大，头脊形态也相差较大，本文暂不将鬼龙属归入北方翼龙科。

吕君昌等（2006）在建立北方翼龙科时，提出的鉴别特征有：①头骨低长；②吻部极度加长；③牙齿长而尖锐；④前部牙齿大小有分异；⑤头骨有的具脊（飞龙属），有的不具脊（北方翼龙属）；⑥股骨和胫骨的长度几乎相等。Lü（2010）将特征④修订为前部牙齿长于后部。Lü 等（2012b）将北方翼龙科分为两个亚科：北方翼龙亚科，鉴别特征为（a）前部长而弯曲的牙齿远大于后部，后部牙齿位于鼻眶前孔之下；（b）颈椎短，具有高而呈刀状的神经棘；（c）细弱的脚；莫干翼龙亚科，鉴别特征为长而弯曲的牙齿仅限于头骨前端，远未到达鼻眶前孔，后部牙齿略小于前部；颈椎长，具有低矮的神经棘，长宽比大于 5；具有两个头脊（飞龙属）或者一个非常发育的顶骨脊，向头骨后部延伸很远（莫干翼龙属）。Jiang S. X. 等（2014）对北方翼龙属进行了重新厘定，认为莫干翼龙亚科不属于北方翼龙科，所以其特征也被去除，同时认为特征①、②和③出现在许多的古翼手龙超科中，所有翼龙都满足特征⑤，不具有鉴定意义，修订了特征④为"具有两种牙齿形态，前端牙齿细长，后端牙齿短且呈三角形"，与特征⑥共同构成北方翼龙科的自有裔征。Jiang S. X. 等（2014）认为修订特征（a）为"齿列至少延伸到鼻眶前孔的中部"，与特征（b）和（c）共同构成了北方翼龙科的特征组合。

北方翼龙属 Genus *Boreopterus* Lü et Ji, 2005a

模式种　崔氏北方翼龙 *Boreopterus cuiae* Lü et Ji, 2005a

鉴别特征　北方翼龙科成员，具有如下的自有裔征：上下颌两侧的前 9 枚牙齿大于之后的牙齿。还具有如下的特征组合：牙齿数量不多于 120 枚，明显少于振元翼龙属（174枚），齿列仅延伸到鼻眶前孔的中部，明显短于振元翼龙属。

中国已知种　崔氏北方翼龙 *Boreopterus cuiae* Lü et Ji, 2005a 和巨大北方翼龙 *Boreopterus giganticus* Jiang, Wang, Meng et Cheng, 2014，共 2 种。

分布与时代　辽宁，早白垩世。

评注　Lü 和 Ji（2005a）建立该属，并归入鸟掌翼龙科（Ornithocheiridae）；吕君昌等（2006）建立北方翼龙科，并将该属归入该科。

Lü 和 Ji（2005a）建立该属时提出的鉴别特征还有：①上下颌各至少 27 对牙齿；②前部 9 对牙齿大于后部，第三和第四对牙齿最大；③下颌愈合部占下颌长度的 65%；④股骨和胫骨等长；⑤肱骨比股骨短。吕君昌等（2006）对该属的鉴别特征进行了修订，将特征①的 27 对改为 29 对；增加了特征⑥下颌长度短于头骨长度。Jiang S. X. 等（2014）对北方翼龙属的特征也进行了重新修订，特征②中第三和第四对牙齿最大不出现于巨大北方翼龙中，可能仅为崔氏北方翼龙的特征，前部 9 对牙齿大于后部是北方翼龙属的自有裔征，还将特征①修订为牙齿数量不多于 120 枚，明显少于振元翼龙属（174 枚）；与新增加的特征"齿列至少延伸到鼻眶前孔的中部，明显短于振元翼龙属"一同构成北方翼龙属的特征组合。特征③为崔氏北方翼龙的特征组合之一，特征④是北方翼龙科的鉴别特征，特征⑤出现在大部分的翼手龙亚目成员中（Jiang S. X. et al., 2014），特征⑥见于所有翼龙类型中。

崔氏北方翼龙 *Boreopterus cuiae* Lü et Ji, 2005a

（图 126）

正模　JZMP-04-07-3，一具近完整的骨架，具有完整的上下颌。产于辽宁锦州义县，下白垩统义县组下部；现存于锦州古生物博物馆。

鉴别特征 中型的北方翼龙属成员，具有如下的特征组合：圆形的眼眶，第三和第四对牙齿最长，下颌愈合部分占下颌长度的 65%。

评注 如上所述，特征③和部分特征②成为崔氏北方翼龙的特征组合之一，又增加了一个新的特征：圆形的眼眶（Jiang S. X. et al., 2014）。

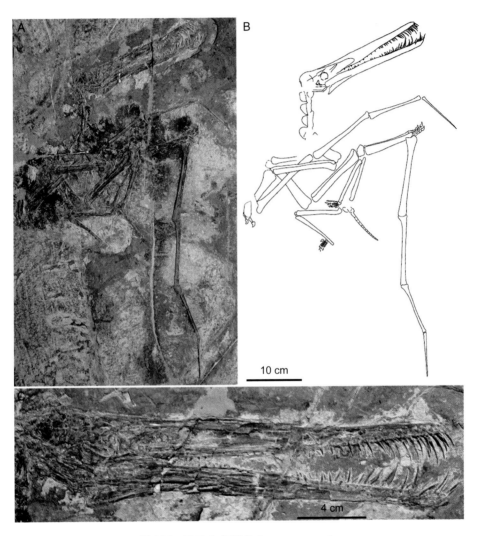

图 126　崔氏北方翼龙 *Boreopterus cuiae*
正模（JZMP-04-07-3）：A. 骨架照片；B. 线条图；C. 头部照片（引自 Lü et Ji, 2005a）

巨大北方翼龙 *Boreopterus giganticus* Jiang, Wang, Meng et Cheng, 2014

（图 127）

正模 IVPP V 14588，一具完整的上下颌及数枚颈椎。产于辽宁北票黑蹄子沟，下白垩统义县组下部；现存于中国科学院古脊椎动物与古人类研究所。

图 127 巨大北方翼龙 *Boreopterus giganticus*
正模（IVPP V 14588）；A. 照片；B. 线条图（引自 Jiang S. X. et al., 2014）

鉴别特征 大型的北方翼龙属成员，具如下自有裔征：具有多孔的泪骨。还具有如下的特征组合：梨形的眼眶，向后的泪骨突。

振元翼龙属 Genus *Zhenyuanopterus* Lü, 2010

模式种 长吻振元翼龙 *Zhenyuanopterus longirostris* Lü, 2010

鉴别特征 大型北方翼龙科成员，翼展约 4 m，具有如下的特征组合：牙齿数量多（172 枚）；齿列一直延伸到鼻眶前孔的中部之后；鼻骨突长，几乎接近于鼻眶前孔的腹缘；背椎和荐椎的长度约为头骨长度的一半；肱骨长度为翼掌骨长度的 91%；肱骨、股骨和第三翼指骨的长度近等长。

中国已知种 仅模式种。

分布与时代 辽宁，早白垩世。

评注 Lü（2010）建立振元翼龙时还提出其他特征：①最长牙齿的长度是最短牙齿长度的 10 倍；②脚部特别小。特征①出现在巨大北方翼龙和鬼龙属中，与崔氏北方翼龙（9.5 倍）也十分接近。特征②出现在崔氏北方翼龙中，在巨大北方翼龙没有保存，被认为是北方翼龙属的鉴别特征（Jiang S. X. et al., 2014）。Jiang S. X. 等（2014）还增加了齿列长度延伸超过鼻眶前孔的一半和鼻骨突长两个特征。

长吻振元翼龙 *Zhenyuanopterus longirostris* Lü, 2010

(图 128)

正模 GLGMV 0001，一具近完整的骨架，包括完整的上下颌。产于辽宁北票上园，下白垩统义县组下部；现存于桂林龙山地质博物馆。

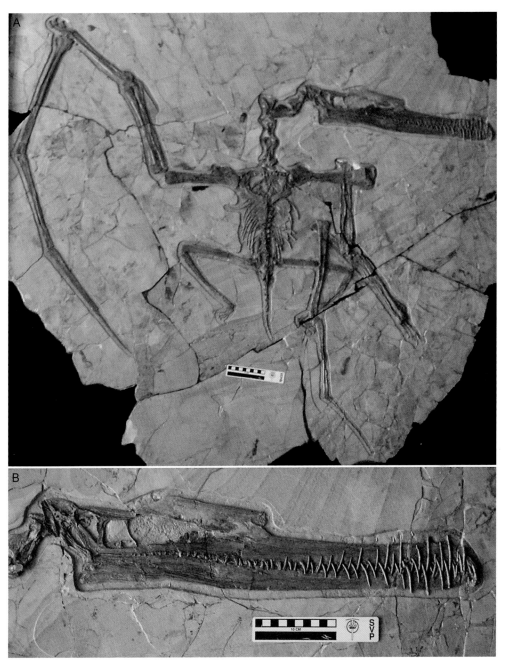

图 128　长吻振元翼龙 *Zhenyuanopterus longirostris*
正模（GLGMV 0001）照片：A. 骨架；B. 头部（引自 Lü, 2010）

鉴别特征 同属。

评注 Teng 等（2014）报道了一件个体较小的翼龙新材料，依据其肩胛骨的形态以及肱骨和股骨的比例将这件标本归入振元翼龙属。但是这两个特征都不属于振元翼龙属的鉴别特征，据此说明其属于该属理由并不充分。首先，肩胛骨的形态变化不大，新材料不仅与振元翼龙属相似，也与其他许多类型的翼龙相似，如朝阳翼龙属（*Chaoyangopterus* Wang et Zhou, 2003）、古魔翼龙属（Kellner et Tomida, 2000）、无齿翼龙属（Bennett, 2001）等；其次新材料肱骨与股骨的比值约为 1，这一比值在 0.9 和 1.1 之间的翼龙科一级别就有很多（Wellnhofer, 1978），具冠德国翼龙（Wiman, 1925）的这一比值和新材料基本一致，而帆翼龙科和悟空翼龙科的几个属种也都有类似的比值。所以，综合这两个特征的分析，这一新材料归入振元翼龙属没有可靠的特征支持，故本文也未将这一标本归入振元翼龙属。

古翼手龙超科科未定 Archaeopterodactyloidea incertae familiae

莫干翼龙属 Genus *Moganopterus* Lü, Pu, Xu, Wu et Wei, 2012

模式种 朱氏莫干翼龙 *Moganopterus zhuiana* Lü, Pu, Xu, Wu et Wei, 2012

鉴别特征 大型古翼手龙超科成员，具有如下的自有裔征：长而窄的刀片状顶骨脊，伸向背后侧，与头骨腹面形成 15° 的夹角；前上颌骨脊低矮，前后两侧对称，位于前上颌骨的前部。还具有如下的特征组合：上下颌极度加长，且腹缘直，上下颌至少有 62 枚细长弯曲、前端尖的牙齿；四边形的鼻眶前孔占上颌长度的 22%；颈椎的长宽比大于 5；头骨的长高比（不含头骨脊）为 11.5。

中国已知种 仅模式种。

分布与时代 辽宁，早白垩世。

评注 Lü 等（2012b）建立该属时将其归入北方翼龙科中的莫干翼龙亚科。Jiang S. X. 等（2014）认为该属不属于北方翼龙科，而是属于古翼手龙超科科未定，但与高卢翼龙科有较近的亲缘关系。Andres 等（2014）的系统发育分析显示莫干翼龙属和飞龙属共同构成的单系类群属于梳颌翼龙科，且与颌翼龙亚科构成姐妹群关系。方骨与上颌腹面的夹角接近 150°，鳞骨位于头骨的腹面，枕髁朝向腹面，中部颈椎加长和神经棘低矮，这些特征都支持莫干翼龙属属于古翼手龙超科，这一观点被多数学者接受（Jiang S. X. et al., 2014；Andres et al., 2014）。虽然这些研究都支持莫干翼龙属与飞龙属的姐妹群（Lü et al., 2012b；Jiang S. X. et al., 2014；Andres et al., 2014），但是两者之间在形态上存在着明显的差异，而莫干翼龙属与高卢翼龙科之间的差别更大，所以本文将其作为古翼手龙超科科未定来对待，其准确的系统位置，还有待于进一步的研究。

本文基本采用了建立该属时的鉴别特征（Lü et al., 2012b）。莫干翼龙属的顶骨脊不同于古翼手龙超科的其他成员，所以顶骨脊的特征被作为莫干翼龙属的自有衍征。同时，还增加了一个自有衍征，即前上颌骨脊低矮，前后两侧对称，位于前上颌骨的前部，这一形态的前上颌骨脊也不同于古翼手龙超科的其他成员。

朱氏莫干翼龙 *Moganopterus zhuiana* Lü, Pu, Xu, Wu et Wei, 2012
（图 129）

正模 HNGM 41HIII-0419，一完整的上下颌及数枚颈椎。产于辽宁建昌喇嘛洞，下白垩统九佛堂组；现存于河南地质博物馆。

鉴别特征 同属。

评注 Lü 等（2012b）建立该属时记述的详细产地为辽宁建昌喇嘛洞小三家子，产出的层位是义县组。对这一地点的野外调查以及同位素测年结果显示含化石层位是九佛堂组，而不是义县组。那么，如果这一标本的产地没有问题的话，朱氏莫干翼龙将是热河生物群九佛堂组中发现的唯一一种古翼手龙超科成员，也代表了热河生物群中古翼手龙超科产出的最高层位。

图 129 朱氏莫干翼龙 *Moganopterus zhuiana*
正模（HNGM 41HIII-0419）照片（引自 Lü et al., 2012b）

无齿翼龙超科 Superfamily Pteranodontoidea Kellner, 2003

概述 Marsh（1876）最早提出无齿翼龙亚目（Pteranodontia）和无齿翼龙科（Pteranodontidae），无齿翼龙亚目包括了无齿翼龙科和夜翼龙属（*Nyctosaurus*）。Unwin（2003）的系统发育分析支持这一结论，但没有将其作为亚目。Kellner（2003）

的系统发育分析显示夜翼龙属并不是无齿翼龙科的姐妹群，而是处于准噶尔翼龙次亚目的基干位置，所以 Kellner 首次提出了无齿翼龙超科。Andres 等（2014）的系统发育分析结果中，无齿翼龙超科与 Kellner（2003）的相一致，不同的是其与夜翼龙属构成姐妹群，所以又将 Pteranodontia 重新定义为包含夜翼龙属和无齿翼龙属的最小类群，是一个比无齿翼龙超科更高级，但是比准噶尔翼龙次亚目稍低的分类阶元。由于夜翼龙属的分类位置还存在一定争议，所以目前将 Pteranodontoidea 作为无齿翼龙超科。

定义与分类 无齿翼龙超科是包括长头无齿翼龙（*Pteranodon longiceps*）、比氏古魔翼龙（*Anhanguera blittersdorffi*）和秀丽夜翼龙（*Nyctosaurus gracilis*）在内的最小类群。无齿翼龙超科包括了古魔翼龙科、鸟掌翼龙科、帆翼龙科和无齿翼龙科。

形态特征 无齿翼龙超科具有以下共有裔征：中部颈椎神经棘高且呈钉状；肩胛骨前面近圆形；肩胛骨比鸟喙骨短；肱骨三角肌脊弯曲；肱骨的尺骨突指向后方；肱骨远端近三角形（Kellner, 2003）。

分布与时代 全球分布，主要有中国、巴西、英国、美国和蒙古等；早白垩世至晚白垩世。

古魔翼龙科 Family Anhangueridae Campos et Kellner, 1985

模式属 古魔翼龙 *Anhanguera* Campos et Kellner, 1985

定义与分类 古魔翼龙科是一个包含古魔翼龙属、辽宁翼龙属（*Liaoningopterus*）及其最近共同祖先和所有后裔在内的类群。目前包含古魔翼龙属、辽宁翼龙属、脊颌翼龙属（*Tropeognathus*）、捻船头翼龙属（*Caulkicephalus*）、科罗拉多斯翼龙属（*Coloborhynchus*）、西洛克翼龙属（*Siroccopteryx*）和乌克提纳翼龙属（*Uktenadactylus*），共 7 属（Rodrigues et Kellner, 2013）。其中的古魔翼龙属又包括比氏古魔翼龙（*A. blittersdorffi*）、食鱼古魔翼龙（*A. piscator*）、斯氏古魔翼龙（*A. spielbergi*）、桑塔纳古魔翼龙（*A. santanae*）和阿拉莱皮古魔翼龙（*A. araripensis*）5 种。

鉴别特征 无齿翼龙超科成员，具有如下的特征组合：前上颌骨脊位于头骨的前部，前上颌骨吻端微微膨大，短的刀片状齿骨脊，具有短粗的额骨脊和顶骨脊。

中国已知属 辽宁翼龙 *Liaoningopterus* Wang et Zhou, 2003。

分布与时代 中国、巴西、英国、美国、蒙古和摩洛哥，早白垩世至晚白垩世。

评注 Campos 和 Kellner（1985）建立该科时，提出了如下的特征组合：①前上颌骨具有大的矢状脊，且位于鼻眶前孔之前；②头骨后部具有小的顶骨脊；③齿列从吻端一直延伸到鼻眶前孔的中部，相当于内鼻孔起始的位置；④头骨吻端有膨大，且具有最大的牙齿。Unwin（2001，2003）认为古魔翼龙科和鸟掌翼龙科具有相似的鉴别特征和成员，应属于同物异名，而古魔翼龙科是晚出异名。这一观点被部分研究者所采用（Frey et al., 2003a），但并没有被完全接受（吕君昌等，2006；Andres et al.，2014；Rodrigues et al., 2015）。Rodrigues 和 Kellner（2013）对发现于英格兰的鸟掌翼龙属及其相关类型进行了重新研究，认为鸟掌翼龙科和古魔翼龙科是两个不同的有效类群，两者在吻端的高度、膨胀情况，第一对牙齿的朝向以及腭面情况等方面都有差异。Andres 等（2014）的系统发育分析中古魔翼龙科和鸟掌翼龙科代表了不同的类群，只是在部分类群的划分上发生了变化。本文采用 Rodrigues 和 Kellner（2013）的分类。

辽宁翼龙属 Genus *Liaoningopterus* Wang et Zhou, 2003

模式种 顾氏辽宁翼龙 *Liaoningopterus gui* Wang et Zhou, 2003

鉴别特征 古魔翼龙科成员，具有如下的特征组合：低而前后对称的前上颌骨脊，不同于比氏古魔翼龙、阿拉莱皮古魔翼龙和斯氏古魔翼龙；前上颌骨脊起始的位置接近而不处于最前端，不同于脊颌翼龙属；前上颌骨脊终止处远未到达鼻眶前孔的前缘，不同于比氏古魔翼龙、阿拉莱皮古魔翼龙、食鱼古魔翼龙和斯氏古魔翼龙；前上颌骨脊与鼻眶前孔之间的吻端背缘直，不同于比氏古魔翼龙、阿拉莱皮古魔翼龙、食鱼古魔翼龙、桑塔纳古魔翼龙和斯氏古魔翼龙。

中国已知种 仅模式种。

分布与时代 辽宁，早白垩世。

评注 Wang 和 Zhou（2003）建立该属时提出了如下的特征组合：①大型的翼手龙类；②估计头长 61 cm，翼展为 5 m；③头骨低长；④前上颌骨及齿骨具脊；⑤牙齿仅限于上下颌的前部；⑥具有牙齿的部分向后延伸不到鼻眶前孔的 1/3；⑦具有牙齿的部分占头骨长 1/2；⑧吻端的牙齿巨大；⑨上颌第四枚牙齿最大，第一和第三枚牙齿远小于第二和第四枚。吕君昌等（2006）对辽宁翼龙属的特征进行了修订，仅保留了特征③、⑥、⑦和⑨，并增加了下颌牙齿数量较少，约为 26–28 枚，以及下颌具有非常不发育的矢状脊这两个特征。Rodrigues 等（2015）对辽宁翼龙属进行重新的描述，并对鉴别特征进行了修订，本文采用后者修订的鉴别特征。

顾氏辽宁翼龙 *Liaoningopterus gui* Wang et Zhou, 2003

（图 130）

正模 IVPP V 13291，部分上下颌及颈椎。产于辽宁朝阳联合，下白垩统九佛堂组；现存于中国科学院古脊椎动物与古人类研究所。

鉴别特征 同属。

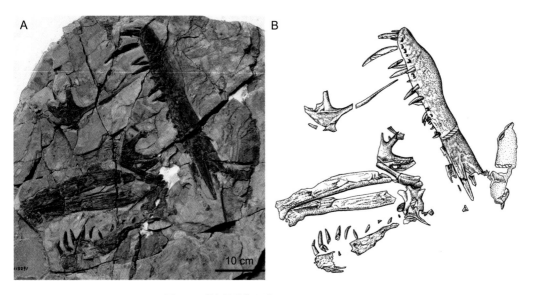

图 130 顾氏辽宁翼龙 *Liaoningopterus gui*

正模 (IVPP V 13291) A. 照片 (引自 Wang et Zhou, 2003); B. 素描图

帆翼龙科 Family Istiodactylidae Howse, Milner et Martill, 2001

模式属 帆翼龙 *Istiodactylus* Howse, Milner et Martill, 2001 = *Ornithodesmus* Seeley, 1901

定义与分类 帆翼龙科是一个包含帆翼龙属、努尔哈赤翼龙属 (*Nurhachius*) 及其最近共同祖先和所有后裔在内的类群。帆翼龙科目前有 5 个属, 在中国都有发现。

鉴别特征 翼手龙亚目成员, 具有如下的自有衍征: 鼻眶前孔长和宽分别是头骨长度和宽度的 58% 以上; 唇舌向扁的牙齿, 具有矛尖状的齿冠和无尖端的三角形齿根。

中国已知属 帆翼龙 *Istiodactylus* Howse, Milner et Martil, 2001, 努尔哈赤翼龙 *Nurhachius* Wang, Kellner, Zhou et Campos, 2005, 辽西翼龙 *Liaoxipterus* Dong et Lü, 2005, 龙城翼龙 *Longchengpterus* Wang, Li, Duan et Cheng, 2006 和红山翼龙 *Hongshanopterus* Wang, Campos, Zhou et Kellner, 2008, 共 5 属。

分布与时代 中国和英国, 晚白垩世。

评注 Howse 等 (2001) 建立帆翼龙科时, 仅包含宽齿帆翼龙 (*Istiodactylus latidens*) 1 属 1 种, 所以科、属、种的特征相同。Howse 等 (2001) 提出了如下的特征组合, 并认为大部分是其自有衍征: ①头骨加长但吻端较短; ②鼻眶前孔占据头骨的绝大部分; ③眼眶与窄长的眶下孔连通; ④眼眶前背侧有半球形突出; ⑤头骨前端具脊; ⑥下颌愈合部短; ⑦下颌两支开始愈合的部位最高; ⑧上颌共有 24 枚牙齿, 位于鼻眶前孔之前; ⑨下颌有 25 枚牙齿, 其中有一枚牙齿位于最前端的中间位置; ⑩所有的牙齿都呈唇舌向较扁, 具有尖端的齿冠和无尖端的齿根, 齿根短于齿冠; ⑪上下颌牙齿咬合时,齿间距向后变大，前端牙齿间较为紧密，后端较为疏松；⑫神经棘高；⑬具有由6节背椎愈合的联合背椎，且神经棘愈合成板状；⑭胸骨体很深，边缘弯曲，龙骨突小，呈三角形；⑮肱骨具有弯曲的三角肌脊，三角肌脊远端向下；⑯胸骨前突上与乌喙骨关节的关节窝不对称分布。Andres 和 Ji（2006）对帆翼龙科的鉴别特征进行了修订，保留了特征②和特征⑩，对表述方式稍作了修改，本文采用这一鉴别特征。另外的特征中，特征①类似于特征②，特征③和⑧被认为是帆翼龙属的特征（Andres et Ji, 2006），其他特征则可构成宽齿帆翼龙的鉴别特征。帆翼龙科的成员被认为是一类食腐的翼龙类型（Witton, 2012）。

帆翼龙属 Genus *Istiodactylus* Howse, Milner et Martil, 2001

模式种　宽齿帆翼龙 *Istiodactylus latidens* (Seeley, 1901) Howse, Milner et Martil, 2001

鉴别特征　帆翼龙科成员，具有如下的特征组合：具有背腹向扁但不侧向膨大的吻端，轭骨的泪骨支加长且向后倾斜，轭骨的眶后骨支指向前背侧，近圆形的眼眶与眶下孔不完全分开，眶下孔长而斜，上下颌关节不是螺旋状，牙齿局限于头骨的前三分之一且齿间距小于牙齿宽度。

中国已知种　中国帆翼龙 *Istiodactylus sinensis* Andres et Ji, 2006。

分布与时代　英国怀特岛和中国辽宁，早白垩世。

评注　模式种宽齿帆翼龙最早由 Seeley（1901）研究，命名为 *Ornithodesmus latidens*，属于一种小型的兽脚类恐龙。Howse 等（2001）对这件标本进行了重新厘定，建立新属帆翼龙属。Andres 和 Ji（2006）在研究中国发现的帆翼龙属的标本后，对帆翼龙属的特征也做出了修订。Witton（2012）在对模式种同一批标本的研究中发现了一件新的标本，是模式种正模的一部分，据此完善了帆翼龙属以及帆翼龙模式种的头部特征。

中国帆翼龙 *Istiodactylus sinensis* Andres et Ji, 2006
（图 131）

正模　GMC V2329，一具近完整保存的骨架，包含了近完整的上下颌。产于辽宁义县白台沟，下白垩统九佛堂组；现存于中国地质博物馆。

鉴别特征　帆翼龙属成员，具有如下的特征组合：上颌齿列延伸到鼻眶前孔的下部，前上颌骨不具有低矮的头脊，上下颌单侧各有15枚牙齿，第二翼指骨明显短于第一翼指骨，股骨长度为尺骨长度的62%以上。

评注　吕君昌等（2006）对中国帆翼龙进行了特征修订，仅保留了齿列长度和牙齿数量两个特征，认为其他特征不能与努尔哈赤翼龙属、龙城翼龙属相区别。但是作为该种的鉴别特征，与该属的模式种相比较，颌骨不具脊与模式种不同，应属于该种的特征，其他特征不能与模式种比较，暂时作为该种的特征予以保留，这一鉴别特征与 Andres 和 Ji（2006）提出的一致。Andres 和 Ji（2006）在建立该种时还提出一个特征组合：环枢椎愈合。这一特征多见于翼手龙亚目中，同时也是个体发育的特征（Bennett, 1993；Kellner et Tomida, 2000；Kellner, 2015），所以没有作为该种的鉴别特征。吕君昌等（2006）和 Lü 等（2008b）认为中国帆翼龙存在是布氏努尔哈赤翼龙（*Nurhachius ignaciobritoi*）的晚出异名的可能性，但是，这一观点不被他们的系统发育分析所支持（Witton, 2012），也没有被翼龙研究者所采纳（Witton, 2012；Andres et al., 2014）。

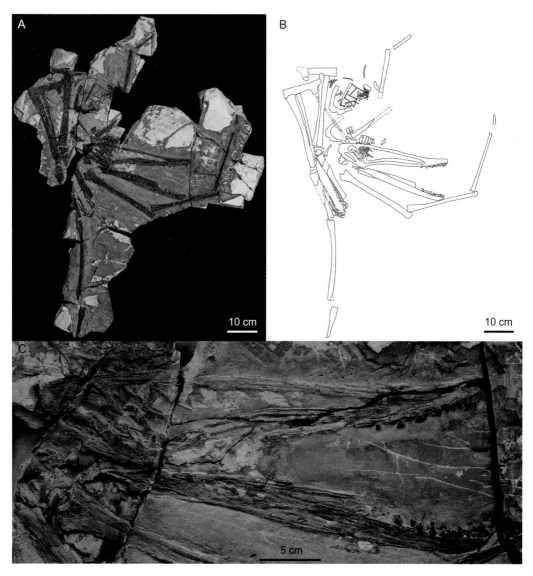

图 131　中国帆翼龙 *Istiodactylus sinensis*
正模（GMC V2329）：A. 照片；B. 线条图（A 和 B 引自 Andres et Ji, 2006）；C. 头部照片

Andres 和 Ji（2006）建立这一种时的正模编号为 NGMC-99-07-011，保存于中国地质博物馆。经本文作者实地察看和询问，文章中所采用编号是标本征集编号，馆藏编号为 GMC V2329。

努尔哈赤翼龙属 Genus *Nurhachius* Wang, Kellner, Zhou et Campos, 2005

模式种 布氏努尔哈赤翼龙 *Nurhachius ignaciobritoi* Wang, Kellner, Zhou et Campos, 2005

鉴别特征 帆翼龙科成员，具有如下的特征组合：不具有眶下孔；轭骨的泪骨支短；牙齿唇舌向压扁，三角形齿根近于或略大于齿冠的大小；下颌齿槽边缘略向上弯曲。

中国已知种 仅模式种。

分布与时代 辽宁，早白垩世。

评注 吕君昌等（2006）对努尔哈赤翼龙属的鉴别特征进行了修订，去除了头骨低矮这一特征，增加了吻端尖锐特征。由于努尔哈赤翼龙属为侧面保存，而从宽齿帆翼龙的侧面观察，具有与努尔哈赤翼龙属相似的吻端，所以无法判断吻端是否尖锐。努尔哈赤翼龙属的头骨低矮，这一特征与帆翼龙科的其他成员都较为相似（Wang et al., 2005；Andres et Ji, 2006；Wang et al., 2006；Witton, 2012），所以未予保留。

布氏努尔哈赤翼龙 *Nurhachius ignaciobritoi* Wang, Kellner, Zhou et Campos, 2005

（图 132）

正模 IVPP V 13288，一具部分保存的骨架，包含近完整的上下颌。产于辽宁朝阳公皋，下白垩统九佛堂组；现存于中国科学院古脊椎动物与古人类研究所。

鉴别特征 同属。

评注 布氏努尔哈赤翼龙是帆翼龙科成员在英国之外的首次发现（Wang et al., 2005），不仅增加了帆翼龙科的分布范围，同时将帆翼龙科的分布时代从早白垩世的巴雷姆期延长到阿普特期。

辽西翼龙属 Genus *Liaoxipterus* Dong et Lü, 2005

模式种 短颌辽西翼龙 *Liaoxipterus brachyognathus* Dong et Lü, 2005

鉴别特征 帆翼龙科成员，具有如下的特征组合：下颌具有 26 枚牙齿；牙齿短粗，侧扁，呈纺锤形；牙齿齿冠基部具有齿环。

中国已知种 仅模式种。

分布与时代 辽宁，早白垩世。

图 132　布氏努尔哈赤翼龙 *Nurhachius ignaciobritoi*

正模（IVPP V 13288）照片：A. 整体（引自 Wang et al., 2005）；B. 头部

评注　Dong 和 Lü（2005）最初依据标本下颌前部具有侧向膨胀以及牙齿形态单一，将这一翼龙归入梳颌翼龙科。Wang 和 Zhou（2006）和吕君昌等（2006）先后将辽西翼龙属归入帆翼龙科，这一分类方案被之后的翼龙研究者所接受（Wang et al., 2008a；Witton, 2012；Andres et al., 2014）。Dong 和 Lü（2005）建立该属种时提出的特征是与其他梳颌翼龙科成员相比得到的，以目前的分类方案，不能再作为鉴别特征。吕君昌等（2006）提出了新的特征组合：①下颌的每侧各有 11 枚牙齿；②牙齿短粗，侧扁，呈纺锤形；③牙齿齿冠基部具有齿环。Lü 等（2008b）在这件标本进一步修理的基础上又对其进行了重新研究，修订了鉴别特征。将特征①修改为下颌具有 26 枚牙齿，特征③修改为牙齿舌面具有齿环；删除了特征②；增加了特征④下颌吻端向两侧膨大；⑤舌骨呈 Y 型；⑥下颌愈合部分占下颌的 25%。经过修理后牙齿数量增加，表面结构更加清晰，特征①和③做出了合理的修改；特征②是帆翼龙科的特征，予以删除；特征④

与龙城翼龙属和红山翼龙属明显不同，但与宽齿帆翼龙相似，可以作为特征组合之一；舌骨通常较难保存，但是保存完整的舌骨都呈 Y 型，特征⑤不能作为特征组合之一；特征⑥愈合部分明显小于帆翼龙科的龙城翼龙属，而与其他类型不能比较，也可以作为特征组合之一。

短颌辽西翼龙 *Liaoxipterus brachyognathus* Dong et Lü, 2005
（图 133）

正模 JLUM CAR-0018，一近完整的下颌。产于辽宁朝阳，下白垩统九佛堂组；现存于吉林大学博物馆。

鉴别特征 同属。

评注 Dong 和 Lü（2005）建立该属种时标本还没有完全修理。在经过进一步的修理后，牙齿形态更加清晰，同时出露了完整的呈 Y 型的舌骨（吕君昌等，2006）。Lü 等（2008b）对这件标本进行了再研究。

龙城翼龙属 Genus *Longchengpterus* Wang, Li, Duan et Cheng, 2006

模式种 赵氏龙城翼龙 *Longchengpterus zhaoi* Wang, Li, Duan et Cheng, 2006

鉴别特征 帆翼龙科成员，具有如下的特征组合：相比宽齿帆翼龙体型较小，下颌前端微微膨大，下颌每侧有 12 枚牙齿，下颌愈合部占下颌的比例为 32%，下颌前端中央部分具有一个齿状钩。

中国已知种 仅模式种。

分布与时代 辽宁，早白垩世。

评注 Wang 等（2006）建立该属种时对标本进行了简单的描述。吕君昌等（2006）认为龙城翼龙属可能是努尔哈赤翼龙属的晚出异名，但仍然保留了龙城翼龙属，并对该属的鉴别特征进行了修订，去掉了体型较小和下颌前端微微膨大这两个特征。由第一翼指骨的伸肌腱突与骨干部分愈合推断其为一成年个体（Kellner，2015），而其翼展不足 2 m，小于已知所有的帆翼龙科成员，这可以作为特征组合之一，本文作者据此认为龙城翼龙属为有效名称。下颌前端微微膨大这一特征不同于宽齿帆翼龙和短颌辽西翼龙，与其他帆翼龙科成员无法进行比较，可以作为特征组合之一。Lü 等（2008b）对这件标本进行了详细描述，认为该属是努尔哈赤翼龙属的晚出异名，并补充了三个鉴别特征：①上颌吻部腹面具有明显的脊；②下颌背面愈合部分有明显的槽；③下颌前端中央部分具有一个齿状钩。特征①和②广泛分布于无齿翼龙超科的成员中，特征③齿状钩可能类似于宽齿帆翼龙特征中下颌中间单独的一枚牙齿，未见于其他帆翼龙科成员，可作为龙城翼龙属的特征组合之一。

图 133　短颌辽西翼龙 *Liaoxipterus brachyognathus*
正模（JLUM CAR-0018）照片：A. 整体；B. 下颌前部（引自 Lü, 2015）

赵氏龙城翼龙 *Longchengpterus zhaoi* Wang, Li, Duan et Cheng, 2006

（图 134）

正模　PMOL-AP00003，一具近完整的骨架化石，包含完整的上下颌。产于辽宁朝阳大平房，下白垩统九佛堂组；现存于辽宁古生物博物馆。

鉴别特征　同属。

评注　Wang 等（2006）建立该属种时所列的标本编号为 LPM 00023。Lü 等（2008b）对这件标本进行详细描述时所记录的标本编号为 LPM 00003，而在图片中的标签上所显示的编号则为 LPM-R00008。由周长付提供的照片上的标签号为 PMOL-AP00003，所以本文采用这一编号。

图 134　赵氏龙城翼龙 *Longchengpterus zhaoi*
正模（PMOL-AP00003）照片（引自 Wang et al., 2006）

红山翼龙属 Genus *Hongshanopterus* Wang, Campos, Zhou et Kellner, 2008

模式种　湖泊红山翼龙 *Hongshanopterus lacustris* Wang, Campos, Zhou et Kellner, 2008

鉴别特征　帆翼龙科成员，具有如下的特征组合：上颌牙齿数量相对较多（34–38 枚），齿列长度略超过头长的一半，部分牙齿齿冠朝后，翼骨具有指向前侧方的腹脊。

中国已知种　仅模式种。

分布与时代　辽宁，早白垩世。

评注　Wang 等（2008a）主要依据红山翼龙属的牙齿形态将其归入帆翼龙科。Witton（2012）在对宽齿帆翼龙重新研究的基础上，对帆翼龙科进行了系统发育分析，结果显示红山翼龙属并不包含在帆翼龙科中。Andres 和 Myers（2013）、Andres 等（2014）对翼龙整个类群的系统发育分析显示，红山翼龙属属于帆翼龙科。红山翼龙属的牙齿形态是帆翼龙科的一个自有裔征；另一个自有裔征在红山翼龙中没有保存，所以本文仍然将红山翼龙属归入帆翼龙科。

湖泊红山翼龙 *Hongshanopterus lacustris* Wang, Campos, Zhou et Kellner, 2008
（图 135）

正模 IVPP V 14582，上颌腭面及数枚颈椎。产于辽宁朝阳大平房，下白垩统九佛堂组；现存于中国科学院古脊椎动物与古人类研究所。

鉴别特征 同属。

评注 通过湖泊红山翼龙的腭面的研究发现其与古魔翼龙科的相似程度要比与无齿翼龙属的相似程度大（Wang et al., 2008a）。考虑到湖泊红山翼龙小的体型以及原始的特征，认为其为最原始的帆翼龙科成员，说明帆翼龙科具有翼展逐渐变大的趋势（Wang et al., 2008a）。

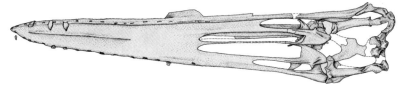

图 135 湖泊红山翼龙 *Hongshanopterus lacustris*
正模（IVPP V 14582）：A. 照片；B. 头部素描图（引自 Wang et al., 2008a）

无齿翼龙超科科未定 Pteranodontoidea incertae familiae

森林翼龙属 Genus *Nemicolopterus* Wang, Kellner, Zhou et Campos, 2008

模式种 隐居森林翼龙 *Nemicolopterus crypticus* Wang, Kellner, Zhou et Campos, 2008

鉴别特征 目前为止发现的最小的准噶尔翼龙次亚目的成员，具有如下的特征组合：鼻骨具有短但不是瘤状的鼻骨间突（medial nasal process）；肱骨三角肌脊的远端长于其近端，呈刀状；股骨的胫骨关节突之上发育明显的后突；第四趾向腹面强烈弯曲；第四趾的第四趾节比第一趾节长。

中国已知种 仅模式种。

分布与时代 辽宁，早白垩世。

评注 Wang 等（2008b）建立该属时的系统发育分析显示其位于准噶尔翼龙次亚目的基干位置，与鸟掌翼龙超科构成姐妹群。这一观点被其后的许多研究者所接受（Kear et al., 2010；Wang et al., 2012；Novas et al., 2012；Rodrigues et al., 2015），新的系统发育分析显示其和"谷氏中国翼龙"构成姐妹群（Andres et al., 2014），近年来也有研究者提出森林翼龙属是中国翼龙属的青年个体（Hyder et al., 2014；Upchurch et al., 2015），但没有进行详细的对比研究，所以本文目前仍然采用其属于准噶尔翼龙次亚目基干类群的观点。

隐居森林翼龙 *Nemicolopterus crypticus* Wang, Kellner, Zhou et Campos, 2008
（图 136）

正模 IVPP V 14377，一件近完整的骨骼，包含完整的上下颌。产于辽宁建昌要路沟，下白垩统九佛堂组；现存于中国科学院古脊椎动物与古人类研究所。

鉴别特征 同属。

评注 隐居森林翼龙是目前发现最小的准噶尔翼龙次亚目的成员，两翼展开仅有 25 cm（Wang et al., 2008b）。依据隐居森林翼龙特殊的脚趾长度关系推测其可能具有树栖生活的习性，并以捕食昆虫为生（Wang et al., 2008b）。

鬼龙属 Genus *Guidraco* Wang, Kellner, Jiang et Cheng, 2012

模式种 猎手鬼龙 *Guidraco venator* Wang, Kellner, Jiang et Cheng, 2012

鉴别特征 无齿翼龙超科成员，具有如下的自有裔征：鼻眶前孔占头长的1/4；高的头盔状的头脊，前缘近垂直，背缘圆；吻部牙齿大而粗壮，向前倾斜，闭合时齿冠部分超过上下颌的边缘（上颌 2–4 齿，下颌 1–3 齿）。还具有如下的特征组合：下颞孔的腹侧

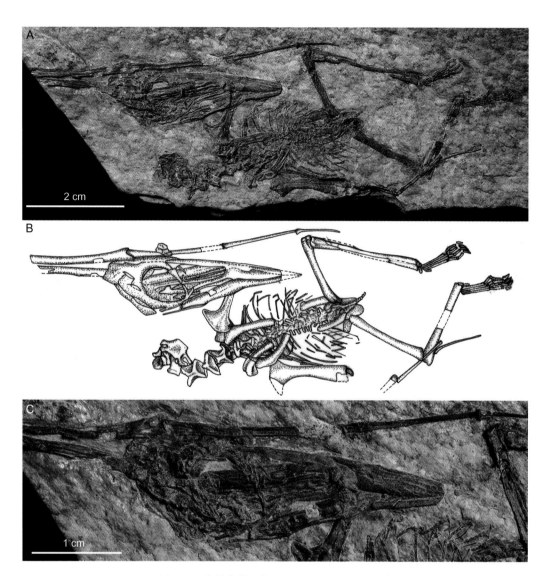

图 136　隐居森林翼龙 *Nemicolopterus crypticus*
正模（IVPP V 14377）：A. 照片；B. 素描图；C. 头部（引自 Wang et al., 2008b）

比玩具翼龙属（*Ludodactylus*）和古魔翼龙科成员都要收缩；轭骨的上颌骨支延伸不到鼻眶前孔的前缘；第六齿远小于第五和第七齿。

中国已知种　仅模式种。

分布与时代　辽宁，早白垩世。

评注　Wang 等（2012）建立该属时认为其位于无齿翼龙超科中，并与玩具翼龙属构成姐妹群。Andres 等（2014）的系统发育分析中鬼龙属也归入无齿翼龙超科，但是并没有与玩具翼龙属构成姐妹群，而是与本文所认为的北方翼龙科构成姐妹群。Rodrigues 等（2015）的系统发育分析中鬼龙属与玩具翼龙属以及塞阿拉翼龙属共同构成一个单系群。综合目前的研究来看，鬼龙属还不能归入任何已知的科之中，但是将其归入无齿翼龙超科是没有疑问的，所以本文将其作为无齿翼龙超科中科未定来对待。

猎手鬼龙 *Guidraco venator* Wang, Kellner, Jiang et Cheng, 2012
（图 137）

正模　IVPP V 17083，一件完整保存的上下颌及数枚颈椎。产于辽宁凌源四合当，下白垩统九佛堂组；现存于中国科学院古脊椎动物与古人类研究所。

鉴别特征　同属。

评注　猎手鬼龙的发现进一步证实了中国下白垩统九佛堂组的翼龙动物组合与巴西桑塔纳组的翼龙组合具有很大的相似性（Wang et al., 2012）。在猎手鬼龙的正模上，Wang 等（2012）还报道了一些米色和白色的团状物，其中含有一些鱼类的骨骼化石，被认为是一些翼龙的粪便化石。

哈密翼龙属 Genus *Hamipterus* Wang, Kellner, Jiang, Wang, Ma, Paidoula, Cheng, Rodrigues, Meng, Zhang, Li et Zhou, 2014

模式种　天山哈密翼龙 *Hamipterus tianshanensis* Wang, Kellner, Jiang, Wang, Ma, Paidoula, Cheng, Rodrigues, Meng, Zhang, Li et Zhou, 2014

鉴别特征　无齿翼龙超科的成员，具有以下的自有裔征：齿骨前端具有钩状的骨质突；轭骨的泪骨支细，向前倾，背侧有膨大；上枕骨上有发育的脊冠；肱骨腹面的神经孔接近三角肌脊的基部；侧远端腕骨具有朝向腹侧的钉状突。还具有以下的特征组合：前上颌骨脊发育向前弯曲的纹饰；明显的颚中脊一直延伸到前上颌骨的最前端；明显的齿骨中槽也一直延伸到齿骨的最前端；上下颌最前端稍稍向两侧膨胀；中度弯曲的肱骨三角肌脊。

中国已知种　仅模式种。

分布与时代　新疆，早白垩世。

评注　Wang 等（2014a）建立该属时的系统发育分析将其归入无齿翼龙超科科未定。

天山哈密翼龙 *Hamipterus tianshanensis* Wang, Kellner, Jiang, Wang, Ma, Paidoula, Cheng, Rodrigues, Meng, Zhang, Li et Zhou, 2014
（图 138）

正模　IVPP V 18931.1，雌性个体的头骨。产于新疆哈密地区；现存于中国科学院古脊椎动物与古人类研究所。

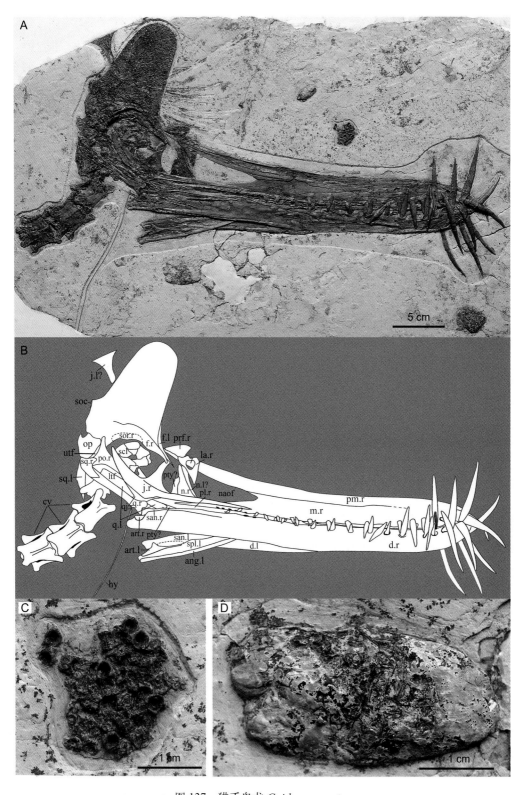

图 137　猎手鬼龙 *Guidraco venator*

正模（IVPP V 17083）：A. 照片；B. 线条图；C, D. 粪便化石（引自 Wang et al., 2012）（图中缩写见翼龙目导言之"四、翼龙骨骼形态特征"部分）

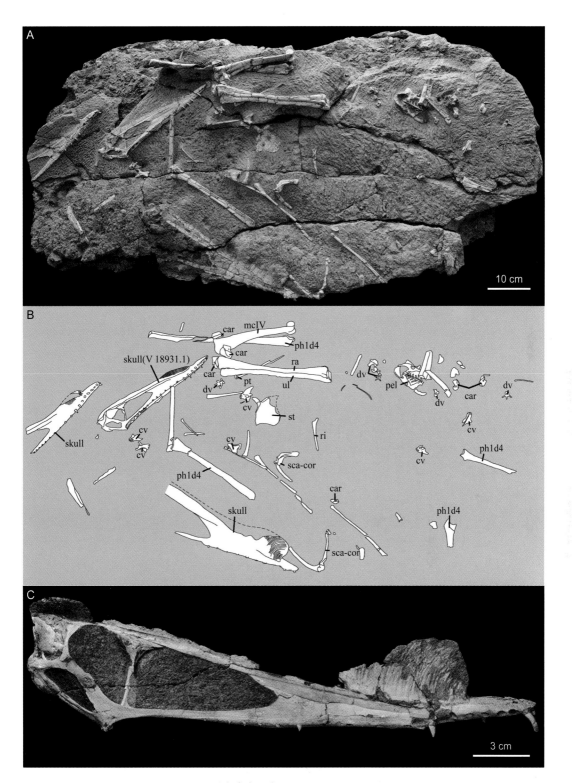

图 138　天山哈密翼龙 *Hamipterus tianshanensis*

A. 包含正模（IVPP V 18931.1）的标本（IVPP V 18931）照片；B. 线条图；C. 副模（IVPP V 18935.1）照片（引自
Wang et al., 2014a）（图中缩写见翼龙目导言之"四、翼龙骨骼形态特征"部分）

副模　IVPP V 18935.1，雄性个体的头骨。产于新疆哈密地区；现存于中国科学院古脊椎动物与古人类研究所。

归入标本　IVPP V 18931–18941，至少40个个体的头部及头后骨骼以及蛋化石。

鉴别特征　同属。

产地与层位　新疆哈密地区，下白垩统吐谷鲁群。

评注　在数量较多的头骨的前上颌骨脊中表现出了较为明显的性双型，其中一种较大较厚，起始位置相对靠前，其上的纹饰明显向前弯曲；另一种相对较小，起始位置相对靠后，其上的纹饰竖直，向前弯曲不明显。据此推测前一种可能为雄性个体，后一种可能为雌性个体（Wang et al., 2014a）。

基于不同大小个体哈密翼龙属头骨的对比，发现在个体由小到大的变化中，仅有其上下颌的吻端随着个体发育，向两侧膨大的幅度逐渐变大，这在翼龙中系首次报道（Wang et al., 2014a）。

伊卡兰翼龙属 Genus *Ikrandraco* Wang, Rodrigues, Jiang, Cheng et Kellner, 2014

模式种　阿凡达伊卡兰翼龙 *Ikrandraco avatar* Wang, Rodrigues, Jiang, Cheng et Kellner, 2014

鉴别特征　无齿翼龙超科成员，具有以下的自有裔征：头骨背缘在鼻眶前孔的上部呈微弱的弧形；鼻骨具有侧向的凹陷；在齿骨脊的后侧中线具有钩状突；枢椎侧面发育两个神经孔。还具有以下的特征组合：头骨低矮（方骨处的高占头骨长度的18.7%）；方骨强烈的倾斜（与上颌腹面呈150°）；不发育前上颌骨脊；具有一个高的刀片状骨质下颌骨脊，且最低点位于下颌骨脊的中部；在第二和第三翼指骨的近端腹面都具有神经孔。

中国已知种　仅模式种。

分布与时代　辽宁，早白垩世。

评注　Wang等(2014b)建立该属时的系统发育关系显示其属于无齿翼龙超科科未定。

阿凡达伊卡兰翼龙 *Ikrandraco avatar* Wang, Rodrigues, Jiang, Cheng et Kellner, 2014
（图139，图140）

正模　IVPP V 18199，完整的上下颌以及大部分的头后骨骼。产于辽宁建昌喇嘛洞；现存于中国科学院古脊椎动物与古人类研究所。

归入标本　IVPP V 18406，完整的上下颌以及前三枚颈椎。产于辽宁凌源四合当；

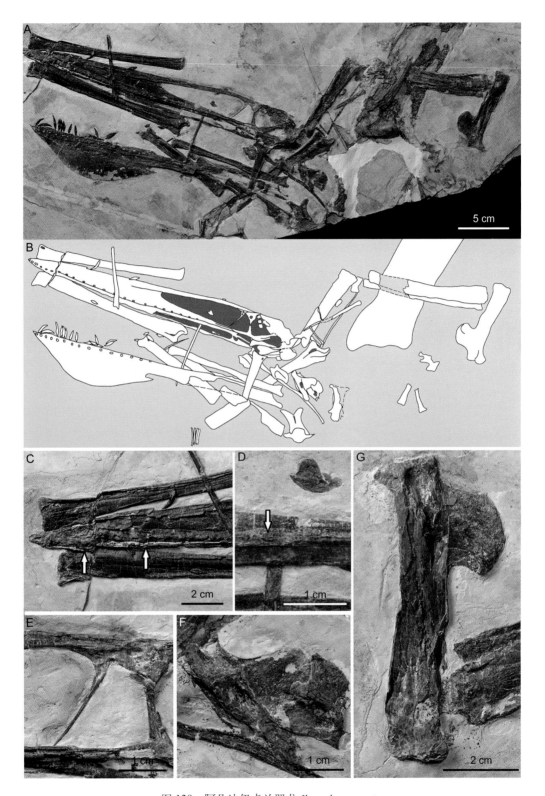

图 139　阿凡达伊卡兰翼龙 *Ikrandraco avatar*

正模（IVPP V 18199）：A. 照片；B. 线条图；C. 吻端，箭头指示腭面脊；D. 左上颌骨，箭头指示病变区域；
E. 鼻骨及鼻骨突；F. 颈椎；G. 肱骨（引自 Wang et al., 2014b）

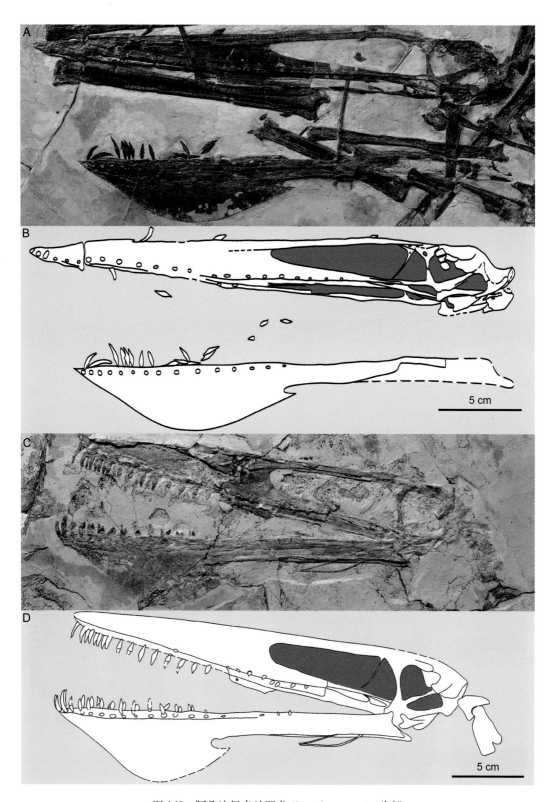

图 140　阿凡达伊卡兰翼龙 *Ikrandraco avatar* 头部

A. 正模（IVPP V 18199）头部照片；B. 正模（IVPP V 18199）头部线条图；C. 归入标本（IVPP V 18406）
头部照片；D. 归入标本（IVPP V 18406）头部线条图（引自 Wang et al., 2014b）

现存于中国科学院古脊椎动物与古人类研究所。

鉴别特征 同属。

产地与层位 辽宁建昌喇嘛洞和凌源四合当，下白垩统九佛堂组。

评注 阿凡达伊卡兰翼龙是目前发现的唯一一种仅具有下颌骨脊的翼龙类型，其下颌骨脊薄，边缘平滑，后侧具有钩状突，这一结构在其他生物中都未曾报道（Wang et al.，2014b）。Wang 等（2014b）据此推测这一下颌骨脊具有切割流体和减少阻力的作用，而其特有的钩状突可能为附着皮肤肌肉的位置，这使得阿凡达伊卡兰翼龙可能具有类似于鹈鹕的喉囊，可以在捕食后暂时储存食物。

林龙翼龙属 Genus *Linlongopterus* Rodrigues, Jiang, Cheng, Wang et Kellner, 2015

模式种 珍妮林龙翼龙 *Linlongopterus jennyae* Rodrigues, Jiang, Cheng, Wang et Kellner, 2015

鉴别特征 无齿翼龙超科成员，具有如下的自有裔征：眼眶位置较低，其腹缘与鼻眶前孔腹缘平齐。还具有如下的特征组合：轭骨的泪骨支细，轭骨的泪骨支垂直向上，下颞孔具有宽阔的腹缘，翼骨前支的前端有微弱的侧弯。

中国已知种 仅模式种。

分布与时代 辽宁，早白垩世。

珍妮林龙翼龙 *Linlongopterus jennyae* Rodrigues, Jiang, Cheng, Wang et Kellner, 2015

（图 141）

正模 IVPP V 15549，部分关联的上下颌。产于辽宁建昌碱厂，下白垩统九佛堂组；现存于中国科学院古脊椎动物与古人类研究所。

鉴别特征 同属。

神龙翼龙超科 Superfamily Azhdarchoidea Unwin, 1995

概述 Unwin（1995, 2003）提出了神龙翼龙超科这一分类单元，指包括了威氏古神翼龙（*Tapejara wellnhoferi*）和诺氏风神翼龙的最小类群。Andres 等（2014）的系统发育分析与这一分类相一致。Kellner（2003）系统发育分析中古神翼龙超科（Tapejaroidea）与神龙翼龙超科所包含的类群相一致，均是包含威氏古神翼龙、诺氏风神翼龙和魏氏准噶尔翼龙在内的最小类群。Kellner（2003）的系统发育分析中准噶尔翼龙科的分类位置与 Unwin（2003）和 Andres 等（2014）的不同，所以古神翼龙超科虽然有同样的定义，但是包含的类群却不同。

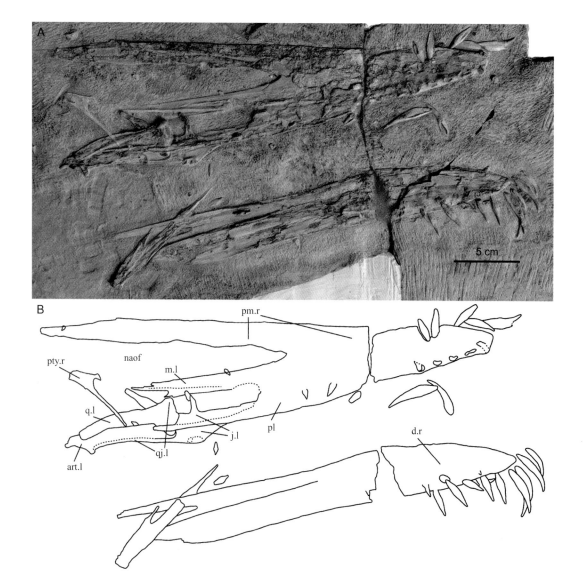

图 141　珍妮林龙翼龙 *Linlongopterus jennyae*

正模（IVPP V 15549）：A. 照片；B. 线条图（引自 Rodrigues et al., 2015）（图中缩写见翼龙目导言之"四、翼龙骨骼形态特征"部分）

　　定义与分类　神龙翼龙超科是包含威氏古神翼龙、诺氏风神翼龙和魏氏准噶尔翼龙在内的最小类群。神龙翼龙超科包括了准噶尔翼龙科、古神翼龙科、朝阳翼龙科和神龙翼龙科。

　　形态特征　神龙翼龙超科具有如下的共有裔征：额骨脊低矮而加长；上颌骨向后延伸；副枕骨突远端膨大；肱骨的尺骨突大，具有发育的近端脊。

　　分布与时代　全球分布，主要分布在中国、蒙古、巴西、法国、摩洛哥等；晚侏罗世至晚白垩世。

准噶尔翼龙科 Family Dsungaripteridae Young, 1964

模式属 准噶尔翼龙 *Dsungaripterus* Young, 1964

定义与分类 准噶尔翼龙科是一个包含准噶尔翼龙属、湖翼龙属及其最近共同祖先和所有后裔在内的类群。包含准噶尔翼龙属、湖翼龙属和矛颌翼龙属（*Lonchognathosaurus*）等。

鉴别特征 神龙翼龙超科成员，具有如下的特征组合：相对较大的个体；眼眶相对较小，位于头骨的上部；轭骨的眶后骨支与泪骨围成眶下孔；前上颌骨脊高，始于鼻眶前孔前缘的前部，一直延伸到头骨后部，呈棒状伸向后背侧；上下颌吻端没有牙齿；骨壁较厚。

中国已知属 准噶尔翼龙 *Dsungaripterus* Young, 1964，湖翼龙 *Noripterus* Young, 1973 和矛颌翼龙 *Lonchognathosaurus* Maisch, Matzke et Sun, 2004，共 3 属。

分布与时代 中国、蒙古、智利，早白垩世。

评注 杨钟健（1964c）建立该科时提出的特征有：①一相当大的翼龙类；②头骨前部较狭窄而尖锐，微向上弯曲；③在鼻孔和眼前孔之前与以上有一中棱；④鼻孔前的长可能长于两孔加起来的总长；⑤两孔相连接，未为他骨所隔开；⑥下颌前端由缝合线紧密相连，前端也很尖锐，也向上作显著的弯曲；⑦牙齿微向后弯，除了上颌后部的几个牙齿外，均彼此相当隔开；⑧上牙约为十二，下牙约为十一；⑨下颚的前几个牙齿特别小，有衰退趋势；⑩联合背椎肯定存在；⑪荐骨脊椎七；⑫第四腕骨特长，第四飞的指骨相当之长；⑬两翼尖到尖的距离约介于三米和三米半之间，约为体长之四倍；⑭荐骨腰带为标准的翼手飞型的；⑮股骨相当之长，长于第一飞指骨的一半，前后作显著弯曲；⑯胫骨也相当长，长于股骨且很直。特征④、⑤和⑫出现于所有翼手龙亚目的成员中，特征⑩出现在所有大型的准噶尔翼龙次亚目成员中。特征⑦、⑨、⑪、⑭和⑯都不具有鉴别作用。其他特征则可以作为准噶尔翼龙属的特征。

Kellner（2003）提出的鉴别特征是眼眶相对较小且位于头骨的上部；具有眶下孔；前上颌骨脊高，始于鼻眶前孔前缘的前部，一直延伸到头骨后部；上颌骨后侧具有向腹面的膨大；吻端没有牙齿；最大的牙齿位于齿列的后部；牙齿具有宽且呈卵圆形的基部；吻端前部向上弯曲。Unwin（2003）提出的鉴别特征是牙齿大小变化大，最大的牙齿位于齿列的后部；眼眶腹缘部分骨化；轭骨的眶后骨支上伸出一骨棒与肋骨围成眶下孔；具有短而呈四边形的矢状脊从头骨后背侧向外伸。Lü 等（2009）提出上下颌吻端没有牙齿；短的棍状顶骨脊伸向头骨的后背方，头骨的矢状脊具有纵向纹饰，不同于古神翼龙科；由轭骨的眶后骨支与泪骨围成眶下孔。这些特征中，上颌骨后侧具有向腹面的膨大，最大的牙齿位于齿列的后部，牙齿具有宽且呈卵圆形的基部，吻端前部向上弯曲这四个特征未见于湖翼龙属，所以应作为准噶尔翼龙属的鉴别特征。

准噶尔翼龙属 Genus *Dsungaripterus* Young, 1964

模式种　魏氏准噶尔翼龙 *Dsungaripterus weii* Young, 1964

鉴别特征　准噶尔翼龙科成员，具有如下的特征组合：个体相对较大；上颌骨后侧具有向腹面的膨大；副枕骨突远端扩张；最大的牙齿位于齿列的后部；牙齿具有宽且呈卵圆形的基部；吻端前部向上弯曲；上颌单侧有 12 枚牙齿，下颌为 11 枚；股骨长，长于第一翼指骨的一半，前后作显著弯曲。

中国已知种　仅模式种。

分布与时代　新疆，早白垩世。

评注　除了上文所述对准噶尔翼龙属的鉴别特征的讨论外，吕君昌等（2006）还对准噶尔翼龙属的鉴别特征作过修订，增加了副枕骨突远端扩张这一特征。吕君昌等（2006）还提出了眼眶小，位置高和吻端无齿这两个特征应作为准噶尔翼龙属的特征，上文已经讨论，这两个特征是准噶尔翼龙科的特征，在此没有保留。

魏氏准噶尔翼龙 *Dsungaripterus weii* Young, 1964
（图 142）

正模　IVPP V 2776，一不完整个体骨架，包含不完整的上下颌。产于新疆克拉玛依乌尔禾；现存于中国科学院古脊椎动物与古人类研究所。

归入标本　IVPP V 2777，不完整的头后骨骼；V 4063，年轻个体头骨；V 4064，成年个体头骨，包括完整的下颌；V 4065，老年个体头骨；还有一具未编号的装架标本，产于新疆克拉玛依乌尔禾；现均存于中国科学院古脊椎动物与古人类研究所。

鉴别特征　同属。

产地与层位　新疆克拉玛依乌尔禾，下白垩统吐谷鲁群。

评注　正模由于长期展出，部分骨骼已经损失，下落不明；而其他采集而没有正式编号只有野外号的标本目前也下落不明，但三件最完整的头骨目前还保存较好。

湖翼龙属 Genus *Noripterus* Young, 1973

模式种　复齿湖翼龙 *Noripterus complicidens* Young, 1973

鉴别特征　准噶尔翼龙科成员，具有以下的特征组合：个体比准噶尔翼龙属要小至少 1/3；上颌矢状脊起始于第七和第八枚牙齿之间，终止于眼眶的上部；吻端无齿部分直；下颌愈合部分占下颌长度的 54%；牙齿侧压具有尖端；上颌单侧 13 枚牙齿，下颌单侧 20 枚牙齿；鼻眶前孔下有 6 枚上颌齿齿槽没有扩张形成瘤节；上颌齿列长约是下颌齿

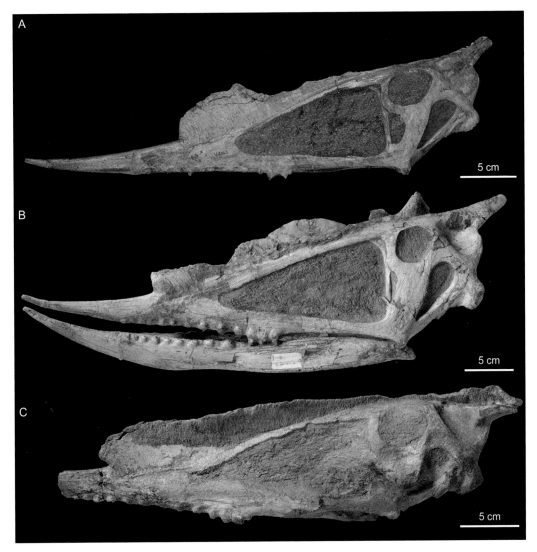

图 142　魏氏准噶尔翼龙 *Dsungaripterus weii*

头骨照片：A. 年轻个体（IVPP V 4063）；B. 成年个体（IVPP V 4064）；C. 老年个体（IVPP V 4065）

列长的 1.3 倍；胫骨与股骨的长度比约为 1.7。

　　中国已知种　仅模式种。

　　分布与时代　新疆，早白垩世。

　　评注　杨钟健（1973d）建立该属时提出了如下的特征组合：①个体比准噶尔翼龙属小至少 1/3；②下颌前部不是没有牙齿，而是具有隔开的牙齿；③颈椎窄长；④肩胛乌喙骨所成的角度不大，乌喙骨远端没有直接与胸骨相连；⑤肱骨骨干直，近端无斧状分枝；⑥腕骨近排呈较尖的三角形；⑦尺骨与翼掌骨长度比为 0.69；⑧前后肢都比较瘦而细；⑨指骨数为 2-3-4-4-0；⑩脚趾数为 2-4-4-5-0。吕君昌等（2006）修订了鉴别特征，认为特征①、③、④、⑤、⑧和⑨都不是湖翼龙属的特征，将特征⑩修改为脚趾数为 2-3-4-

4-0。特征①反映了翼龙的个体大小，而湖翼龙属已经是成年个体，这一大小是其与准噶尔翼龙属之间的一个重要差别，应该予以保留。特征⑦的比例在翼龙中不具有特殊性，特征⑩可以出现在所有翼手龙亚目中。特征②被新发现的材料证明是错误的（Lü et al.，2009）。Lü 等（2009）依据蒙古发现的湖翼龙属新材料，对其鉴别特征进行了修订，在上文中已列出，文中还列出下颌中线背侧有一深槽，这一特征出现在所有的准噶尔翼龙次亚目的成员中，所以不是湖翼龙属的特征。Lü 等（2009）认为前上颌骨脊终止于眼眶的上部，但是头后却还具有向后的棒状突起，这样的情况很可能前上颌骨脊是连续的，而没有完整保存，由于没有确实的化石证据，所以本文仅提出这一可能。

复齿湖翼龙 *Noripterus complicidens* Young, 1973

（图 143）

正模 IVPP V 4062，不完整骨架，包含一不完整下颌。产于新疆克拉玛依乌尔禾，下白垩统吐谷鲁群；现存于中国科学院古脊椎动物与古人类研究所。

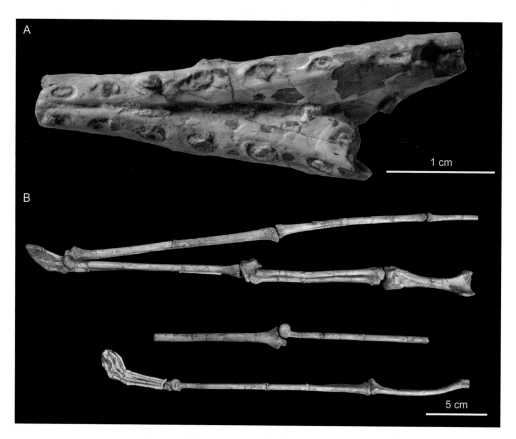

图 143 复齿湖翼龙 *Noripterus complicidens*
照片：A. 正模（IVPP V 4062）；B. 副模（IVPP RV 73001）

副模 IVPP V 4059，不完整骨架，包括少量头部骨骼及其他头后骨骼；IVPP RV 73001，一侧的完整的前肢和后肢，及另一侧的一部分前肢。产于新疆克拉玛依乌尔禾，下白垩统吐谷鲁群；现存于中国科学院古脊椎动物与古人类研究所。

归入标本 未编号，翼掌骨远端和近端腕骨，产于新疆克拉玛依乌尔禾，下白垩统吐谷鲁群，现存于中国科学院古脊椎动物与古人类研究所；GIN125/1010-1-4，4 具近完整到不完整骨架，含有近完整头骨，产于蒙古国乌普苏塔塔尔（Tatal），上侏罗统至下白垩统 TsaganTsab 组，现存于蒙古科学院地质研究所。

鉴别特征 同属。

产地与层位 中国新疆克拉玛依乌尔禾，下白垩统吐谷鲁群；蒙古国乌普苏塔塔尔（Tatal），上侏罗统至下白垩统 TsaganTsab 组。

评注 杨钟健（1973d）建立该属种时依据的正模 V 4062 除了一不完整下颌外，还有多件头后骨骼标本，目前，头后骨骼部分下落不明，也没有任何图片资料。副模 V 4059 经过修理，原图版 IV（杨钟健，1973d）下部为后肢部分，不再保存在围岩中。副模 RV 73001 编号为补充编号，原文中没有正式编号，仅有 64043-3 的野外编号，为原图版 V，图版说明中误写为 64041-7（即 V 4059；杨钟健，1973d）。杨钟健（1973d）归入复齿湖翼龙的标本除了以上列出的正模和副模外，其他的归入标本都下落不明，有翼掌骨的远端和近端腕骨各一件保存于中国科学院古脊椎动物与古人类研究所，一件写有 64045，另一件未编号，都可能属于复齿湖翼龙。

矛颌翼龙属 Genus *Lonchognathosaurus* Maisch, Matzke et Sun, 2004

模式种 尖嘴矛颌翼龙 *Lonchognathosaurus acutirostris* Maisch, Matzke et Sun, 2004

鉴别特征 较大型的准噶尔翼龙科成员，头长估计约 400 mm，具有如下的特征组合：上颌齿槽边缘直；前上颌骨吻端纤细，向前变尖；仅有 8 枚上颌骨齿；齿列开始于矢状脊之前，而结束于鼻眶前孔之前；齿槽没有扩张形成瘤节。

中国已知种 仅模式种。

分布与时代 新疆，早白垩世。

评注 Maisch 等（2004）建立该属时还提出了三个特征：①矢状脊发育，具有纵向的纹饰，且前缘弯曲；②前上颌骨前端无齿；③牙齿间间距较大。吕君昌等（2006）认为①、③和前上颌骨吻端纤细、向前变尖都是准噶尔翼龙科的特征，应予以去除。本文采用吕君昌等（2006）去除特征①和③的观点。但由于矛颌翼龙属的吻端尖细程度与其他准噶尔翼龙科成员不同，所以前上颌骨纤细、向前变尖这一特征予以保留。而特征②出现在所有的准噶尔翼龙科成员中，所以不能作为矛颌翼龙属的鉴别特征，未予保留。

尖嘴矛颌翼龙 *Lonchognathosaurus acutirostris* Maisch, Matzke et Sun, 2004

（图 144）

正模 IMGPUT SGP 2001/19，部分头骨前部。产于新疆乌鲁木齐柳红沟，下白垩统吐谷鲁群上部；暂存于德国蒂宾根大学地质古生物研究所博物馆。

鉴别特征 同属。

评注 Maisch 等（2004）声明这一批标本归中华人民共和国所有，在进行科学研究之后会移交给中国的公共收藏机构，最终的收藏单位会通过正式的期刊报道。

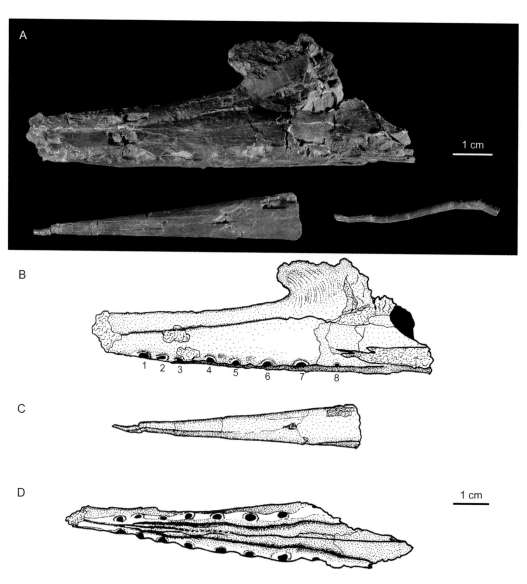

图 144 尖嘴矛颌翼龙 *Lonchognathosaurus acutirostris*

正模（IMGPUT SGP 2001/19）：A. 照片；B, C, D. 素描图（引自 Maisch et al., 2004）；B 和 C. 侧视；D. 腹视

古神翼龙科 Family Tapejaridae Kellner, 1989

模式属 古神翼龙 *Tapejara* Kellner, 1989

定义与分类 古神翼龙科是一个包含古神翼龙属、掠海翼龙属（*Thalassodromeus*）及其最近共同祖先和所有后裔在内的类群。古神翼龙科包括了古神翼龙亚科（Tapejarinae）和掠海翼龙亚科（Thalassodrominae）。其中古神翼龙亚科有古神翼龙属、雷神翼龙属（*Tupandactylus*）、中国翼龙属（*Sinopterus*）和存疑的始神龙翼龙属（*Eoazhdarcho*）；掠海翼龙亚科有掠海翼龙属和妖精翼龙属（*Tupuxuara*）。

鉴别特征 神龙翼龙超科成员，具有如下的自有裔征：鼻眶前孔大，超过头骨长度的三分之一；上颌发育头脊，从头骨前端一直延伸到头骨的后部。

中国已知属 中国翼龙 *Sinopterus* Wang et Zhou, 2002，以及存疑的始神龙翼龙 *Eoazhdarcho* Lü et Ji, 2005b，共 2 属。

分布与时代 中国、巴西和西班牙，摩洛哥也有可能的古神翼龙科成员；早白垩世，可能延续到晚白垩世。

评注 Kellner 和 Campos（1988）建立长冠妖精翼龙（*Tupuxuara longicristatus*）。Kellner（1989）建立威氏古神翼龙，据此建立古神翼龙科，并将妖精翼龙属归入该科。Kellner 和 Campos（1994）又命名了伦氏妖精翼龙（*Tupuxuara leonardii*）。Campos 和 Kellner（1997）命名了古神翼龙属的皇帝古神翼龙（*Tapejara imperator*）。Frey 等（2003b）又建立了帆古神翼龙（*Tapejara navigans*）。Martill 和 Naish（2006）认为威氏古神翼龙与这一属的另外两个种并不构成单系，所以另外两个种不能归入古神翼龙属。Kellner 和 Campos（2007）接受了这一观点，建立了一个新组合雷神翼龙属（*Tupanodactylus*），包括皇帝雷神翼龙（*Tupanodactylus imperator*）和帆雷神翼龙（*Tupanodactylus navigans*）两个种，并将古神翼龙科分为两个亚科，即古神翼龙亚科和掠海翼龙亚科，古神翼龙属和雷神翼龙属都属于古神翼龙亚科。在此期间，中国也报道了中国翼龙属、"华夏翼龙属"在内的多个新的类型（汪筱林、周忠和，2002；李建军等，2003；Lü et Yuan, 2005；Lü et al., 2006d, e, 2007）。中国发现的古神翼龙科成员依据吻端向下倾斜，骨质头脊较低矮，眼眶位于鼻眶前孔略靠下的位置这三个特征而与古神翼龙属和雷神翼龙属较为接近，被归入了古神翼龙亚科（Kellner et Campos, 2007；Pinheiro et al., 2011；Andres et al., 2014）。

中国翼龙属 Genus *Sinopterus* Wang et Zhou, 2002

模式种 董氏中国翼龙 *Sinopterus dongi* Wang et Zhou, 2002
鉴别特征 中小型的古神翼龙亚科成员，具有如下的特征组合：鼻眶前孔大而长（长约为高的 2.5 倍），超过头骨长度的 1/3；肩胛骨强烈弯曲，乌喙骨关节肩胛骨一侧异常庞大，呈扇形。

中国已知种　董氏中国翼龙 *Sinopterus dongi* Wang et Zhou, 2002、具冠中国翼龙 *Sinopterus corollatus* Lü, Jin, Unwin, Zhao, Azuma et Ji, 2006 和本溪中国翼龙 *Sinopterus benxiensis* Lü, Gao, Xing, Li et Ji, 2007，共 3 种。

分布与时代　辽宁，早白垩世。

评注　汪筱林和周忠和（2002）建立这一类型发表于中文版《科学通报》，英文版于 2003 年发表，虽然国际上多引用 2003 年，实际命名年代应为 2002 年（Wang et Dong, 2008）。

汪筱林和周忠和（2002）建立该属时列出了如下的鉴别特征：①中小型的翼手龙类，头骨长约 170 mm，两翼展开 1.2 m；②吻端尖长，无齿，具角质喙；③头骨相对低长，前上颌骨和齿骨弧形脊突低而小，前上颌骨后延脊突与头骨分离，与顶骨上延脊突平行并向上弯曲；④鼻眶前孔大而长（长约为高的 2.5 倍），超过头骨长度的 1/3；⑤肱骨、桡骨、翼掌骨、第一翼指骨依次加长，后三者分别为肱骨长度的 1.5 倍、1.6 倍和 2 倍；⑥腕骨粗大，未愈合；⑦肩胛骨强烈弯曲，乌喙骨关节肩胛骨一侧异常庞大，呈扇形；⑧胫骨长于股骨，是其长度的 1.4 倍；⑨第一蹠骨最长，第二至四蹠骨依次缩短，第三蹠骨长度约为翼掌骨长度的 22.1%；第五蹠骨的长度不及第一蹠骨长度的 1/5。吕君昌等（2006）对特征③修订为头骨相对低长，前上颌骨脊和齿骨弧形脊突低而小，前上颌骨脊不发育，保留了特征④和⑨，并增加了一些头后骨骼特征。特征③和⑨是董氏中国翼龙这一种的鉴别特征；特征⑦在其他古神翼龙亚科的成员中都没有报道，暂时也作为中国翼龙属的鉴别特征；而吕君昌等（2006）补充的一些头后骨骼特征也见于其他翼龙类型中，所以也都没有采用。

董氏中国翼龙 *Sinopterus dongi* Wang et Zhou, 2002

（图 145—图 148）

Sinopterus gui：李建军等，2003，442 页，图版 I；Wang et Zhou, 2006；Kellner et Campos, 2007；
　　Wang et Dong, 2008；Pinheiro et al., 2011；Witton, 2013

Huaxiapterus jii：Lü et Yuan, 2005, p. 453, Figs. 1, 2；Wang et Zhou, 2006；Kellner et Campos,
　　2007；Wang et Dong, 2008；Pinheiro et al., 2011；Witton, 2013

Eopteranodon lii：吕君昌、张宝堃，2005，458 页，图版 I；Lü et al., 2006a, p. 566；Wang et Zhou, 2006

正模　IVPP V 13363，一具近完整的骨架，包括了完整的上下颌。产于辽宁朝阳东大道，下白垩统九佛堂组；现存于中国科学院古脊椎动物与古人类研究所。

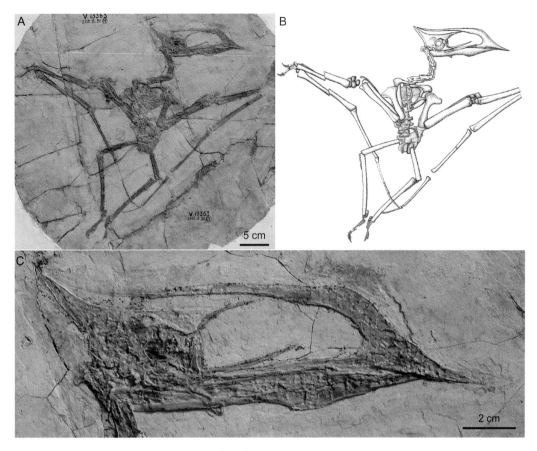

图 145　董氏中国翼龙 *Sinopterus dongi*
正模（IVPP V 13363）：A. 照片；B. 素描图；C. 头部（引自汪筱林、周忠和，2002）

归入标本　BMNHC-PH077，一具近完整的骨架，包括了近完整的上下颌，BMNHC-PH078，一具近完整的骨架，包括了近完整的上下颌，现存于北京自然博物馆；DLNHM D2525，一具近完整的头后骨骼，DLNHM D2526，一具不完整的头后骨骼，现存于大连自然博物馆；(CDL) KLY-HXYL，一具完整的骨架，包括了近完整的上下颌，现存于中华恐龙园。

鉴别特征　中国翼龙属成员，具有如下的特征组合：头骨相对低长；前上颌骨脊和齿骨弧形脊突低而小；前上颌骨脊不发育；第一蹠骨最长，第二至四蹠骨依次缩短，第三蹠骨长度约为翼掌骨长度的 22.1%；第五蹠骨的长度不及第一蹠骨长度的 1/5。

产地与层位　辽宁朝阳和北票，下白垩统九佛堂组和义县组。

评注　李建军等（2003）建立"谷氏中国翼龙"，依据其具有联合背椎，无明显头脊，以及相对较短的股骨而区别于董氏中国翼龙。Kellner 和 Campos（2007）认为"谷氏中国翼龙"的唯一标本并不具有联合背椎，而股骨与胫骨的比值也不是原文中的 0.49，而是 0.64，这与董氏中国翼龙正模的 0.71 相差不大，而头骨背部保存不佳，无法判断是

图 146　董氏中国翼龙 *Sinopterus dongi*（＝"谷氏中国翼龙 *Sinopterus gui*"）
归入标本（BMNHC-PH077）照片

否发育头脊，从而认为"谷氏中国翼龙"是董氏中国翼龙的较为年轻的个体，这一观点之后被大多数的翼龙研究者所接受（Wang et Dong, 2008；Pinheiro et al., 2011；Witton, 2013）。本文也同意这一观点。

　　Lü 和 Yuan（2005）建立"季氏华夏翼龙"，以上下颌的膨大程度与中国翼龙属不同而区别。Wang 和 Zhou（2006）、Wang 和 Dong（2008）、孟溪（2008）都认为"季氏华夏翼龙"的上下颌的膨大程度不足以区分这两个种，从而认为"季氏华夏翼龙"是董氏中国翼龙的晚出异名。Kellner 和 Campos（2007）同意 Wang 和 Zhou（2006）的观点，但是仅认为"华夏翼龙属"是中国翼龙属的晚出异名，而"季氏华夏翼龙"是"季氏中国翼龙"。虽然这一观点被之后大多数的翼龙研究者所采用，但是也被指出其可能都是董氏中国翼龙（Pinheiro et al., 2011；Witton, 2013；Andres et al., 2014）。本文认为"季氏华夏翼龙"和董氏中国翼龙之间的差别不足以区分两个类型，仅头饰略大无法排除由个体差异和性双型导致，所以目前仍将"季氏华夏翼龙"作为董氏中国翼龙的晚出异名。这一类标本在中国发现数量较多，以后通过对大量标本的个体发育及统计分析可以得出更为可靠的结论。

　　"季氏华夏翼龙"原保存于南京地质博物馆，编号为 GMN-03-11-001，后转赠予中华恐龙园，经本文作者查询，编号为 (CDL) KLY-HXYL。

　　吕君昌和张宝堃（2005）建立了"李氏始无齿翼龙"。Lü 等（2006a）依据头后骨

5 cm

图 147　董氏中国翼龙 *Sinopterus dongi*（＝"季氏华夏翼龙 *Huaxiapterus jii*"）
归入标本 [(CDL) KLY-HXYL] 照片

骼比例又将一件未保存头部骨骼的标本鉴定为"李氏始无齿翼龙"。之后的大多数研究中都采用这一有疑问的鉴定（如吕君昌等，2006），或者因为研究不详细而回避（如 Pinheiro et al., 2011；Andres et al., 2014）。而 Wang 和 Zhou（2006）、Dong 和 Wang（2008）认为"李氏始无齿翼龙"是张氏朝阳翼龙的晚出异名。经本文作者对这一标本的正模，也是唯一一件保存头部骨骼标本的检查，发现最初鉴定的上下颌存在问题，上颌被鉴定为下颌，而下颌被鉴定为上颌。这一上颌与中国翼龙十分接近，其前上颌骨在鼻眶前孔前部有膨大现象，所以不属于朝阳翼龙属。同时，"始无齿翼龙属"的两件标本的头后骨骼比例与董氏中国翼龙的头后骨骼比例十分接近，所以本文将其作为董氏中国翼龙的晚出异名。

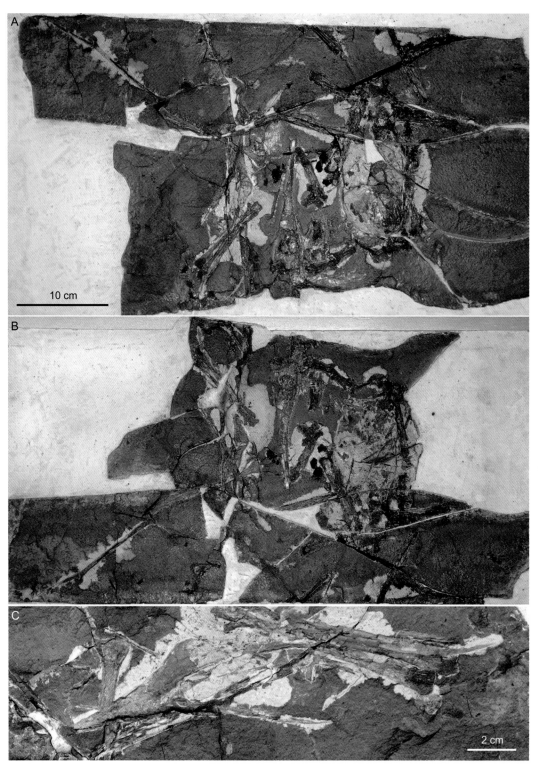

图 148 董氏中国翼龙 Sinopterus dongi (="李氏始无齿翼龙 Eopteranodon lii")
归入标本 (BMNHC-PH078) 照片: A, B. A 面和 B 面; C. 上颌部分, 最初被误认为下颌

具冠中国翼龙 *Sinopterus corollatus* Lü, Jin, Unwin, Zhao, Azuma et Ji, 2006

(图 149)

Huaxiapterus corollatus：Lü et al., 2006d, p. 317, Figs 1, 2；Kellner et Campos, 2007；Wang et Dong, 2008；Pinheiro et al., 2011；Witton, 2013

正模 ZMNH M8131，一具近完整的骨架，包括了近完整的上下颌。产于辽宁朝阳，下白垩统九佛堂组；现存于浙江自然博物馆。

鉴别特征 中国翼龙属成员，具有如下的自有裔征：前上颌骨脊在鼻眶前孔的前背部有明显的斧状突起。

评注 Wang 和 Zhou（2006）、Wang 和 Dong（2008）、孟溪（2008）认为"具冠华夏翼龙"是董氏中国翼龙的晚出异名。Kellner 和 Campos（2007）认为"华夏翼龙属"的模式种"季氏华夏翼龙"属于中国翼龙属，所以"华夏翼龙属"是无效属名，需要一个新组合来代表"华夏翼龙属"的其他种。这一观点被之后大多数的翼龙研究者所采用（Pinheiro et al., 2011；Witton, 2013；Andres et al., 2014），但是也有人提出了"华夏翼龙属"所有成员可能都是董氏中国翼龙的观点（Witton, 2013）。"具冠中国翼龙"和董氏中国翼龙仅在前上颌骨脊的形态上存在较为明显的不同，头后骨骼比例上较为相似，依据对哈密翼龙性双型的研究（Wang X. L. et al., 2014a），仅仅表现为头饰加大导致的不同

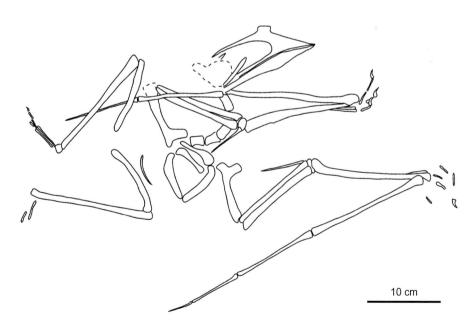

10 cm

图 149 具冠中国翼龙 *Sinopterus corollatus*
正模（ZMNH M8131）线条图（引自 Lü et al., 2006d）

很可能是雌雄个体的表现，所以本文暂时将这一类型放入中国翼龙属，保留原种名。

本溪中国翼龙 *Sinopterus benxiensis* Lü, Gao, Xing, Li et Ji, 2007

（图 150）

Huaxiapterus benxiensis：Lü et al., 2007, p. 683, Figs 1–3；Wang et Dong, 2008；Pinheiro et al., 2011；
　　Witton, 2013

正模　BXGM V0011，一具近完整的骨架，包括了近完整的上下颌。产于辽宁朝阳联合，下白垩统九佛堂组；现存于本溪地质博物馆。

鉴别特征　中国翼龙属成员，具有如下的特征组合：顶骨脊向后延伸长，下颌愈合部分的背面具有明显的浅沟，肱骨与其他前肢骨骼的比值明显小于中国翼龙属的其他成员。

评注　Lü 等（2007）建立该种，归入"华夏翼龙属"。但是这一类型与中国翼龙属的其他成员存在一定差异。Lü 等（2007）列出了本文鉴别特征的前两个特征，本文又增加了一个特征，即肱骨与其他前肢骨骼的比值较中国翼龙属的其他成员小，说明肱骨相对较短。

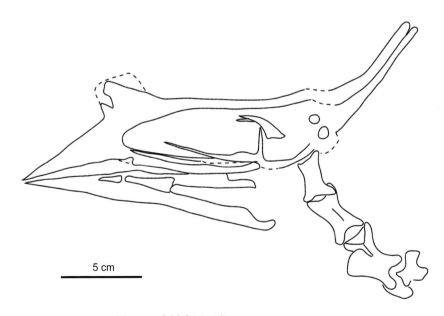

5 cm

图 150　本溪中国翼龙 *Sinopterus benxiensis*
正模（BXGM V0011）头骨线条图（引自 Lü et al., 2007）

古神翼龙科？ Family Tapejaridae?

始神龙翼龙属 Genus *Eoazhdarcho* Lü et Ji, 2005b

模式种 辽西始神龙翼龙 *Eoazhdarcho liaoxiensis* Lü et Ji, 2005b

鉴别特征 古神翼龙科成员，具有如下的特征组合：中部颈椎的长宽比值为 3.5，肱骨与股骨的比值为 0.96，肩胛乌喙骨呈 U 型，尺骨与翼掌骨的比值为 0.9；肱骨三角肌脊占肱骨长度的 33%。

中国已知种 仅模式种。

分布与时代 辽宁，早白垩世。

评注 Lü 和 Ji（2005b）建立该属时始神龙翼龙属仅保存有下颌部分，未保存上颌，是否具有朝阳翼龙科的自有衍征无法判断。始神龙翼龙属和"吉大翼龙属"都保存有下颌，并且都暴露腹面。首先在始神龙翼龙属的下颌愈合部分后端有一阶梯状结构，没有出现在"吉大翼龙属"中；其次始神龙翼龙属下颌愈合部分占下颌长度的 30%（不含阶梯状结构）或 40%（含阶梯状结构；Lü et Ji, 2005b），明显都小于"吉大翼龙属"的这一占比（56%）。据此认为始神龙翼龙属和"吉大翼龙属"属于不同的类型，始神龙翼龙也就不属于朝阳翼龙属。

辽西始神龙翼龙 *Eoazhdarcho liaoxiensis* Lü et Ji, 2005b

（图 151）

正模 (NGM) GMN-03-11-002，一具不完整的骨架，包括了近完整的下颌。产于辽宁朝阳，下白垩统九佛堂组；应存于南京地质博物馆。

鉴别特征 同属。

评注 Lü 和 Ji（2005b）建立辽西始神龙翼龙属时，所标注的标本馆藏地点为南京地质博物馆。但是，在本文作者调查过程中，南京地质博物馆告知并没有这一编号的标本，类似编号也不是南京地质博物馆所使用的方式。所以，这一标本的具体下落还有待于进一步的查询，本文仍然采用原编号和收藏单位。

朝阳翼龙科 Family Chaoyangopteridae Lü, Unwin, Xu et Zhang, 2008

模式属 朝阳翼龙 *Chaoyangopterus* Wang et Zhou, 2003

定义与分类 朝阳翼龙科是一个包含朝阳翼龙属、神州翼龙属（*Shenzhoupterus*）及其最近共同祖先和所有后裔在内的类群。朝阳翼龙科包括朝阳翼龙属、神州翼龙属和

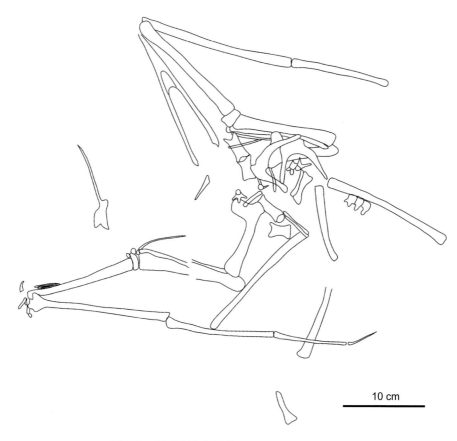

10 cm

图 151　辽西始神龙翼龙 *Eoazhdarcho liaoxiensis*
正模（(NGM) GMN-03-11-002）线条图（引自 Lü et Ji, 2005b）

湖氓翼龙属（*Lacusovugas*），小龙翼龙属（*Microtuban*）也可能属于朝阳翼龙科。

　　鉴别特征　神龙翼龙超科成员，具有如下的自有裔征：前上颌骨在鼻眶前孔背侧部分细。还具有如下的特征组合：头部相对较大，长而直的上下颌，低矮而无脊的吻部，头骨后部向上明显增大，鼻眶前孔大。

　　中国已知属　朝阳翼龙 *Chaoyangopterus* Wang et Zhou, 2003 和神州翼龙 *Shenzhoupterus* Lü, Unwin, Xu et Zhang, 2008，共 2 属。

　　分布与时代　中国、巴西，黎巴嫩也有可能的朝阳翼龙科成员；时代为早白垩世，可能延续到晚白垩世早期。

　　评注　Lü 等（2008a）建立朝阳翼龙科时并没有指定模式属，但指出朝阳翼龙科名称的依据为该科的第一个命名的属朝阳翼龙属（Wang et Zhou, 2003），所以此处指定朝阳翼龙属为模式属。

　　Lü 等（2008a）建立朝阳翼龙科，还提出了鼻眶前孔延伸超过上下颌关节位置，这两个自有裔征都得到了其支序系统学研究的支持。之后的研究也支持"前上颌骨在鼻眶前孔背侧部分细"这一自有裔征（Pinheiro et al., 2011）。Witton（2013）提出了朝阳翼龙科的特征组合，包括了之前提出的两个自有裔征，鼻眶前孔超过上下颌关节被鼻眶前孔大代替。考虑到仅有神州翼龙属的头部骨骼保存相对完整的鼻眶前孔，所以鼻眶前孔延伸超过上下颌关节可能是神州翼龙属的自有裔征，但是鼻眶前孔大出现在所有的朝阳翼龙科成员中，所以本文仅保留了一个自有裔征，其他作为朝阳翼龙科的特征组合。

朝阳翼龙属 Genus *Chaoyangopterus* Wang et Zhou, 2003

模式种 张氏朝阳翼龙 *Chaoyangopterus zhangi* Wang et Zhou, 2003

鉴别特征 朝阳翼龙科成员，具有如下的自有裔征：吻端长度与吻端最大高度的比值超过 4.7。

中国已知种 仅模式种。

分布与时代 辽宁，早白垩世。

评注 Wang 和 Zhou（2003）建立该属时将其归入夜翼龙科（Nyctosauridae），并认为其较小的个体易与无齿翼龙科和神龙翼龙科的成员相区别。Lü（2003）认为朝阳翼龙属不属于夜翼龙科，而是与无齿翼龙科成员较为相似，如下颌愈合部分至少占下颌长度的 30% 和胫骨与股骨的比值这两个特征与无齿翼龙属相似，将其归入无齿翼龙科，这一观点被之后的研究者所采用（Wang et al., 2005；吕君昌等，2006）。

Wang 和 Zhou（2003）建立该属时，提出了如下的鉴别特征：①中型到大型的翼手龙类，翼展约 1.85 m；②头骨低而长，吻端尖；③无齿；④第一至三指粗壮，爪大而弯曲；⑤有 4 节翼指骨，向后逐渐变短；⑥翼掌骨和第一翼指骨相对秀丽夜翼龙要短；⑦胫骨与股骨长度之比为 1.5，胫骨与肱骨长度之比为 2.2，都比秀丽夜翼龙要大（分别为 0.5 和 1.5）；⑧前肢与后肢（不含指/趾骨）长度之比为 1.1，比秀丽夜翼龙小（1.5）。朝阳翼龙属在翼手龙中相对较大，但是相比神龙翼龙科的成员，这一翼展还是属于小型的翼龙，特征①不正确。朝阳翼龙属的头骨不完整，所以特征②中的头骨低而长存在疑问。特征②中的吻端尖和特征③见于所有神龙翼龙超科的成员中，特征④和⑤见于翼手龙亚目中的大多数成员中，所以这些特征都不能作为朝阳翼龙属的鉴别特征。特征⑥、⑦和⑧都是和秀丽夜翼龙的比较，而目前认为朝阳翼龙属不属于夜翼龙科，所以这些比较都需要修改。吕君昌等（2006）对朝阳翼龙科特征进行了修订，保留了修订的⑥和⑦的比例部分。但是这一比例在朝阳翼龙科中与神州翼龙属差别也不明显。Lü 等（2008b）提出了朝阳翼龙科中成员相区别的特征：①上颌腹面和下颌背面的平直程度；②吻端长度与吻端的最大高度的比值。实际上特征①仅有微小的不同，都近于平直。而特征②朝阳翼龙属中的这一比值并不是 Lü 等（2008b）报道的 5.7，而应为 4.7，这也与神州翼龙属的这一比值存在明显的差别，所以特征②可以作为朝阳翼龙科各属的自有裔征。

张氏朝阳翼龙 *Chaoyangopterus zhangi* Wang et Zhou, 2003

(图 152，图 153)

Jidapterus edentus：董枝明等，2003，1页，图版 I；Wang et al., 2005；Wang et Zhou, 2006；吕君昌等，2006；Lü et al., 2008a；Witton, 2013

正模 IVPP V 13397，一具近完整的骨架，包括了不完整的上下颌。产于辽宁朝阳大平房；现存于中国科学院古脊椎动物与古人类研究所。

归入标本 JLUM CAD-01，一具近完整的骨架，包括了近完整的上下颌。产于辽宁朝阳大平房；现存于吉林大学博物馆。

鉴别特征 同属。

产地与层位 辽宁朝阳大平房，下白垩统九佛堂组。

评注 董枝明等（2003）建立"无齿吉大翼龙"。Wang 等（2005）以及汪筱林和周忠和（2006）认为"吉大翼龙属"是朝阳翼龙属的晚出异名，甚至"无齿吉大翼龙"就是张氏朝阳翼龙的晚出异名。Wang 和 Zhou（2006）认为不仅"吉大翼龙属"，而且始神龙翼龙属和始无齿翼龙属都是朝阳翼龙属的晚出异名。这一观点在之后的研究中没有被广泛采纳（Lü et al., 2010b；Witton, 2013；Andres et al., 2014）。

"无齿吉大翼龙"在最初命名的文献中将上颌的方向鉴定错误（董枝明等，2003）。吕君昌等（2006）修订了这一错误。"无齿吉大翼龙"的前上颌骨在鼻眶前孔背侧细，具有朝阳翼龙科的自有裔征；而其吻端部分的长与最大高度的比值为 5.1，与张氏朝阳翼龙的正模十分接近，这一特征属于朝阳翼龙属的自有裔征。此外，在头后骨骼比例上差别也不大，因此，本文仍然将"无齿吉大翼龙"作为张氏朝阳翼龙的晚出异名。

神州翼龙属 Genus *Shenzhoupterus* Lü, Unwin, Xu et Zhang, 2008

模式种 朝阳神州翼龙 *Shenzhoupterus chaoyangensis* Lü, Unwin, Xu et Zhang, 2008

鉴别特征 朝阳翼龙科成员，具有如下的自有裔征：吻端长度与吻端最大高度的比值小于 4.7。

中国已知种 仅模式种。

分布与时代 辽宁，早白垩世。

评注 Lü 等（2008b）提出了朝阳翼龙科中成员相区别的特征，见朝阳翼龙属的评注部分。同样的理由，仅有吻端长度与吻端高度的比值可以作为神州翼龙属的自有裔征。

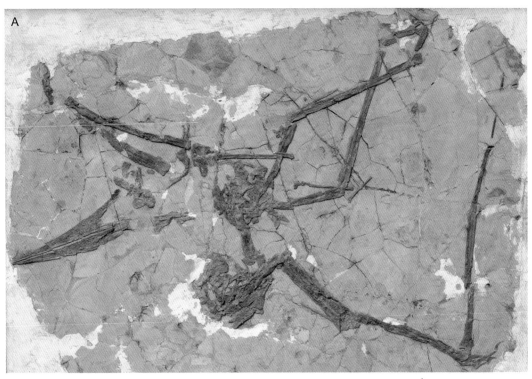

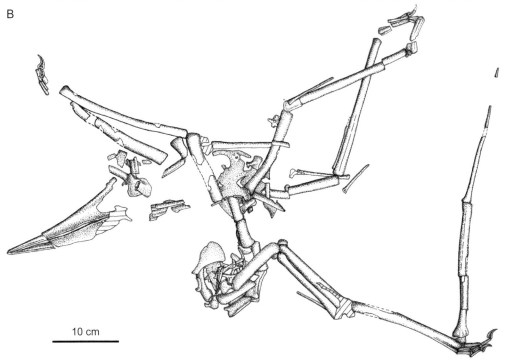

10 cm

图 152　张氏朝阳翼龙 *Chaoyangopterus zhangi*
正模（IVPP V 13397）：A. 照片；B. 素描图

图153　张氏朝阳翼龙 *Chaoyangopterus zhangi*（＝"无齿吉大翼龙 *Jidapterus edentus*"）
归入标本（JLUM CAD-01）照片

朝阳神州翼龙 *Shenzhoupterus chaoyangensis* Lü, Unwin, Xu et Zhang, 2008

（图154）

正模　HNGM 41HIII-305A，一具近完整的骨架，包括了近完整的上下颌。产于辽宁朝阳，下白垩统九佛堂组；现存于河南地质博物馆。

鉴别特征　同属。

神龙翼龙科 Family Azhdarchidae Nessov, 1984

模式属　神龙翼龙 *Azhdarcho* Nessov, 1984

定义与分类　神龙翼龙科是一个包含风神翼龙属、浙江翼龙属及其最近共同祖先和所有后裔在内的类群。神龙翼龙科目前包括了近10个属种，大多数只有一些不完整的骨骼，如欧洲神龙属（*Eurazhdarcho*）和哈特兹哥翼龙。

鉴别特征　大型的翼手龙亚目成员，具有如下的特征组合：中部颈椎极度加长，长与宽的比值超过5；中部颈椎的神经棘极度退化；翼指骨腹面具有纵脊，横截面呈T型。

中国已知属　浙江翼龙 *Zhejiangopterus* Cai et Wei, 1994。

分布与时代　中国、哈萨克斯坦、乌兹别克斯坦、约旦、俄罗斯、法国、罗马尼亚、摩洛哥、美国及阿根廷，晚白垩世。

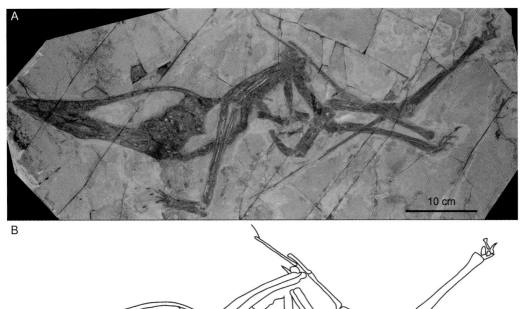

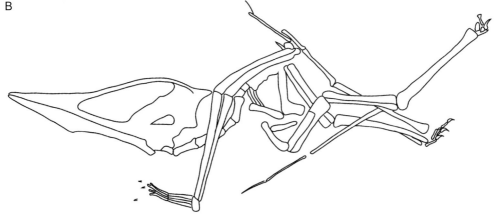

图 154　朝阳神州翼龙 *Shenzhoupterus chaoyangensis*
正模（HNGM 41HIII-305A）：A. 照片；B. 线条图（B 引自 Lü et al., 2008a）

评注　Nessov（1984）首先建立神龙翼龙属，并提出了神龙翼龙亚科（Azhdarchinae），归入无齿翼龙科。Padian（1984b）建立巨龙翼龙科（Titanopterygiidae）。Padian（1986）将神龙翼龙亚科提为神龙翼龙科，并认为巨龙翼龙科是神龙翼龙科的晚出异名。

　　Nessov（1984）提出了如下的鉴别特征：①大型翼龙；②环椎和枢椎愈合；③后部颈椎极度加长；④颈椎中部的截面呈圆形；⑤前部有三个气孔，且中间的气孔位于神经孔之上；⑥具有联合背椎；⑦前关节面宽。Kellner（2003）认为特征①是白垩纪后期大部分翼龙演化的趋势，不能作为神龙翼龙科的特征；特征②和⑥出现在更大范围的翼龙类型中，如准噶尔翼龙次亚目中；特征④是由于神经棘的极度退化造成的；特征⑤和⑥由于大多数标本保存不佳，无法确认。所以，Kellner（2003）提出了神龙翼龙科的鉴定特征：（a）中部颈椎极度加长；（b）中部颈椎神经棘极度退化。Unwin（2003）总结了神龙翼龙科的鉴别特征：（A）眼眶小，只有鼻眶前孔高度的三分之一，近圆形，位于鼻眶前孔的中线以下；（B）第五颈椎的长宽比不小于 8，髓弓与椎体愈合，形成瘤状结构；（C）第五颈椎神经棘缺失，其他颈椎神经棘也十分低矮；（D）乌喙骨隆缘（coracoid flange）膨大，至少占乌喙骨长度的一半；（E）第一翼指骨远端有极窄的凹；（F）第二和第三翼指骨腹面具纵向脊，使横截面呈 T 型；（G）股骨长度为肱骨长度的 1.6 倍。其中特征（A）、（D）和（G）出现在更大范围的翼龙类型中，而特征（E）很少被报道，无法确认，特征（B）和（C）与 Kellner（2003）提出的（a）和（b）类似。Andres 等（2014）系统发育分析中神龙翼龙科的特征为：①头骨的长宽比；②中部颈椎长宽比大于 5；③中部颈椎神经棘退化；④肱骨远端具神经孔；⑤肱骨三角肌脊的位置靠近远端；⑥翼指骨骨干横截面为 T 型，腹面具脊。其中特征①、④和⑤出现在更大范围的翼龙类群中；特征②在比值上与特征（B）略有不同，特征③和⑥与 Unwin（2003）总结的特征（C）和（F）相似。综上所述，本文采用的神龙翼龙科的特征如上。

关于神龙翼龙属及神龙翼龙科的命名人有两种拼写，分别为 Nosev（Padian, 1986；Unwin, 2003；吕君昌等，2006）和 Nossev（Wellnhofer, 1991；Kellner, 2003；Averianov et al., 2008）。本文作者建议使用 Nessov，因为文章最初为俄语，目前研究者大都阅读的是一份翻译的英文文献，原作者翻译 Nosev，而文章内则全部为 Nessov，所以可能为拼写错误；另外，依据目前俄罗斯研究者的引用，应为 Nossev，所以神龙翼龙科的建立者为 Nossev。

浙江翼龙属 Genus *Zhejiangopterus* Cai et Wei, 1994

模式种　临海浙江翼龙 *Zhejiangopterus linhaiensis* Cai et Wei, 1994

鉴别特征　较小型的神龙翼龙科成员，具有如下的特征组合：头骨不具有顶骨脊，鼻眶前孔占头骨长度的一半，胸骨的长是最宽处的 2 倍以上。

中国已知种　仅模式种。

分布与时代　浙江，晚白垩世。

评注　蔡正全和魏丰（1994）建立该属时，将其归入夜翼龙科。Unwin 和 Lü（1997）将其归入神龙翼龙科，这一观点此后被广泛接受（Kellner, 2003；Unwin, 2003；Andres et al., 2014）。

蔡正全和魏丰（1994）建立该属时提出了如下的特征组合：①大型翼龙，两翼展开约 5 m；②头骨低而长，前上颌部直至后顶端浑圆，未发育中棱或其他脊状构造；③鼻孔与眶前孔连合成一个卵圆形大孔，约占头骨全长的二分之一；④喙细长，尖锐，没有牙齿；⑤颈长，由 7 个颈椎组成，颈椎细长；⑥具有 6 个背椎组成的联合背椎；⑦荐椎联合；⑧尾极短；⑨胸骨薄，具龙骨突；⑩具 6 组"人字形"腹肋；⑪腰带为典型的无齿翼龙式；⑫前肢强壮，肱骨短粗，三角脊发育，翼掌骨长于尺骨和桡骨；⑬股骨细长，几乎为肱骨的 1.5 倍。Unwin 和 Lü（1997）提出了如下的特征组合：（a）长而低矮的头部不发育头脊；（b）无齿；（c）小而圆的眼眶位于鼻眶前孔的背缘之下；（d）枕髁关节朝向后腹面。吕君昌等（2006）认为蔡正全和魏丰（1994）提出的特征仅有③和⑬是浙江翼龙属的鉴别特征，其他都存在于更为广泛的翼龙类群中，提出了修订的鉴别特征为（c）、（d）、⑬和新增加的特征——中部颈椎极度加长，长与宽之比大于等于5。Wang和Dong（2008）修订的特征为：②、③、④、⑤、⑫和⑬。在神龙翼龙科中，翼展近5 m属于中型的翼龙，特征①不正确，特征④至⑬出现在更广泛的翼龙类型中，仅有特征②和③与保存头骨的风神翼龙属不同，可作为浙江翼龙属的特征组合。特征（a）同特征②，特征（b）和（c）见于所有神龙翼龙科成员及古神翼龙科等，特征（d）见于进步的翼手龙亚目的成员中，所以这些特征都不能作为浙江翼龙属的鉴别特征。本文还增加了一个特征：胸骨的长是最宽处的2倍以上，这一特征与其他已知的胸骨都不相同。

临海浙江翼龙 *Zhejiangopterus linhaiensis* Cai et Wei, 1994

（图 155）

正模 ZMNH M1330，一具较完整的头骨印模。产于浙江临海上盘；现存于浙江自然博物馆。

副模 ZMNH M1323，一具基本完整的骨架。产于浙江临海上盘；现存于浙江自然博物馆。

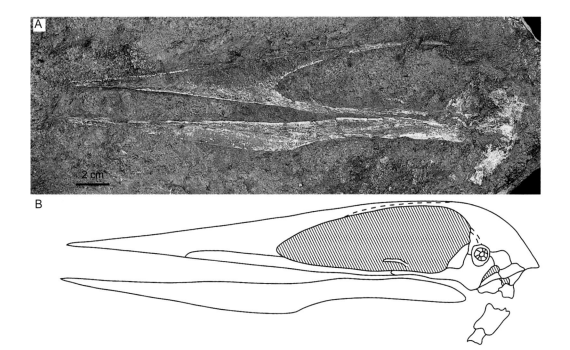

图 155　临海浙江翼龙 *Zhejiangopterus linhaiensis*
正模（ZMNH M1330）：A. 照片；B. 线条图（引自蔡正全、魏丰，1994）

归入标本　ZMNH M1324、M1325、M1328 和 M1329，包括了部分近完整的头骨和头后骨骼。产于浙江临海上盘；现存于浙江自然博物馆。

鉴别特征　同属。

产地与层位　浙江临海上盘，上白垩统塘上组。

评注　蔡正全和魏丰（1994）的地层时代最初采用了穆志国和蔡正全（1992）对化石围岩进行的 K-Ar 年龄测定结果，为稍大于 81.5 Ma。汪筱林等（2014）利用锆石 U-Pb 测年，对天台和产出浙江翼龙的两个小型盆地的塘上组凝灰岩进行了测定，结果分别为 113 Ma 和 90 Ma，说明了塘上组在不同盆地的沉积年龄不同，而浙江翼龙化石层位的年龄为 90 Ma，这一结果与穆志国、蔡正全（1992）所得到的绝对年龄接近。

翼手龙亚目科未定 Pterodactyloidea incertae familiae

郝氏翼龙属 Genus *Haopterus* Wang et Lü, 2001

模式种　秀丽郝氏翼龙 *Haopterus gracilis* Wang et Lü, 2001

鉴别特征　中小型的翼手龙类，头骨长度约 145 mm，两翼展开约 1.35 m。具有如下的特征组合：头骨低而长；头顶无脊状构造；吻端较尖；上下颌各发育 12 枚向后弯曲的尖锐牙齿；前上颌骨的牙齿（前三齿）细长；上下颌的牙齿从第四齿开始基部有收缩现象；下颌具牙部分延伸至鼻眶前孔长度的约 1/2 处，约占下颌长度的 66.4%；肱骨短粗平直，近端三角肌脊扩大；翼掌骨较长，是肱骨长度的 1.3 倍；第一至第三翼指骨均长于翼掌骨；尺桡骨和第一翼指骨长度分别是翼掌骨长的 1.1 倍和 1.4 倍；蹠骨非常细小；第一至第三蹠骨基本等长，第四蹠骨较短；第一蹠骨长度约为翼掌骨长度的 18.7%；胸骨似扇形，长宽大致相等，具发达的龙骨突。

中国已知种　仅模式种。

分布与时代　辽宁，早白垩世。

评注　汪筱林和吕君昌（2001）建立该属时将其归入翼手龙科。Wang 和 Zhou（2006）及汪筱林和周忠和（2006）接受了这一观点，Andres 和 Ji（2008）不同意这一观点。Wang 等（2005）认为郝氏翼龙属于古翼手龙超科，但是具体的系统发育位置还需要进一步的研究。Unwin（2001）将其归入鸟掌翼龙科，后被部分研究者采用（Lü, 2003；Lü et Ji, 2005a）。吕君昌等（2006）和 Lü 等（2008b）认为郝氏翼龙属可能是帆翼龙类的原始类群，Witton（2012）则反对这一观点。Andres 等（2014）的系统发育分析显示郝氏翼龙属处于真翼手龙类（Eupterodactyloidea）的最基干位置，与鸟掌翼龙超科构成姐妹群。本文采用了这一分类，用准噶尔翼龙次亚目而没有使用真翼手龙类。

汪筱林和吕君昌（2001）建立该属时提出的特征除了以上所列之外，还有：①二者合一的长椭圆形鼻眶前孔；②前肢较粗壮；③第五蹠骨退化缩短。特征①和③出现在所有的翼手龙亚目的成员中，而②在翼龙目中都较为常见。所以这三个特征都没有保留。修改了肱骨三角肌脊的形态这一特征，半圆形可能为保存所致，具体形态不能确定。吕君昌等（2006）对郝氏翼龙属的特征进行了修订，认为之前所列的特征也出现在其他部分翼龙之中，不能作为鉴别特征，所以这些特征不是郝氏翼龙属的自有裔征，但是作为郝氏翼龙属的特征组合是没有大的问题的，所以本文并没有采用其修订的特征。

秀丽郝氏翼龙 *Haopterus gracilis* Wang et Lü, 2001
（图 156）

正模 IVPP V 11726，一件近完整的骨骼，包含近完整的上下颌。产于辽宁北票四合屯，下白垩统义县组；现存于中国科学院古脊椎动物与古人类研究所。

鉴别特征 同属。

藏龙属 **Genus *Kryptodrakon* Andres, Clark et Xu, 2014**

模式种 先驱藏龙 *Kryptodrakon progenitor* Andres, Clark et Xu, 2014

鉴别特征 小型的翼手龙亚目成员，具有如下的自有裔征：桡骨远端腹侧有明显的突缘，背侧有向前的瘤状突；前端腕骨由于前侧的两个突缘而使得宽比长大。还具有如下的特征组合：翼掌骨加长，其长度是其中部宽的 8 倍以上；翼掌骨近端前后向压扁，且有大的腹侧膨大。

中国已知种 仅模式种。

分布与时代 新疆，中晚侏罗世界线。

评注 Andres 等（2014）建立该属时的系统发育分析显示这一类群是翼手龙亚目中最基干的类型，并据此重建了翼手龙亚目陆相起源以及其主要陆相生存历史。

先驱藏龙 *Kryptodrakon progenitor* Andres, Clark et Xu, 2014
（图 157）

正模 IVPP V 18184，一具不完整的头后骨骼化石。产于新疆昌吉五彩湾，中上侏罗统石树沟组；现存于中国科学院古脊椎动物与古人类研究所。

鉴别特征 同属。

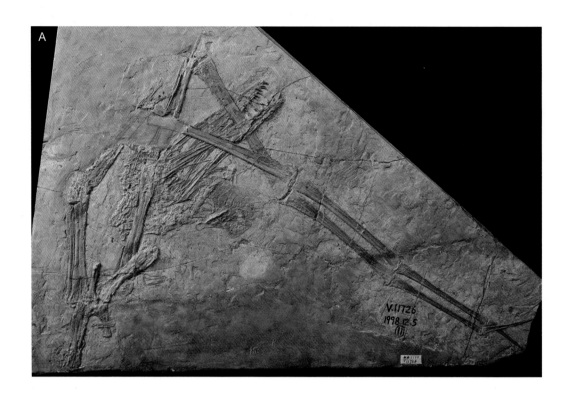

B

5 cm

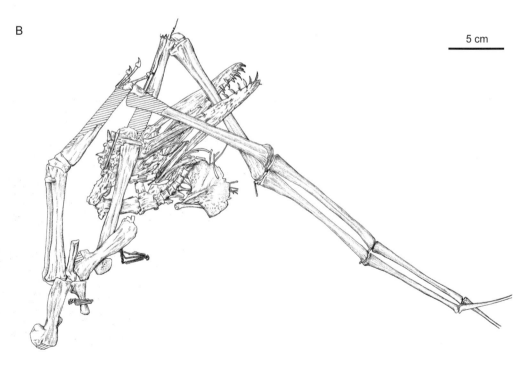

图 156　秀丽郝氏翼龙 *Haopterus gracilis*
正模（IVPP V 11726）：A. 照片；B. 素描图

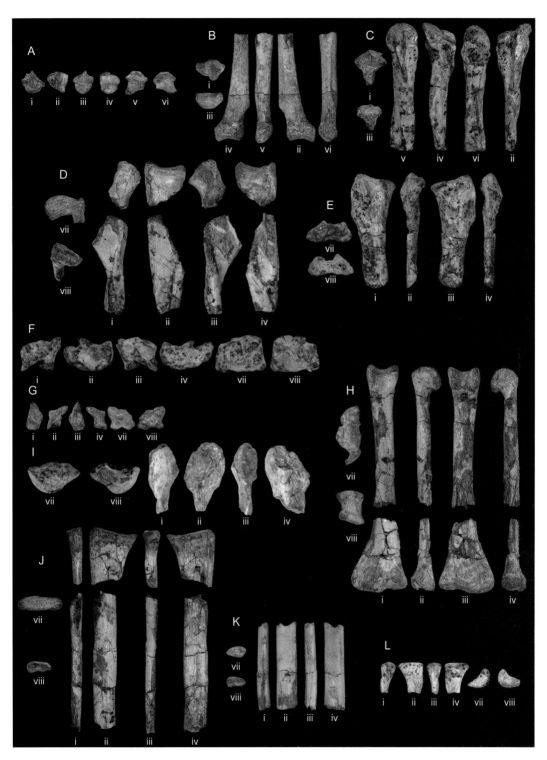

图 157　先驱藏龙 *Kryptodrakon progenitor* 正模（IVPP V 18184）照片（引自 Andres et al., 2014）

A. 部分荐椎；B. 部分左乌喙骨；C. 右肩胛乌喙骨前部；D. 左肱骨近端骨干；E. 右桡骨远端；F. 右远端腕骨；G. 右侧腕骨；H. 右掌骨；I. 右第一翼指骨近端；J. 右第二翼指骨近端；K. 右第三翼指骨骨干；L. 右第四翼指骨近端。i. 前视；ii. 背视；iii. 后视；iv. 腹视；v. 右视；vi. 左视；vii. 近端视；viii. 远端视

义县翼龙属? Genus *Yixianopterus* Lü, Ji, Yuan, Gao, Sun, et, Ji, 2006 ?

模式种 ?金刚山义县翼龙?*Yixianopterus jingangshanensis* Lü, Ji, Yuan, Gao, Sun et Ji, 2006

鉴别特征 翼手龙亚目成员，具有如下的特征组合：具有大小几乎相等的牙齿，且牙齿之间较好的隔开；相对较短的翼掌骨；第一翼指骨和第二翼指骨长度几乎相等；第一翼指骨与翼掌骨的长度之比为 2，翼掌骨与尺骨的长度之比为 0.64。

中国已知种 仅模式种。

分布与时代 辽宁，早白垩世。

评注 Lü 等（2006c）建立该属时，将其归入枪颌翼龙科（Lonchodectidae）中加以问号，并给出了如上的鉴别特征。许多类型的翼龙具有类似的前部牙齿的特征，如悟空翼龙属（Wang et al., 2009）、翼手龙属（Bennett, 2013b）、郝氏翼龙属（汪筱林、吕君昌，2001）等，不足以鉴别该属。其他特征为头后骨骼比例。个体发育过程中头后骨骼比例变化较大，而这件标本也没有任何反映个体发育阶段的特征，用这些特征鉴别该属也是不可靠的。所以该属是否有效，以及应归哪一科，还存有疑问，故加问号以示存疑，而鉴别特征仅将原文中的内容罗列如上。

?金刚山义县翼龙 ?*Yixianopterus jingangshanensis* Lü, Ji, Yuan, Gao, Sun et Ji, 2006
（图 158）

正模 JZMP-V-12，一具不完整的骨架，包含上下颌的前端。产于辽宁义县金刚山，下白垩统义县组上部；现存于锦州古生物博物馆。

鉴别特征 同属。

评注 Lü 等（2006c）建立该属种依据的标本保存不完整，且头骨大部分系人为伪造。其鉴别特征不足以鉴别该种（理由同属），分类有效性存疑，有待于进一步研究。因为属种均存疑，故在金刚山义县翼龙的中文名和拉丁学名前加以问号。

宁城翼龙属? Genus *Ningchengopterus* Lü, 2009a ?

模式种 ?刘氏宁城翼龙?*Ningchengopterus liuae* Lü, 2009a

鉴别特征 一幼年翼手龙亚目成员，具有如下的特征组合：上下颌一共 50 枚牙齿；头骨略长于背椎和荐椎的总长；中部颈椎短；肱骨、肩胛骨和翼掌骨近等长；尺骨与第一翼指骨近等长，股骨与第三翼指骨近等长；第二翼指骨与第一翼指骨近等长。

中国已知种 仅模式种。

分布与时代　内蒙古，早白垩世。

评注　Lü 等（2009a）建立该属时将其归入翼手龙亚目科未定，并给出了如上的鉴别特征。但是所有这些特征都会随着个体发育而发生明显的改变，同时这件标本是个幼年个体，所以这些鉴别特征都不足以鉴别该属，有待于进一步的发现和研究，故目前对该属加问号以示存疑，而鉴别特征仅将原文中的内容罗列如上。

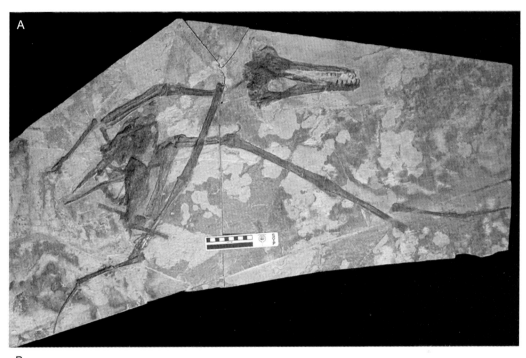

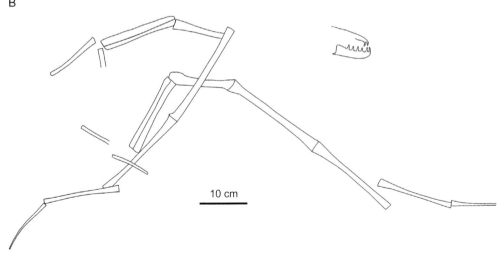

图 158　?金刚山义县翼龙 ?*Yixianopterus jingangshanensis*

正模（JZMP-V-12）照片：A.照片；B.线条图（引自 Lü et al., 2006c）

？刘氏宁城翼龙 *?Ningchengopterus liuae* Lü, 2009a

（图 159）

正模 (CBFNG) CYGB-0035，一具不完整的骨架，包含不完整的上下颌。产于内蒙古宁城大双庙，下白垩统义县组；现存于朝阳鸟化石国家地质公园。

鉴别特征 同属。

评注 基于上述同样的理由，属种均存疑，故在其中文名和拉丁学名前加以问号。

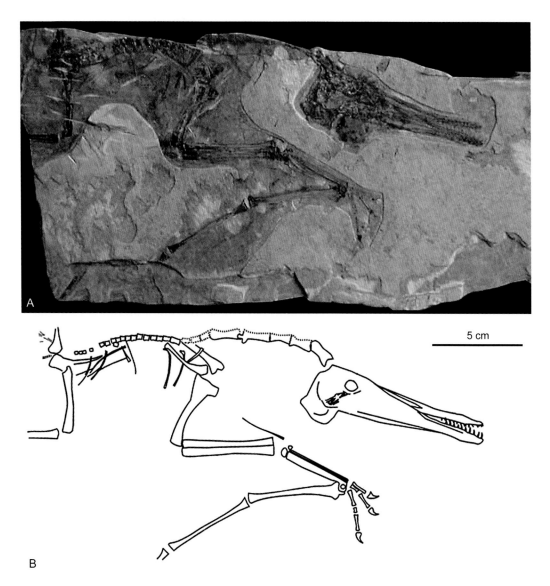

图 159 ？刘氏宁城翼龙 *?Ningchengopterus liuae*

正模 [(CBFNG) CYGB-0035]：A. 照片；B. 线条图（引自 Lü, 2009a）

参 考 文 献

蔡正全 (Cai Z Q), 魏丰 (Wei F). 1994. 浙江临海晚白垩世一翼龙新属种. 古脊椎动物学报, 32(3): 181–194

程政武 (Cheng Z W). 1980. 七、古脊椎动物化石. 见：中国地质科学院地质研究所. 陕甘宁盆地中生代地层古生物. 北京：地质出版社. 115–188

丛林玉 (Cong L Y), 侯连海 (Hou L H), 吴肖春 (Wu X C), 侯晋封 (Hou J F). 1998. 扬子鳄大体解剖. 北京：科学出版社. 1–388

董枝明 (Dong Z M). 1974. 新疆的鳄类化石. 古脊椎动物与古人类, 12(3): 187–188

董枝明 (Dong Z M). 1982. 鄂尔多斯盆地一翼龙化石. 古脊椎动物学报, 20(2): 115–121

董枝明 (Dong Z M), 孙跃武 (Sun Y W), 伍少远 (Wu S Y). 2003. 辽西朝阳盆地早白垩世一新的无齿翼龙化石. 世界地质, 22(1): 1–7

段冶 (Duan Y), 郑少林 (Zheng S L), 胡东宇 (Hu D Y), 张立君 (Zhang L J), 王五力 (Wang W L). 2009. 辽宁建昌玲珑塔地区中侏罗世地层与化石初步报道. 世界地质, 28(2): 143–147

傅乾明 (Fu Q M), 明淑英 (Ming S Y), 彭光照 (Peng G Z). 2005. 四川自贡大山铺孙氏鳄属 (Sunosuchus) 一新种. 古脊椎动物学报, 43(1): 76–83

高玉辉 (Gao Y H). 2001. 四川自贡大山铺西蜀鳄一新种. 古脊椎动物学报, 39(3): 177–184

何信禄 (He X L), 杨代环 (Yang D H), 舒纯康 (Shu C K). 1983. 四川自贡大山铺中侏罗世一新翼龙化石. 成都地质学院学报, (增刊 1): 27–33

黄万波 (Huang W B), 方笃生 (Fang D S), 叶永相 (Ye Y X). 1982. 安徽和县猿人化石及有关问题的初步研究. 古脊椎动物与古人类, 20(3): 248–256

黄万波 (Huang W B), 宋方义 (Song F Y), 郭兴富 (Guo X F), 陈大远 (Chen D Y). 1988. 记广东首次发现巨羊及扬子鳄化石. 古脊椎动物学报, 26(3): 227–231

姬书安 (Ji S A). 1999. 中国的翼龙化石综述. 见：王元青 (Wang Y Q), 邓涛 (Deng T) 主编. 第七届中国古脊椎动物学学术年会论文集. 北京：海洋出版社. 81–88

姬书安 (Ji S A), 季强 (Ji Q). 1997. 辽宁西部翼龙类化石的首次发现. 地质学报, 71(1): 1–6

姬书安 (Ji S A), 季强 (Ji Q). 1998. 记辽宁一新翼龙化石 (喙嘴龙亚目). 江苏地质, 22(4): 199–206

季强 (Ji Q), 袁崇喜 (Yuan C X). 2002. 宁城中生代道虎沟生物群中两类具原始羽毛翼龙的发现及其地层学和生物学意义. 地质论评, 48(2): 221–224

李淳 (Li C). 2007. 贵州中三叠世长颈龙 (原龙目：长颈龙科) 一幼年个体. 古脊椎动物学报, 45(1): 37–42

李建军 (Li J J), 吕君昌 (Lü J C), 张宝堃 (Zhang B K). 2003. 记中国辽宁西部九佛堂组发现的中国翼龙一新种. 古生物学报, 42(3): 442–447

李锦玲 (Li J L). 1975. 广东茂名石油马来鳄的新材料. 古脊椎动物与古人类, 13(3): 190–191

李锦玲 (Li J L). 1976. 广东南雄发现的西贝鳄类化石. 古脊椎动物与古人类, 14(3): 169–173

李锦玲 (Li J L). 1984. 记湖南衡东盆地的平顶鳄一新种. 古脊椎动物学报, 22(2): 123–133

李锦玲 (Li J L). 1985. 新疆吐谷鲁群天山贫齿鳄的再研究. 古脊椎动物学报, 23(3): 196–206

李锦玲 (Li J L). 1993. 长鼻北碚鳄 (Peipehsuchus teleorrhinus) 的补充修订. 古脊椎动物学报, 31(2): 85–94

李锦玲 (Li J L), 王宝忠 (Wang B Z). 1987. 记山东山旺钝吻鳄 (*Aligator*) 一新种. 古脊椎动物学报, 25(3): 199–207

李锦玲 (Li J L), 吴肖春 (Wu X C), 李宣民 (Li X M). 1994. 四川永川重庆西蜀鳄 (*Hsisosuchus chungkingensis*) 一新材料. 古脊椎动物学报, 32(2): 107–126

刘俊 (Liu J), 李录 (Li L), 李兴文 (Li X W). 2013. 山西三叠系二马营组和铜川组 SHRIMP 锆石铀-铅年龄及其地质意义. 古脊椎动物学报, 51(2): 162–168

刘宪亭 (Liu X T). 1961. 真蜥鳄化石在我国的发现. 古脊椎动物与古人类, 1961(1): 69–70

吕君昌 (Lü J C), 吴肖春 (Wu X C). 1996. 宽头山东鳄 (*Shandungosuchus brachycephalus* Young, 1982) 的再研究. 古脊椎动物学报, 34(3): 184–201

吕君昌 (Lü J C), 张宝堃 (Zhang B K). 2005. 辽西义县组发现一新的翼手龙类化石. 地质评论, 51(4): 458–462, 图版 1

吕君昌 (Lü J C), 姬书安 (Ji S A), 袁崇喜 (Yuan C X), 季强 (Ji Q). 2006. 中国的翼龙类化石. 北京: 地质出版社. 1–147

孟溪 (Meng X). 2008. 热河生物群中国翼龙 (*Sinopterus*) 一新种与九佛堂组地层层序重建. 中国科学院研究生院硕士学位论文. 49

穆志国 (Mu Z G), 蔡正全 (Cai Z Q). 1992. 浙江翼龙化石层的 K-Ar 年龄及其地质意义. 北京大学学报, 自然科学版, 28(2): 250–256

彭光照 (Peng G Z). 1996. 记四川自贡晚侏罗世的汇东四川鳄. 古脊椎动物学报, 34(4): 269–278

彭光照 (Peng G Z), 舒纯康 (Shu C K). 2005. 四川自贡晚侏罗世西蜀鳄一新种. 古脊椎动物学报, 43(4): 312–324

彭江华 (Peng J H). 1991. 陕西府谷古鳄类一新属. 古脊椎动物学报, 29(2): 95–107

孙蔓璘 (孙艾玲) (Sun A L). 1958. 松辽平原 *Paralligator* 一新种. 古脊椎动物学报, 2(4): 277–280

汪筱林 (Wang X L), 吕君昌 (Lü J C). 2001. 辽宁西部义县组翼手龙科化石的发现. 科学通报, 46(3): 230–235

汪筱林 (Wang X L), 周忠和 (Zhou Z H). 2002. 辽宁早白垩世九佛堂组一翼手龙类化石及其地层意义. 科学通报, 47(20): 1521–1527, 图版 I

汪筱林 (Wang X L), 周忠和 (Zhou Z H). 2006. 热河生物群翼龙的适应辐射及其古环境背景. 见: 戎嘉余 (Rong J Y) 主编, 方宗杰 (Fang Z J), 周忠和 (Zhou Z H), 詹仁斌 (Zhan R B), 王向东 (Wang X D), 袁训来 (Yuan X L) 副主编. 生物的起源、辐射与多样性演变——华夏化石记录的启示. 北京: 科学出版社. 665–689, 937–938

汪筱林 (Wang X L), 王元青 (Wang Y Q), 王原 (Wang Y), 徐星 (Xu X), 唐治路 (Tang Z L), 张福成 (Zhang F C), 胡耀明 (Hu Y M), 顾罡 (Gu G), 郝兆林 (Hao Z L). 1998. 辽西四合屯及周边地区义县组下部地层层序与脊椎动物化石层位. 古脊椎动物学报, 36(2): 81–101

汪筱林 (Wang X L), 王元青 (Wang Y Q), 金帆 (Jin F), 徐星 (Xu X), 王原 (Wang Y), 张江永 (Zhang J Y), 张福成 (Zhang F C), 唐治路 (Tang Z L), 李淳 (Li C), 顾罡 (Gu G). 1999. 辽西四合屯脊椎动物化石组合及其地质背景. Palaeoworld, 11: 310–327

汪筱林 (Wang X L), 王元青 (Wang Y Q), 张福成 (Zhang F C), 张江永 (Zhang J Y), 周忠和 (Zhou Z H), 金帆 (Jin F), 胡耀明 (Hu Y M), 顾罡 (Gu G), 张海春 (Zhang H C). 2000. 辽宁凌源及内蒙古宁城地区下白垩统义县组脊椎动物生物地层. 古脊椎动物学报, 38(2): 81–99

汪筱林 (Wang X L), 周忠和 (Zhou Z H), 张福成 (Zhang F C), 徐星 (Xu X). 2002. 热河生物群发现带"毛"的翼龙化石. 科学通报, 47(1): 54–58

汪筱林 (Wang X L), 周忠和 (Zhou Z H), 贺怀宇 (He H Y), 金帆 (Jin F), 王元青 (Wang Y Q), 张江永 (Zhang J Y), 王原 (Wang Y), 徐星 (Xu X), 张福成 (Zhang F C). 2005. 内蒙古宁城道虎沟化石层的地层关系与时代讨论. 科学通报, 50(19): 2127–2135

汪筱林 (Wang X L), 程心 (Cheng X), 蒋顺兴 (Jiang S X), 王强 (Wang Q), 孟溪 (Meng X), 张嘉良 (Zhang J L), 李宁 (Li N).

2014. 辽西玲珑塔翼龙动物群和浙江翼龙的同位素年代: 兼论中国翼龙化石的地层序列和时代框架. 地学前缘, 21(2): 157–184

王亮亮 (Wang L L), 胡东宇 (Hu D Y), 张立君 (Zhang L J), 郑少林 (Zheng S L), 贺怀宇 (He H Y), 邓成龙 (Deng C L), 汪筱林 (Wang X L), 周忠和 (Zhou Z H), 朱日祥 (Zhu R X). 2013. 辽西建昌玲珑塔地区侏罗纪地层的离子探针锆石 U-Pb 定年: 对最古老带羽毛恐龙的年代制约. 科学通报, 58(14): 1346–1353

吴肖春 (Wu X C). 1981. 陕北槽齿类新发现. 古脊椎动物与古人类, 19(2): 122–132

吴肖春 (Wu X C). 1982. 陕甘宁盆地二马营组的假鳄类. 古脊椎动物与古人类, 20(4): 291–301

吴肖春 (Wu X C). 1986. 记裂头鳄属 (*Dibothrosuchus*) 一新种. 古脊椎动物学报, 24(1): 43–62

吴肖春 (Wu X C), 李锦玲 (Li J L), 李宣民 (Li X M). 1994. 西蜀鳄 (*Hsisosuchus*) 的系统发育关系. 古脊椎动物学报, 32(3): 166–180

吴肖春 (Wu X C), 刘俊 (Liu J), 李锦玲 (Li J L). 2001. 中国陆相上三叠统第一个初龙形类动物. 古脊椎动物学报, 39(4): 251–265

杨钟健 (Young C C). 1951. 禄丰蜥龙动物群. 中国古生物志, 新丙种第 13 号. 北京: 科学出版社. 1–94

杨钟健 (Young C C). 1958a. 山西武乡发现加斯马吐龙. 古脊椎动物与古人类, 2(4): 259–262

杨钟健 (Young C C). 1958b. 山东莱阳恐龙化石. 中国古生物志, 新丙种第 16 号. 北京: 科学出版社. 1–138

杨钟健 (Young C C). 1961. 山东莒县一新鳄. 古脊椎动物与古人类, 1961(1): 6–10

杨钟健 (Young C C). 1963. 新疆加斯马吐龙新材料. 古脊椎动物与古人类, 7(3): 215–222

杨钟健 (Young C C). 1964a. 中国的假鳄类. 中国古生物志, 新丙种第 19 号. 北京: 科学出版社. 1–205

杨钟健 (Young C C). 1964b. 中国新发现的鳄类化石. 古脊椎动物与古人类, 8(2): 189–208

杨钟健 (Young C C). 1964c. 新疆的一新翼龙类. 古脊椎动物与古人类, 8(3): 221–255

杨钟健 (Young C C). 1973a. 新疆吉木萨尔原蜥类的发现. 古脊椎动物与古人类, 11(1): 46–48

杨钟健 (Young C C). 1973b. 关于武氏鳄在中国新疆的发现. 中国科学院古脊椎动物与古人类研究所甲种专刊, 10: 38–52

杨钟健 (Young C C). 1973c. 新疆吐鲁番盆地一新的假鳄类. 中国科学院古脊椎动物与古人类研究所甲种专刊, 10: 53–58

杨钟健 (Young C C). 1973d. 乌尔禾翼龙类. 中国科学院古脊椎动物与古人类研究所甲种专刊, 11: 18–34

杨钟健 (Young C C). 1973e. 乌尔禾一新鳄. 中国科学院古脊椎动物与古人类研究所甲种专刊, 11: 37–44

杨钟健 (Young C C). 1978. 采自新疆加斯马吐龙一完整骨架. 中国科学院古脊椎动物与古人类研究所甲种专刊, 13: 16–46

杨钟健 (Young C C). 1982a. 云南禄丰一化石原始鳄类. 见: 《杨钟健文集》编辑委员会编. 杨钟健文集. 北京: 科学出版社. 26–28

杨钟健 (Young C C). 1982b. 云南禄丰恐龙一新属. 见: 《杨钟健文集》编辑委员会编. 杨钟健文集. 北京: 科学出版社. 38–42

杨钟健 (Young C C). 1982c. 安徽一新生代鳄类. 见: 《杨钟健文集》编辑委员会编. 杨钟健文集. 北京: 科学出版社. 47–48

杨钟健 (Young C C), 周明镇 (Chow M C). 1953. 四川中生代爬行类动物的新发现. 古生物学报, 1(3): 87–110

叶祥奎 (Yeh X K). 1958. 广东茂名鳄类化石的新发现. 古脊椎动物学报, 2(4): 237–242

张保民 (Zhang B M), 陈孝红 (Chen X H), 程龙 (Cheng L). 2010. 中三叠统巨胫龙 (*Macrocnemus* cf. *fuyuanensis*) 相似种在贵州兴义的发现. 华南地质与矿产, 2: 3–47

张法奎 (Zhang F K). 1975. 湖南桑植中三叠世槽齿类的发现. 古脊椎动物与古人类, 13(3): 144–147

张法奎 (Zhang F K). 1981. 记安徽一鳄类化石. 古脊椎动物与古人类, 19(3): 200–207

张俊峰 (Zhang J F). 2002. 道虎沟生物群 (前热河生物群) 的发现及其地质时代. 地层学杂志, 26(3): 173–177

张孟闻 (Zhang M W), 宗愉 (Zong Y), 马积藩 (Ma J F). 1998. 总论 龟鳖目 鳄形目. 中国动物志 爬行纲 第一卷. 北京: 科学出版社. 1–213

周明镇 (Chow M C), 王伴月 (Wang B Y). 1964. 江苏南京浦镇及泗洪下草湾中新世脊椎动物化石. 古脊椎动物与古人类, 8(4): 341–351

周明镇 (Chow M C), 李传夔 (Li C K), 张玉萍 (Zhang Y P). 1973. 河南、山西晚始新世哺乳类化石地点与化石层位. 古脊椎动物与古人类, 11(2): 165–181

Adams T L. 2014. Small crocodyliform from the Lower Cretaceous (late Aptian) of central Texas and its systematic relationship to the evolution of Eusuchia. Journal of Paleontology, 88(5): 1031–1049

Andres B, Ji Q. 2006. A new species of *Istiodactylus* (Pterosauria, Pterodactyloidea) from the Lower Cretaceous of Liaoning, China. Journal of Vertebrate Paleontology, 26(1): 70–78

Andres B, Ji Q. 2008. A new pterosaur from the Liaoning Province of China, the phylogeny of the Pterodactyloidea, and convergence in their cervical vertebrae. Palaeontology, 51(2): 453–469

Andres B, Myers T S. 2013. Lone Star Pterosaurs. Earth and Environmental Science Transactions of the Royal Society of Edinburgh, 103(3-4): 383–398

Andres B, Clark J M, Xu X. 2010. A new rhamphorhynchid pterosaur from the Upper Jurassic of Xinjiang, China, and the phylogenetic relationships of basal pterosaurs. Journal of Vertebrate Paleontology, 30(1): 163–187

Andres B, Clark J M, Xu X. 2014. The earliest pterodactyloid and the origin of the group. Current Biology, 24(9): 1011–1016

Averianov A O. 2010. The osteology of *Azhdarcho lancicollis* Nessov, 1984 (Pterosauria, Azhdarchidae) from the Late Cretaceous of Uzbekistan. Proceedings of the Zoological Institute RAS, 314(3): 264–317

Averianov A O, Arkhangelsky M S, Pervushov E M. 2008. A new late Cretaceous azhdarchid (Pterosauria, Azhdarchidae) from the Volga Region. Paleontological Journal, 42(6): 634–642

Barrett P M, Xu X. 2005. A reassessment of *Dianchungosaurus lufengensis* Yang, 1982, an enigmatic reptile from the Lower Lufeng Formation (Lower Jurassic) of Yunnan Province, People's Republic of China. Journal of Paleontology, 79(5): 981–986

Barrett P M, Butler R J, Edwards N P, Milner A R. 2008. Pterosaur distribution in time and space: an atlas. Zitteliana, B28: 61–107

Bassani F. 1886. Sui Fossili e sull'età degli schisti bituminosi triasici di Besano in Lombardia. Attidella Soc Italiana di Sci Nat, 19: 15-7

Bennett S C. 1989. A pteranodontid pterosaur from the Early Cretaceous of Peru, with comments on the relationships of Cretaceous pterosaurs. Journal of Paleontology, 63(5): 669–677

Bennett S C. 1992. Sexual dimorphism of *Pteranodon* and other pterosaurs, with comments on cranial crests. Journal of Vertebrate Paleontology, 12(4): 422–434

Bennett S C. 1993. The ontogeny of *Pteranodon* and other pterosaurs. Paleobiology, 19(1): 92–106

Bennett S C. 1994. Taxonomy and systematics of the Late Cretaceous pterosaur *Pteranodon* (Pterosauria, Pterodactyloidea). Natural History Museum, University of Kansas, 169: 1–70

Bennett S C. 1996a. The phylogenetic position of the Pterosauria within Archosauromorpha. Zoological Journal of the

Linnean Society, 118: 261–308

Bennett S C. 1996b. On the taxonomic status of *Cycnorhamphus* and *Gallodactylus* (Pterosauria: Pterodactyloidea). Journal of Paleontology, 70(2): 335–338

Bennett S C. 2001. The osteology and functional morphology of the Late Cretaceous pterosaur *Pteranodon* Part I. General description of osteology. Part II. Size and functional morphology. Palaeontographica Abteilung A, 260: 1–153

Bennett S C. 2003. Morphological evolution of the pectoral girdle of pterosaurs: myology and function. In: Buffetaut E, Mazin J M eds. Evolution and Palaeobiology of Pterosaurs. London: Geological Society, Special Publications, 217(1): 191–215

Bennett S C. 2007. A second specimen of the pterosaur *Anurognathus ammoni*. Paläontologische Zeitschrift, 81(4): 376–398

Bennett S C. 2013a. The morphology and taxonomy of the pterosaur *Cycnorhamphus*. Neues Jahrbuch für Geologie und Paläontologie Abhandlungen, 267(1): 23–41

Bennett S C. 2013b. New information on body size and cranial display structures of *Pterodactylus antiquus*, with a revision of the genus. Paläontologische Zeitschrift, 87(2): 269–289

Bennett S C. 2014. A new specimen of the pterosaur *Scaphognathus crassirostris*, with comments on constraint of cervical vertebrae number in pterosaurs. Neues Jahrbuch für Geologie und Paläontologie Abhandlungen, 271(3): 327–348

Benton M J. 1985. Classification and phylogeny of the diapsid reptiles. Zoological Journal of the Linnean Society, 84: 97–164

Benton M J. 1999. *Scleromochlus taylori* and the origin of dinosaurs and pterosaurs. Phil Trans Roy Soc Lond Se B Biol Sci, 354: 1423–1446

Benton M J. 2005. Vertebrate Palaeontology. 3rd edition. Oxford: Blackwell Publ. 1–455

Benton M J. 2014. Vertebrate Palaeontology. 4rd edition. Oxford: Blackwell Publ. 1–468

Benton M J, Allen J L. 1997. Boreopricea from the Lower Triassic of Russia, and the relationships of the prolacertiform reptiles. Palaeontology, 40: 931–953

Benton M J, Clark J M. 1988. Archosaur phylogeny and the relationships of the Crocodylia. In: Benton M J ed. The Phylogeny and Classification of the Tetrapods, Vol. 1. Amphibians, Reptiles, Birds. Systematics Association Special Vol 35A. Oxford: Clarendon Press. 295–338

Benton M J, Walker A D. 2002. *Erpetosuchus*, a crocodile-like basal archosaur from the Late Triassic of Elgin, Scotland. Zoological Journal of the Linnean Society, 136: 25–47

Blumenbach J F. 1807. Handbuch der Naturgeschichte. 8. Auflage. Göttingen: Dieterich'sche Buchhandlung, 1–731

Bonaparte J F. 1969. Dos nuevas 'faunas' de reptiles triasicos de Argentina. Gondwana Stratigraphy (IUGS Symposium, Buenos Aires), 2: 283–306

Bonaparte J F. 1972 (for 1971). Los tetrapodos del sector superior de la Formacio'n Los Colorados, La Rioja, Argentina (Tria'sico Superior). I parte. Opera Lilloana, 22: 1–183

Bonaparte J F. 1984. Locomotion in Rauisuchid thecodonts. Journal of Vertebrate Paleontology, 3: 210–218

Bonaparte J F. 1991. Los vertebrados fosiles de la Formacio'n Rio Colorado, de la Ciudad de Neuque'n y cercanias, Creta'cico Superior, Argentina. Revista del Museo Argentino de Ciencias Naturales, 4: 31–63

Borsuk-Bialynicka M, Evans S E. 2009. A long-necked archosauromorph from the Early Triassic of Poland. Palaeontology Polonica, 65: 203–234

Brinkman D. 1981. The origin of the crocodiloid tarsi and the interrelationships of thecodontian archosaurs. Breviora, 464: 1–23

Brochu C A. 1997. A review of "*Leidyosuchus*" (Crocodyliformes, Eusuchia) from the Cretaceous through Eocene of North America. Journal of Vertebrate Paleontology, 17(4): 679–697

Brochu C A. 1999. Phylogenetics, taxonomy, and histological biogeography of Alligatoroidea. Society of Vertebrate Paleontology Memoir 6. Journal of Vertebrate Paleontology, 19(sup. 2): 9–100

Brochu C A. 2000. Phylogenetic relationships and divergence timing of crocodylus based on morphology and the fossil record. Copeia, 2000(3): 657–673

Brochu C A. 2003. Phylogenetic approaches toward crocodylian history. Annual Review of Earth and Planetary Sciences, 31: 357–397

Brochu C A. 2013. Phylogenetic relationships of Palaeogene ziphodont eusuchians and the status of *Pristichampsus* Gervais, 1853. Earth and Enviromenta Transactions of the Royal Society of Edinburgh / FirstView Article / DOI: 10.1017 / S1755691013000200, 1–30

Brochu C A, Storrs G W. 2012. A giant crocodile from the Plio-Pleistocene of Kenya, the phylogenetic relationships of Neogene African crocodylines, and the antiquity of *Crocodylus* in Africa. Journal of Vertebrate Paleontology, 32: 587–602

Brochu C A, Parris D C, Grandstaff B S, Denton R K, Gallagher W B. 2012. A new species of *Borealosuchus* (Crocodyliformes, Eusuchia) from the Late Cretaceous-early Paleogene of New Jersey. Journal of Vertebrate Paleontology, 32:105–116

Bronn H G. 1841. Über die fossilen Gaviale der Lias-Formation und der Oolithe. Archiv für Naturgeschichte, Berlin, 8: 77–82

Bronzati M, Montefeltro F C, Langer M C. 2012. A species-level supertree of Crocodyliformes. Historical Biology, 24(6): 598–606

Broom R. 1903. On a new reptile (*Proterosuchus fergusi*) from the Karoo beds of Tarkastad, South Africa. Ann South Afr Mus, 4: 159–164

Broom R. 1946. A new primitive proterosuchid reptile. Ann Trans Mus, 20: 343–346

Brown B. 1934. A Change of Names. Science., (n. s.) 79: 80

Butler R J, Sullivan C, Ezcurra M D, Liu J, Lecuona A, Sookias R B. 2014. New clade of enigmatic early archosaurs yields insights into early pseudosuchian phylogeny and the biogeography of the archosaur radiation. BMC Evol Biol, 14: 128–144

Camp C L. 1945a. *Prolacerta* and the protorosaurian reptiles. Part I. Amer J Sci, 243: 17–32

Camp C L. 1945b. *Prolacerta* and the protorosaurian reptiles. Part II. Amer J Sci, 243: 84–101

Camp C L, Vanderhoof V L. 1940. Bibliography of Fossil Vertebrates 1928–1933. Geological Society of America Special Papers, 27: 187

Campos D A, Kellner A W A. 1985. Panorama of the flying reptiles study in Brazil and South America. Anais da Academia Brasileira de Ciências, 57(4): 453–466

Campos D A, Kellner A W A. 1997. Short note on the first occurrence of Tapejaridae in the Crato Member (Aptian), Santana Formation, Araripe Basin, Northeastern Brazil. Anais da Academia Brasileira de Ciências, 69(1): 83–87

Carroll R L. 1988. Vertebrate Paleontology and Evolution. New York: W. H. Freeman and Company. 1–698

Charig A J, Reig O A. 1970. The classification of the Proterosuchia. Biol J Linn Soc, 2: 125–171

Charig A J, Sues H D. 1976. Proterosuchia. In: Kuhn O ed. Handbuch der Paläoherpetologie 13. Stuttgart: Gustav Fischer. 11–39

Chatterjee S. 1986. *Malerisaurus langstoni*, a new diapsid reptile from the Triassic of Texas. Journal of Vertebrate Paleontology, 6: 297–312

Cheng L, Chen X H, Shang Q H, Wu X C. 2014. A new marine reptile from the Triassic of China, with a highly specialized feeding adaptation. Naturwissenschaften, 101(3): 251–259

Cheng X, Wang X L, Jiang S X, Kellner A W A. 2012. A new scaphognathid pterosaur from western Liaoning, China. Historical Biology, 24(1): 101–111

Cheng X, Wang X L, Jiang S X, Kellner A W A. 2015. Short note on a non-pterodactyloid pterosaur from Upper Jurassic deposits of Inner Mongolia, China. Historical Biology, 27(5-6): 749–754

Cheng Y N, Wu X C, Sato T, Shan H Y. 2012. A new eosauropterygian (Diapsida, Sauropterygia) from the Triassic of China. Journal of Vertebrate Paleontology, 32: 1335–1349

Chiappe L M, Codorniú L, Grellet-Tinner G, Rivarola D. 2004. Palaeobiology: Argentinian unhatched pterosaur fossil. Nature, 432: 571–572

Clark J M. 1986. Phylogenetic relationships of the crocodylomorph archosaurs. Unpublished Ph D dissertation. University of Chicago, Chicago. 1–556

Clark J M. 1994. Patterns of evolution in Mesozoic Crocodyliformes. In: Fraser N C, Sues H-D eds. In the Shadow of Dinosaurs. New York: Cambridge University Press. 84–97

Clark J M. 2011. A new shartegosuchid crocodyliform from the Upper Jurassic Morrison Formation of western Colorado. Zoological Journal of the Linnean Society, 163: 152–172

Clark J M, Norell M A. 1992. The Early Cretaceous crocodylomorph *Hylaeochampsa vectiana* from the Wealden of the Isle of Wight. American Museum Novitates, 3032: 1–19

Clark J M, Sues H-D. 2002. Two new basal crocodylomorph archosaurs from the Lower Jurassic and the monophyly of the Sphenosuchia. Zoological Journal of the Linnean Society, 136: 77–95

Clark J M, Sues H-D, Berman D S. 2001. A new specimen of *Hesperosuchus agilis* from the Upper Triassic of New Mexico and the interrelationships of basal crocodylomorph archosaurs. Journal of Vertebrate Paleontology, 20: 683–704

Clark J M, Xu X, Forster C A, Wang Y. 2004. A Middle Jurassic 'sphenosuchian' from China and the origin of the crocodilian skull. Nature, 430: 1021–1024

Cohen K M, Finney S C, Gibbard P L, Fan J X. 2013. The ICS international chronostratigraphic chart. Episodes, 36(3): 199–204

Colbert E H. 1952. A pseudosuchian reprile from Arizona. Bulletin of the American Museum of Natural History, 99: 561–592

Cope E D. 1869. Synopsis of the extinct Batrachia, Reptilia and Aves of North America.Trans Amer Phil Soc, 14: 1–252

Cope E D. 1876. On some extinct reptiles and Batrachia from the Judith River and Fox Hills beds of Montana. Proc Acad Natur Sci Philad, 1876: 340–359

Cruickshank A R I. 1972. The proterosuchian thecodonts. In: Joysey K A, Kemp T S eds. Studies in Vertebrate Evolution. Edinburgh: Oliver and Boyd. 89–119

Crush P J. 1984. A late Upper Triassic sphenosuchid crocodilian from Wales. Palaeontology, 27: 131–157

Currie P J. 1980. A new younginid (Reptilia: Eosuchia) from the Upper Permian of Madagascar. Can J Earth Sci, 17: 500–511

Currie P J. 1981. *Houasaurus boulei*, an auatic eosuchian from the Upper Permian of Madagascar. Palaeontology Afri, 24: 99–168

Curvie G. 1801. Reptile volant. Magasin Encyclopédique. 9: 60–82

Cuvier B. 1807. Sur les differences espéces de crocodiles vivants et sur leurs caractéres distinctifs. Annales du Muséum (National) d'Histoire Naturelle, Paris, 10: 8–66

Cuvier G. 1808. Sur les ossemens fossiles de crocodiles et particulièrement sur ceux des environs du Havre et de Honfleur, aves des remarques sur les squelettes des sauriens de la Thuringie. Annales du Muséum (National) d'Histoire Naturelle, Paris, 12: 73–110

Czerkas S A, Ji Q. 2002. A new rhamphorhynchoid with a headcrest and complex integumentary structures. In: Czerkas S J ed. Feathered Dinosaurs and the Origin of Flight. Blanding: The Dinosaur Museum of Blanding Journal. 15–41

Dalla Vecchia F M. 1998. New observations on the osteology and taxonomic status of *Preondactylus buffarinii* Wild, 1984 (Reptilia, Pterosauria). Bollettino della Società Paleontologica Italiana, 36(3): 355–366

Dalla Vecchia F M. 2009. Anatomy and systematics of the pterosaur *Carniadactylus* gen. n. *rosenfeldi* (Dalla Vecchia, 1995). Rivista Italiana di Paleontologia e Stratigrafia, 115(2): 159–188

Dilkes D W. 1998. The Early Triassic rhynchosaur *Mesosuchus browni* and the interrelationships of basal archosauromorph reptiles. Philosophical Transactions of the Royal Society of London, B, 353: 501–541

Döderlein L. 1923. *Anurognathus ammoni*, ein neuer Flugsaurier. Sitzungsberichte der Mathematisch-Physikalischen Klasse der Bayerischen Akademie der Wissenschaften, 1923: 117–164

Dollo L. 1914. Sur la découverte de téléosauriens tertiaires au Congo. Bull Acad Sci Belgigue, (5): 288–289

Dong Z M, Lü J C. 2005. A new ctenochasmatid pterosaur from the Early Cretaceous of Liaoning Province. Acta Geologica Sinica (English Edition), 79(2): 164–167

Efimov M B. 1982. New fossil crocodiles from the territory of the USSR. Paleontologicheskii Zhurnal, 1982(2): 146–150

Emmons E. 1856. Geological report on the midland counties of North Carolina. George P. Putnam and Co., New York, 352 pp

Erickson B R. 1972. The lepidosaurian reptile *Champsosaurus* in North America. Sci Mus Minnesota, Monogr (Paleontol), 1: 1–91

Erickson B R. 1976. Osteology of the early eusuchian crocodile *Leidyosuchus formidabilis*, sp. nov. Monograph of the Science Museum of Minnesota (Paleontology), 2: 1–61

Erickson B R. 1985. Aspects of some anatomical structures of *Champsosaurus* Cope (Reptilia: Eosuchia). Journal of Vertebrate Paleontology, 5: 111–127

Erickson B R. 1987. *Simoedosaurus dakotensis*, new species of diapsid reptile (Archosauromorpha: Choristodera) from the Paleocene of North America. Journal of Vertebrate Paleontology, 7: 237–251

Evans S E. 1980. The skull of a new eosuchian reptile from the Lower Jurassic of South Wales. Zoological Journal of the Linnean Society, 70: 203–264

Evans S E. 1988. The early history and relationships of the Diapsida. In: Benton M J ed. The Phylogeny and Classification of the Tetrapods, Vol. 1. Amphibians, Reptiles, Birds. Systematics Association Special Vol 35A. Oxford: Clarendon Press. 221–260

Evans S E. 1990. The skull of *Cteniogenys*, a choristodere (Reptilia: Archosauromorpha) from the Middle Jurassic of Oxfordshire. Zoological Journal of the Linnean Society, 99: 205–237

Ezcurra M D, Lecuona A, Martinelli A. 2010. A new basal archosauriform diapsid from the Lower Triassic of Argentina. Journal of Vertebrate Paleontology, 30: 1433–1450

Ezcurra M D, Butler R J, Gower D J. 2014. 'Proterosuchia': the origin and early history of Archosauriformes. Geol Soc, London, Special Publi, 379: 9–33

Fabre J. 1974. Un nouveau Pterodactylidae dugisement "Portlandien" de Canjuers (Var): *Gallodactylus canjuersensis* nov. gen., nov. sp. Comptes Rendus de l'Academie des Sciences, 279: 2011–2014

Fabre J. 1976. Un nouveau Pterodactylidae dugisement de Canjuers (Var) *Gallodactylus canjuersensis* nov. gen., nov. sp. Annales de Paléontologie (Vertébrés), 62(1): 35–70

Farke A A, Henn M M, Woodward S J, Xu H A. 2014. *Leidyosuchus* (Crocodylia: Alligatoroidea) from the Upper Cretaceous Kaiparowits Formation (late Campanian) of Utah, USA. PaleoBios, 30: 72–88

Fiorelli L E, Calvo J O. 2007. The first "protosuchian" (Archosauria: Crocodyliformes) from the Cretaceous (Santonian) of Gondwana. Arquivos do Museu Nacional, Rio de Janeiro, 65(4): 417–459

Fiorelli L E, Leardi J M, Hechenleitner E M, Pol D, Basilici G, Grellet-Tinner G. 2016. A new Late Cretaceous crocodyliform from the western margin of Gondwana (La Rioja Province, Argentina). Cretaceous Research, 60: 194–209

Fitzinger L J. 1826. Neue classification der Reptilien nach ihren natureichen Verwandtschaften. Nebst einer Verwqnetschaftstafel und einem Verzeichnisse der Reptiliensammlung des K. K. Zoologischen Museum's Zu Wien. 4°, Vienne, 66 pp

Fraas E. 1877. Aëtosaurus ferratus Fr. Die Gepanzerte Vogel-Echse aus dem Stubensandstein bei Stuttgart. Württembergische Naturwissenschaften Jahrbuch, 33: 1–21

Fraas E. 1901. Die Meerkrokodile (Thalattosuchia n. g.) eine neue Sauriergruppe der Juraformation. Jahreshefte des Vereins für vaterländische Naturkunde, Württemberg, 57: 409–418

Fraser N C, Rieppel O, Li C. 2013. A long-snouted protorosaurfrom the Middle Triassic of southeastern China. Journal of Vertebrate Paleontology, 33: 1120–1126

Frey E, Martill D M, Buchy M C. 2003a. A new crested ornithocheirid from the Lower Cretaceous of northeastern Brazil and the unusual death of an unusual pterosaur. In: Buffetaut E, Mazin J M eds. Evolution and Palaeobiology of Pterosaurs. London: Geological Society, Special Publications, 217(1): 55–63

Frey E, Martill D M, Buchy M C. 2003b. A new species of tapejarid pterosaur with soft-tissue head crest. In: Buffetaut E, Mazin J M eds. Evolution and Palaeobiology of Pterosaurs. London: Geological Society, Special Publications, 217(1): 65–72

Gao K, Fox R C. 1998. New choristoderes (Reptilia: Diapsida) from the Upper Cretaceous and Palaeocene, Alberta and Saskatchewan, Canada, and phylogenetic relationships of Choristodera. Zoological Journal of the Linnean Society, 124: 303–353

Gasparini Z. 1971. Los Notosuchia del Cretácico de América del Sur como un nuevo Infraorden de los Mesosuchia (Crocodilia). Ameghiniana, 8: 83–103

Gasparini Z B, Pol D, Spalletti L A. 2006. An unusual marine crocodyliform from the Jurassic-Cretaceous boundary of Patagonia. Science, 311: 70–73

Gauthier J A. 1986. Saurischian monophyly and the origin of birds. Mem Calif Acad Sci, 8: 1–55

Gauthier J A. 1994. The diversification of the amniotes. In: Prothero D R, Schoch R M. Major features of vertebrate evolution. Short Courses in Paleontology No.7. Knoxville: The University of Tennessee. 129–159

Gauthier J A, Padian K. 1985. Phylogenetic, functional, and aerodynamic analyses of the origin of birds and their flight. In: Hecht M K, Viohl G, Wellnhofer P eds. The Beginning of Birds. Eichstatt: Freunde des Jura Museums. 185–197

Gauthier J A, Kluge A G, Rowe T. 1988. Amniote phylogeny and the importance of fossils. Cladistics, 4(2): 105–209

Geoffroy S-H É. 1825. Recherches sur l'organisation des gavials: sur leurs affinites naturelles, desquelles résulte la nécessité d'une autre distribution générique, *Gavialis*, *Teleosaurus* et *Stenosaurus* etc. Mém Mus Natl Hist Nat, 12: 97–155

Gervais P. 1859. Zoologie et Paléontologie Francaises, second edition. Paris: Bertrand. 1–544

Gervais P. 1871. Remarques au sujet des Reptiles provenant des calcaires lithographiques ce Cirin, dans le Bugey, qui sont conservés au Musée de Luon. Comptes Rendus des Séances de l'Académie des Sciences, 73: 603–607

Gmelin J. 1789. Linnei Systema Naturae. G. E. Beer, Leipzig, 1057 pp

Gottmann-Quesada A, Sander P M. 2009. A redescription of the early archosauromorph *Protorosaurus speneri* Meyer, 1832 and its phylogenetic relationships. Palaeontographica Abteilung A, 287: 123–220

Gow C E. 1975. The morphology and relationships of *Youngina capensis* Broom and *Prolacerta broomi* Parrington. Palaeontol Afri, 18: 89–131

Gower D J. 2000. Rauisuchian archosaurs (Reptilia, Diapsida): an overview. Neues Jahrbuch für Geologie und Paläontologie Abhandlungen, 218: 447–488

Gower D J, Sennikov A G. 2000. Early archosaurs from Russia. In: Benton M J, Kurochkin E N, Shishkin M A, Unwin D M eds. The Age of Dinosaurs in Russia and Mongolia. Cambridge: Cambridge University Press. 140–159

Grellet-Tinner G, Thompson M B, Fiorelli L E, Argañaraz E, Codorniú L, Hechenleitner E M. 2014. The first pterosaur 3-D egg: Implications for *Pterodaustro guinazui* nesting strategies, an Albian filter feeder pterosaur from central Argentina. Geoscience Frontiers, 5(6): 759–765

Hammer W R, Hickerson W J. 1994. A crested theropod dinosaur from Antarctica. Science-AAAS-Weekly Paper Edition-including Guide to Scientific Information, 264(5160): 828–829

Harris D J, Lucas S G, Estep J W, Li J J. 2000. A new and unusual sphenosuchian (Archosauria: Crocodylomorpha) from the Lower Jurassic Lufeng Formation, People's Republic of China. Neues Jahrbuch für Geologie und Paläontologie Abhandlungen, 215(1): 47–68

Haughton S H. 1924a. On a new type of thecodont from the Middle Beaufort Beds. Ann Trans Mus, 11: 93–97

Haughton S H. 1924b. The fauna and stratigraphy of the Stormberg Series. Annals of the South African Museum, 12: 323–497

He H Y, Wang X L, Zhou Z H, Wang F, Boven A, Shi G H, Zhu R X. 2004. Timing of the Jiufotang Formation (Jehol Group) in Liaoning, northeastern China, and its implications. Geophysical Research Letters, 31(12): L12605

Hecht M K, Tarsitano S F. 1983. On the cranial morphology of the Protosuchia, Notosuchia and Eusuchia. Neues Jahrbuch für Geologie und Paläontologie, Monatshefte, 1983: 657–668

Hoffman A C. 1965. On the discovery of a new thecodont from the Middle Beaufort Beds. Navorsinge van die Nasionale Museum Bloemfontein, 2: 33–40

Hoffstetter R. 1955. Rhynchocephalia. In: Piveteau J ed. Traité de Paléontologie, vol. 5. Paris: Masson et Cie. 556–576

Hone D W, Benton M J. 2007. An evaluation of the phylogenetic relationships of the pterosaurs among archosauromorph reptiles. Journal of Systematic Palaeontology, 5(4): 465–469

Hone D W, Benton M J. 2008. Contrasting supertree and total-evidence methods: the origin of the pterosaurs. Zitteliana, B28: 35–60

Hooley R W. 1913. On the skeleton of *Ornithodesmus latidens*; an ornithosaur from the Wealden Shales of Atherfield (Isle of Wight). Quarterly Journal of the Geological Society, 96: 372–422

Howse S C B. 1986. On the cervical vertebrae of the Pterodactyloidea (Reptilia: Archosauria). Zoological Journal of the Linnean Society, 88(4): 307–328

Howse S C B, Milner A R, Martill D M. 2001. Pterosaurs. Dinosaurs of the Isle of Wight, 10: 324–335

Huxley T H. 1871. A Manual of the Anatomy of the Vertebrated Animals. London: Appleton & Co. 1–273

Huxley T H. 1875. On *Stegonolepis robertsoni*, and on the evolution of the Crocodylia. Quart Jour Geol Sod London 31: 423–438

Hyder E S, Witton M P, Martill D M. 2014. Evolution of the pterosaur pelvis. Acta Palaeontologica Polonica, 59(1): 109–124

Irmis R B, Nesbitt S J, Sues H-D. 2013. Early Crocodylomorpha. In: Nesbitt S J, Desojo J B, Irmis R B eds. Anatomy, Phylogeny and Palaeobiology of Early Archosaurs and Their Kin. London: Geological Society, Special Publications, 379: 275–302

Jaeger G F. 1828. Über die fossilen Reptilien, welche in Würtemberg aufgefunden worden sind. Metzler, Stuttgart, 48 pp

Jalil N E. 1997. A new prolacertiform diapsid from the Triassic of North Africa and the interrelationships of the

Prolacertiformes. Journal of Vertebrate Paleontology, 17(3): 506–525

Ji Q, Ji S A, Cheng Y N, You H L, Lü J C, Liu Y Q, Yuan C X. 2004. Palaeontology: pterosaur egg with a leathery shell. Nature, 432: 572–572

Ji S A, Ji Q, Padian K. 1999. Biostratigraphy of new pterosaurs from China. Nature, 398: 573–574

Jiang D Y, Rieppel O, Motani R, Hao W C, Sun Y L, Schmitz L, Sun Z Y. 2008. A new middle Triassic eosauropterygian (Reptilia, Sauropterygia) from southwestern China. Journal of Vertebrate Paleontology, 28: 1055–1062

Jiang D Y, Rieppel O, Fraser N C, Motani R, Hao W H, Tintori A, Sun Y L, Sun Z Y. 2011. New information on the protorosaurians reptile *Macrocnemus fuyuanensis* Li et al., 2007, from the Middle/Upper Triassic of Yunnan, China. Journal of Vertebrate Paleontology, 31: 1230–1237

Jiang D Y, Motani R, Tintorr A, Rieppel O, Chen G B, Huang J D, Zhang R, Sun Z Y, Ji C. 2014. The Early Triassic eosauropterygian *Majiashanosaurus discocoracoidis*, gen. et sp. nov. (Reptilia, Sauropterygia), from Chaohu, Anhui Province, People's Republic of China. Journal of Vertebrate Paleontology, 34(5): 1044–1052

Jiang S X, Wang X L. 2011a. Important features of *Gegepterus changae* (Pterosauria: Archaeopterodactyloidea, Ctenochasmatidae) from a new specimen. Vertebrata Palasiatica, 49: 172–184

Jiang S X, Wang X L. 2011b. A new ctenochasmatid pterosaur from the Lower Cretaceous, western Liaoning, China. Anais da Academia Brasileira de Ciências, 83(4): 1243–1249

Jiang S X, Wang X L, Meng X, Cheng X. 2014. A new boreopterid pterosaur from the Lower Cretaceous of western Liaoning, China, with a reassessment of the phylogenetic relationships of the Boreopteridae. Journal of Paleontology, 88(4): 823–828

Jiang S X, Wang X L, Cheng X, Costa F R, Huang J D, Kellner A W A. 2015. Short note on an anurognathid pterosaur with a long tail from the Upper Jurassic of China. Historical Biology, 27(6): 718–722

Juul L. 1994. The phylogeny of basal archosaurs. Palaeontology Afri, 31: 1–38

Kalandadze N N, Sennikov A G. 1985. Novyye reptilii iz sredengo triasa Yuzhnugo Priural'ya. Paleontogicheskiy Zhurnal, 1985(2): 777–784

Kälin J A. 1940. *Arambourgia* nov. gen. *gaudriyi* de Stefano sp., ein extreme kurzschnauziger Crocodilide aus den Phosphoriten des Quercy. Eclog Geol Helvetiae, 32: 185–186

Kälin J. 1955. Crocodylia. In: Piveteau J ed. Traite de Paléontologie, 5: 695–784. Paris: Masson et Cie

Kaup J. 1834. Versuch einer Eintheilung der Saugethiere in 6 Stämme und der Amphibien in 6 Ordnungen. Isis, 3: 311–315

Kear B P, Deacon G L, Siverson M. 2010. Remains of a Late Cretaceous pterosaur from the Molecap Greensand of Western Australia. Alcheringa, 34(3): 273–279

Kellner A W A. 1989. A new edentate pterosaur of the Lower Cretaceous from the Araripe Basin, Northeast Brazil. Anais da Academia brasileira de Ciências, 61(4): 439–446

Kellner A W A. 1996. Description of new material of Tapejaridae and Anhangueridae (Pterosauria, Pterodactyloidea) and discussion of pterosaur phylogeny. Doctoral dissertation, New York, Columbia University. 1–347

Kellner A W A. 2003. Pterosaur phylogeny and comments on the evolutionary history of the group. In: Buffetaut E, Mazin J M eds. Evolution and Palaeobiology of Pterosaurs. London: Geological Society, Special Publications, 217(1): 105–137

Kellner A W A. 2004. New information on the Tapejaridae (Pterosauria, Pterodactyloidea) and discussion of the relationships of this clade. Ameghiniana, 41(4): 521–534

Kellner A W A. 2015. Comments on Triassic pterosaurs with discussion about ontogeny and description of new taxa. Anais da Academia Brasileira de Ciências, 87(2): 669–689

Kellner A W A, Campos D A. 1988. Sobre um Novo Pterossauro com Crista Sagital da Bacia do Araripe, Cretáceo Inferior do Nordeste do Brasil. Anais da Academia Brasileira de Ciências, 60(4): 459–469

Kellner A W A, Campos D A. 1994. A new species of *Tupuxuara* (Pterosauria, Tapejaridae) from the Early Cretaceous of Brazil. Anais da Academia Brasileira Ciências, 66(4): 467–473

Kellner A W A, Campos D A. 2002. The function of the cranial crest and jaws of a unique pterosaur from the Early Cretaceous of Brazil. Science, 297(5580): 389–392

Kellner A W A, Campos D A. 2007. Short note on the ingroup relationships of the Tapejaridae (Pterosauria, Pterodactyloidea). Boletim do Museu Nacional, 75: 1–14

Kellner A W A, Tomida Y. 2000. Description of a new species of Anhangueridae (Pterodactyloidea) with comments on the pterosaur fauna from the Santana Formation (Aptian-Albian), northeastern Brazil. National Science Museum Monographs, 17: ix–137

Kellner A W A, Wang X L, Tischlinger H, Camos D A, Hone D W, Meng X. 2010. The soft tissue of *Jeholopterus* (Pterosauria, Anurognathidae, Batrachognathinae) and the structure of the pterosaur wing membrane. Proceedings of the Royal Society of London. Series B: Biological Sciences, 277(1679): 321–329

Konjukova E D. 1954. Newly discovered crocodiles from Mongolia. Transactions of the Institute of Palaeozoology, USSR Academy of Sciences, 48: 171–194 (in Russian)

Krebs B. 1976. Pseudosuchia. In: Kuhn O ed. Handbuch der Paläoherpetol. Stuttgart/New York: Gustav Fischer Verlag. 40–98

Kuhn O. 1967. Die fossile Wirbeltierklasse Pterosauria. München: Oeben. 1–52

Langston W. 1981. Pterosaurs. Scientific American, 244: 122–136

Laurenti J N. 1768. Specimen medicum, exhibens synopsin reptilium emendatam cum experimentis circa venena et antidota reptilium austracorum, quod authoritate et consensu. Vienna, Joan. Thomae, 217 pp

Laurin M. 1991. The osteology of a Lower Permian eosuchian from Texas and a review of diapsid phylogeny. Zoological Journal of the Linnean Society, 101(1): 59–95

Lawson D A. 1975. Pterosaur from the latest Cretaceous of West Texas: discovery of the largest flying creature. Science, 187(4180): 947–948

Lee M S Y. 2013. Turtle origins: Insights from phylogenetic retrofitting and molecular scaffolds. J Evol Biol, 26(12): 2729–2738

Li C. 2003. First record of protorosaurid reptile (Order Protorosauria) from the Middle Triassic of China. Acta Geologica Sinica, 77(4): 419–423

Li C, Rieppel O, LaBarbera M C. 2004. A Triassic aquatic protorosaur with an extremely long neck. Science, 305: 1931

Li C, Wu X C, Cheng Y N, Sato T, Wang L. 2006. An unusual archosaurian from the marine Triassic of China. Naturwissenschaften, 93: 200–206

Li C, Zhao L J, Wang L T. 2007. A new species of *Macrocnemus* (Reptilia: Protorosauria) from the Middle Triassic of southwestern China and its palaeogeographical implication. Sci China Ser D: Earth Sci, 50(11): 1601–1605

Li C, Wu X C, Zhao L J, Sato T, Wang L T. 2012. A new archosaur (Diapsida, Archosauriformes) from the marine Triassic of China. Journal of Vertebrate Paleontology, 32(5): 1064–1081

Li C, Jiang D Y, Cheng L, Wu X C, Rieppel O. 2014. A new species of *Largocephalosaurus* (Diapsida: Saurosphargidae), with implications for the morphological diversity and phylogeny of the group. Geol Mag, 151: 100–120

Li C, Wu X C, Zhao L J, Nesbitt S J, Stocker M R, Wang L T. 2016. A new armored archosauriform (Diapsida: Archosauromorpha) from the marine Middle Triassic of China, with implications for the diverse life styles of archosauriforms prior to the diversification of Archosauria. Science of Nature, DOI 0.1007/s00114-016-1418-4, 1–23

Li J L, Wu X C, Zhang F C. 2008. The Chinese Fossil Reptiles and Their Kin. Beijing, New York: Science Press. 1–474

Liu J, Butler R, Sullivan C, Ezcurra M. 2015. 'Chasmatosaurus ultimus', a putative proterosuchid archosauriform from the Middle Triassic, is an indeterminate crown archosaur. Journal of Vertebrate Paleontology, e965779, DOI: 10.1080/02724634. 2015.965779

Liu Y Q, Kuang H W, Jiang X J, Peng N, Xu H, Sun H Y. 2012. Timing of the earliest known feathered dinosaurs and transitional pterosaurs older than the Jehol Biota. Palaeogeography, Palaeoclimatology, Palaeoecology, 323–325: 1–12

Lü J C. 2002. Soft tissue in an Early Cretaceous pterosaur from Liaoning Province, China. Memoir of the Fukui Prefectural Dinosaur Museum, 1: 19–28

Lü J C. 2003. A new pterosaur: Beipiaopterus chenianus, gen. et sp. nov. (Reptilia: Pterosauria) from western Liaoning Province of China. Memoir of the Fukui Prefectural Dinosaur Museum, 2: 153–160

Lü J C. 2009a. A baby pterodactyloid pterosaur from the Yixian Formation of Ningcheng, Inner Mongolia, China. Acta Geologica Sinica (English Edition), 83(1): 1–8

Lü J C. 2009b. A new non-pterodactyloid pterosaur from Qinglong County, Hebei Province of China. Acta Geologica Sinica (English Edition), 83(2): 189–199

Lü J C. 2010. A new boreopterid pterodactyloid pterosaur from the Early Cretaceous Yixian Formation of Liaoning Province, northeastern China. Acta Geologica Sinica (English Edition), 84(2): 241–246

Lü J C. 2015. The hyoid apparatus of Liaoxipterus brachycephalus (Pterosauria) and its implications for food-catching behavior. Acta Geoscientica Sinica, 36(3): 362–366

Lü J C, Bo X. 2011. A new rhamphorhynchid pterosaur (Pterosauria) from the Middle Jurassic Tiaojishan Formation of western Liaoning, China. Acta Geologica Sinica (English Edition), 85(5): 977–983

Lü J C, Fucha X H. 2010. A new pterosaur (Pterosauria) from Middle Jurassic Tiaojishan Formation of western Liaoning, China. Global Geology, 13(3/4): 113–118

Lü J C, Hone D W. 2012. A new Chinese anurognathid pterosaur and the evolution of pterosaurian tail lengths. Acta Geologica Sinica (English Edition), 86(6): 1317–1325

Lü J C, Ji Q. 2005a. A new ornithocheirid from the Early Cretaceous of Liaoning Province, China. Acta Geologica Sinica (English Edition), 79(2): 157–163

Lü J C, Ji Q. 2005b. New azhdarchid pterosaur from the Early Cretaceous of western Liaoning. Acta Geologica Sinica (English Edition), 79(3): 301–307

Lü J C, Yuan C X. 2005. New tapejarid pterosaur from western Liaoning, China. Acta Geologica Sinica (English Edition), 79(4): 453–458

Lü J C, Gao C L, Liu J Y, Meng Q J, Ji Q. 2006a. New material of the pterosaur Eopteranodon from the Early Cretaceous Yixian Formation, western Liaoning. Geological Bulletin of China, 25(5): 565–571

Lü J C, Gao C L, Meng Q J, Liu J Y, Ji Q. 2006b. On the systematic position of Eosipterus yangi Ji et Ji, 1997 among pterodactyloids. Acta Geologica Sinica (English Edition), 80(5): 643–646

Lü J C, Ji S A, Yuan C X, Gao Y B, Sun Z Y, Ji Q. 2006c. New pterodactyloid pterosaur from the Lower Cretaceoius Yixian Formation of western Liaoning. In: Lü J C, Kobayashi Y, Huang D, Lee Y-N eds. Papers from the 2005 Heyuan International Dinosaur Symposium. Beijing: Geological Publishing House. 195–203

Lü J C, Jin X S, Unwin D M, Zhao L J, Azuma Y, Ji Q. 2006d. A new species of Huaxiapterus (Pterosauria: Pterodactyloidea) from the Lower Cretaceous of western Liaoning, China, with comments on the systematics of tapejarid pterosaurs. Acta Geologica Sinica (English Edition), 80(3): 315–326

Lü J C, Liu J Y, Wang X R, Gao C L, Meng Q J, Ji, Q. 2006e. New material of pterosaur *Sinopterus* (Reptilia: Pterosauria) from the Early Cretaceous Jiufotang Formation, western Liaoning, China. Acta Geologica Sinica (English Edition), 80(6): 783–789

Lü J C, Gao Y B, Xing L D, Li Z X, Ji Q. 2007. A new species of *Huaxiapterus* (Pterosauria: Tapejaridae) from the Early Cretaceous of western Liaoning, China. Acta Geologica Sinica (English Edition), 81(5): 683–687

Lü J C, Unwin D M, Xu L, Zhang X L. 2008a. A new azhdarchoid pterosaur from the Lower Cretaceous of China and its implications for pterosaur phylogeny and evolution. Naturwissenschaften, 95(9): 891–897

Lü J C, Xu L, Ji Q. 2008b. Restudy of *Liaoxipterus* (Istiodactylidae: Pterosauria), with comments on the Chinese istiodactylid pterosaurs. Zitteliana, B28: 229–241

Lü J C, Azuma Y, Dong Z M, Barsbold R, Kobayashi Y, Lee Y-N. 2009. New material of dsungaripterid pterosaurs (Pterosauria: Pterodactyloidea) from western Mongolia and its palaeoecological implications. Geological Magazine, 146(5): 690–700

Lü J C, Fucha X H, Chen J M. 2010a. A new scaphognathine pterosaur from the Middle Jurassic of western Liaoning, China. Acta Geoscientica Sinica, 31(2): 263–266

Lü J C, Unwin D M, Jin X S, Liu Y Q, Ji Q. 2010b. Evidence for modular evolution in a long-tailed pterosaur with a pterodactyloid skull. Proceedings of the Royal Society of London. Series B: Biological Sciences, 277(1680): 383–389

Lü J C, Unwin D M, Deeming D C, Jin X S, Liu Y Q, Ji Q. 2011a. An egg-adult association, gender, and reproduction in pterosaurs. Science, 331: 321–324

Lü J C, Xu L, Chang H L, Zhang X L. 2011b. A new darwinopterid pterosaur from the Middle Jurassic of western Liaoning, northeastern China and its ecological implications. Acta Geologica Sinica (English Edition), 85(3): 507–514

Lü J C, Ji Q, Wei X F, Liu Y Q. 2012a. A new ctenochasmatoid pterosaur from the Early Cretaceous Yixian Formation of western Liaoning, China. Cretaceous Research, 34: 26–30

Lü J C, Pu H, Xu L, Wu Y H, Wei X F. 2012b. Largest toothed pterosaur skull from the Early Cretaceous Yixian Formation of western Liaoning, China, with comments on the family Boreopteridae. Acta Geologica Sinica (English Edition), 86(2): 287–293

Lü J C, Unwin D M, Zhao B, Gao C L, Shen C Z. 2012c. A new rhamphorhynchid (Pterosauria: Rhamphorhynchidae) from the Middle/Upper Jurassic of Qinglong, Hebei Province, China. Zootaxa, 3158: 1–19

Lü J C, Pu H Y, Xu L, Wei X F, Chang H L, Kundrát M. 2015. A new rhamphorhynchid pterosaur (Pterosauria) from Jurassic deposits of Liaoning Province, China. Zootaxa, 3911(1): 119–129

Luo Z X, Wu X-C. 1994. The small tetrapods of the Lower Lufeng Formation, Yunnan, China. In: Fraser N C, Sues H-D eds. In the Shadow of the Dinosaurs: Early Mesozoic Tetrapods. Cambridge, New York: Cambridge University Press. 251–270

Maisch M W, Matzke A T, Sun G. 2004. A new dsungaripteroid pterosaur from the Lower Cretaceous of the southern Junggar Basin, north-west China. Cretaceous Research, 25(5): 625–634

Marsh O C. 1876. Notice of new sub-order of Pterosauria. American Journal of Science, series 3(11): 507–509

Martill D M. 2014. Palaeontology: Which came first, the pterosaur or the egg? Current Biology, 24(13): R615–R617

Martill D M, Naish D. 2006. Cranial crest development in the azhdarchoid pterosaur *Tupuxuara*, with a review of the genus and tapejarid monophyly. Palaeontology, 49(4): 925–941

Modesto S, Sues H D. 2004. The skull of the Early Triassic archosauromorph reptile *Prolacerta broomi* and its phylogenetic significance. Zoological Journal of the Linnean Society, 140: 335–351

Mook C C. 1934. The evolution and classification of the Crocodilia. J Geol, 42: 295–304

Mook C C. 1940. A new crocodilian from Mongolia. Amer Mus Novitates, 1097: 1–3

Müller J. 2004. The relationships among diapsid reptiles and the influence of taxon selection. In: Arratia G, Cloutier R, Wilson M V H eds. Recent Advances in the Origin and Early Radiation of Vertebrates. München: Pfeil. 379–408

Nash D S. 1968. A crocodile from the Upper Triassic of Lesotho. Journal of Zoology, London, 156: 163–179

Neenan J M, Klein N, Scheyer T M. 2013. European origin of placotont marine reptiles and the evolution of crushing dentition in Placodontia. Nat Communi, 4: 1621–1628. doi:10.1038/ncomms2633

Nesbitt S J. 2003. Arizonasaurus and its implications for archosaur divergences. Proceedings of the Royal Society of London. Series B: Biological Sciences, 270(sup. 2): S234–S237

Nesbitt S J. 2007. The anatomy of *Effigia okeeffeae* (Archosauria, Suchia), theropod convergence, and the distribution of related taxa. Bulletin of the American Museum of Natural History, 302: 1–84

Nesbitt S J. 2011. The early evolution of archosaurs: relationships and the origin of major clades. Bulletin of the American Museum of Natural History, 352: 1–292

Nesbitt S J, Liu J, Li C. 2010a. A sail-backed suchian from the Heshanggou Formation (Early Triassic: Olenekian) of China. Earth and Environmental Science Trans Roy Soc Edinburgh, 101: 271–284

Nesbitt S J, Sidor C A, Irmis R B, Angielczyk K D, Smith R M, Tsuji L A. 2010b. Ecologically distinct dinosaurian sister group shows early diversification of Ornithodira. Nature, 464: 95–98

Nessov L A. 1984. Upper Cretaceous pterosaurs and birds from Central Asia. Paleontological Journal, 1984(1): 38–49 (in Russian)

Newton E T. 1894. Reptiles from the Elgin Sandstone. Description of two new genera. Philosophical Transactions of the Royal Society of London, Series B, 185: 573–607

Nopcsa B F (= Von Nopcsa F) [①]. 1928. The genera of reptiles. Palaeobiologica, 1: 163–188

Nopsca F V. 1930. Notizen über *Macrocnemus bassanii* nov. gen. et spec. Centralblatt Mineral, Geol Paläontol, B: 252–255

Novas F E, Kundrat M, Agnolin F L, Ezcurra M D, Ahlberg P E, Isasi M P, Arriagada A, Chafrat P. 2012. A new large pterosaur from the Late Cretaceous of Patagonia. Journal of Vertebrate Paleontology, 32(6): 1447–1452

Osmolska H. 1972. Preliminary note on a crocodilian from the Upper Cretaceous of Mongolia. Palaeontologica Polonica, 27: 43–47

Owen R. 1859. Palaeontology. Encyclopedia. Britannica, 17: 91–176

Owen R. 1874. Monograph on the fossil Reptilia of the Wealden and Purbeck formations. Suppl. no. 6 (*Hylaeochampsa*). Palaeontographical Society of London Monograph, 27: 1–7

Owen R. 1879. Monograph on the fossil Reptilia of the Wealden and Purbeck formations. Supplement IX, Crocodilia (*Goniopholis*, *Brachydectes*, *Nannosuchus*, *Theriosuchus*, and *Nuthetes*). Palaeontographical Society of London Monograph, 33: 1–19

Padian K. 1984a. The origin of pterosaurs. In: Reif W E, Westphal F eds. Third Symposium on Mesozoic Terrestrial Ecosystems: Short Papers. Tübingen, Attempto. 163–168

Padian K. 1984b. A large pterodactyloid pterosaur from the Two Medicine Formation (Campanian) of Montana. Journal of

---

① Camp 和 Vanderhoof (1940) 在编著的《Bibliography of Fossil Vertebrates 1928–1933》中特意标明 "Nopcsa, Ferenc (=Baron Franz Nopcsa = Francis Baron Nopcsa = F. Freiherr von Nopcsa)"。

Vertebrate Paleontology, 4(4): 516–524

Padian K. 1986. A taxonomic note on two pterodactyloid families. Journal of Vertebrate Paleontology, 6(3): 289

Padian K. 2004. The nomenclature of Pterosauria (Reptilia, Archosauria). In: Laurin M ed. First International Phylogenetic Nomenclature Meeting. Paris: Muséum National d'Histoire Naturelle. 27

Parrington F R. 1935. On *Prolacerta broomi*, gen. et sp. n. and the origin of lizards. Ann Mag Nat Hist, 16: 197–205

Parrish J M. 1992. Phylogeny of the Erythrosuchidae (Reptilia: Archosauriformes). Journal of Vertebrate Paleontology, 12: 93–102

Parrish J M. 1993. Phylogeny of the Crocodylotarsi, with reference to archosaurian and crurotarsan monophyly. Journal of Vertebrate Paleontology, 13: 287–308

Peng G Z. 1995. A new protosuchian from the Late Jurassic of Sichuan, China. In: Sun A-L, Wang Y-Q eds. Sixth Symposium on Mesozoic Terrestrial Ecosystems and Biota, Short Papers, Beijing: China Ocean Press. 63–68

Peng N, Liu Y Q, Kuang H W, Jiang X J, Xu H. 2012. Stratigraphy and geochronology of vertebrate fossil-bearing Jurassic strata from Linglongta, Jianchang County, western Liaoning, northeastern China. Acta Geologica Sinica (English Edition), 86(6): 1326–1339

Peters D. 2000. A reexamination of four prolacertiforms with implications for pterosaur phylogenesis. Rivista Italiana di Paleontologia e Stratigrafia, 106(3): 293–336

Peters D. 2008. The origin and radiation of the Pterosauria. In: Hone D W ed. Flugsaurier: The Wellnhofer Pterosaur Meeting, Munich, Abstract Volume. Munich, Bavarian State Collection for Palaeontology. 27–28

Pinheiro F L, Fortier D C, Schultz C L, Andrade J A F G, Bantim R A M. 2011. New information on the pterosaur *Tupandactylus imperator*, with comments on the relationships of Tapejaridae. Acta Palaeontologica Polonica, 56(3): 567–580

Piveteau J. 1955. Traite de Paleontologie. La sortie des eaux naissance de la tetrapodie. L'exiberance de la vie vegetative La conquete de l'air. Amphibiens, Reptiles. Oiseaux, Paris: Masson, Tome V: 1–1113

Plieninger F. 1901. Beiträge zur Kenntniss der Flugsaurier. Palaeontographica, 48: 65–90

Pol D. 2003. New remains of *Sphagesaurus huenei* (Crocodylomorpha: Mesoeucrocodylia) from the Late Cretaceous of Brazil. Journal of Vertebrate Paleontology, 23: 817–831

Pol D, Gasparini Z. 2009. Skull Anatomy of *Dakosaurus andiniensis* (Thalattosuchia: Crocodylomorpha) and the phylogentic position of Thalattosuchia. Journal of Systematic Palaeontology, 7: 165–197

Pol D, Norell M A. 2004a. A new crocodyliform from Zos Canyon, Mongolia. American Museum Novitates, 3445: 1–36

Pol D, Norell M A. 2004b. A new gobiosuchid crocodyliform taxon from the Cretaceous of Mongolia. American Museum Novitates, 3458: 1–31

Pol D, Ji S A, Clark J M, Chiappe L M. 2004. Basal crocodyliform from the Lower Cretaceous Tugulu Group (Xinjiang, China), and the phylogenetic position of *Edentosuchus*. Cretaceous Research, 25: 603–622

Pol D, Turner A H, Norell M A. 2009. Morphology of the Late Cretaceous crocodylomorph *Shamosuchus djadochtaensis* and a discussion of neosuchian phylogeny as related to the origin of Eusuchia. Bulletin of the American Museum of Natural History, 324: 1–103

Pol D, Leardi J M, Lecuona A, Krause, M. 2012. Postcranial anatomy of *Sebecus icaeorhinus* (Crcodyliformes, Sebecidae) from the Eocene of Patagonia. Journal of Vertebrate Paleontology, 32(2): 328–354

Pol D, Nascimento P M, Carvalho A B, Riccomini C, Pires-Domingues R A, Zaher H. 2014. A new notosuchian from the Late Cretaceous Brazil and the phylogeny of advanced notosuchians. PLoS One, 9(4): 93–105

Pritchard A C, Turner A H, Nesbitt S J, Irmis R B, Smith N D. 2015. Late Triassic tanystropheids (Reptilia, Archosauromorpha) from northern New Mexico (Petrified Forest Member, Chinle Formation) and the biogeography, functional morphology, and evolution of Tanystropheidae. Journal of Vertebrate Paleontology, 35(2): e911186(1–20) doi:10.1080/02724634.2014. 911186

Riabinin A N. 1948. Remarks on a flying reptile from the Jurassic of the Kara Tau, Akademia Nauk. Paleontological Institute Trudy, 15(1): 86–93 (in Russian)

Rieppel O. 1993. Euryapsid relationships: A preliminary analysis. Neues Jahrbuch für Geologie und Paläontologie Abhandlungen, 188: 241–264

Rieppel O. 1994. Osteology of *Simosaurus* and the interrelationships of stem-group Sauropterygia (Reptilia, Diapsida). Fieldiana (Geol), 28: 1–85

Rieppel O, Reisz R R. 1999. The origin and early evolution of turtles. Annu Rev Ecol Syst, 30: 1–22

Rieppel O, Li C, Fraser N C. 2008. The skeletal anatomy of the Triassic protorosaur *Dinocephalosaurus orientalis* Li, 2003 from the Middle Triassic of Guizhou Province, Southern China. Journal of Vertebrate Paleontology, 28(1): 95–110

Rieppel O, Jiang D Y, Fraser N C, Hao W C, Motani R, Sun Y L, Sun Z Y. 2010. *Tanystropheus* cf. *T. longobardicus* from the early Late Triassic of Guizhou Province, southwestern China. Journal of Vertebrate Paleontology, 30(4): 1082–1089

Robinson P L. 1967. The evolution of the Lacertilia. Problèmes Actuels de Paléontologie (Évolution des Vertébrés), Colloques Internationaux du Centre National de la Recherche Scientifique, 163: 395–407

Robinson P L. 1973. A problematic reptile from the British Upper Trias. J Geol Soc, 129: 457–479

Rodrigues T, Kellner A W A. 2013. Taxonomic review of the *Ornithocheirus* complex (Pterosauria) from the Cretaceous of England. Zookeys, 308: 1–112

Rodrigues T, Jiang S X, Cheng X, Wang X L, Kellner A W A. 2015. A new toothed pteranodontoid (Pterosauria, Pterodactyloidea) from the Jiufotang Formation (Lower Cretaceous, Aptian) of China and comments on *Liaoningopterus gui* Wang and Zhou, 2003. Historical Biology, 27(6): 782–795

Romer A S. 1956. Osteology of the Reptiles. Chicago: University of Chicago Press. 1–772

Romer A S. 1966. Vertebrate Paleontology. 3rd ed. Chicago: University of Chicago Press. 1–468

Rossmann T. 1998. Studien an känozoischen Krokodilen: 2. Taxonomische revision der Familie Pristichampsidae Efimov (Crododilia: Eusuchia). Neues Jahrbuch für Geologie und Paläontologie Abhandlungen, 210: 85–128

Rubidge B S. 2005. Re-uniting lost continents—Fossil reptiles from the ancient Karoo and their wanderlust. S Afr J Geol, 108: 135–172

Salisbury S W, Molnar R E, Frey E, Willis P. 2006. The origin of modern crocodyliforms: new evidence from the Cretaceous of Australia. Proceedings of the Royal Society B, 273: 2439–2448

Sato T, Cheng Y N, Wu X C, Shan H Y. 2014a. *Diandongosaurus acutidentatus* Shang, Wu and Li, 2011 (Diapsida: Sauropterygia) and the relationships of Chinese eosauropterygians. Geol Mag, 151: 121–133

Sato T, Zhao L J, Wu X C, Li C. 2014b. A new specimen of the Triassic pistosauroid *Yunguisaurus*, with implications for the origin of Plesiosauria (Reptilia, Sauropterygia). Palaeontology, 57: 55–76

Seeley H G. 1870. The Ornithosauria: An Elementary Study of the Bones of Pterodactyles. London: Deiqkto, Bell & Co. 1–135

Seeley H G. 1901. Dragons of the Air: An Account of Extinct Flying Reptiles. New York: D. Appleton, London: Methuen & Co. 1–240

Sereno P C. 1991. Basal archosaurs: phylogenetic relationships and functional implications. Society of Vertebrate Paleontology

Memoir 2. Journal of Vertebrate Paleontology, 11(sup. 2): 1–53

Sereno P C. 2005. The logical basis of phylogenetic taxonomy. Systematic Biology, 54: 595–619

Sereno P C, Wild R. 1992. *Procompsognathus*: theropod, 'thecodont' or both? Journal of Vertebrate Paleontology, 12: 435–458

Sereno P C, Larsson H C E, Sidor C A, Gado B. 2001. The giant crocodyliform *Sarcosuchus* from the Cretaceous of Africa. Science, 294: 1516–1519

Sereno P C, Mcallister S, Brusatte S L. 2005. TaxonSearch: a relational database for suprageneric taxa and phylogenetic definitions. PhyloInformatics, 8: 1–21

Shan H Y, Wu X C, Cheng Y N, Sato T. 2009. A new tomistomine (Crocodylia) from the Miocene of Taiwan. Can J Earth Sci, 46: 529–555

Shan H Y, Cheng Y N, Wu X C. 2013. The first fossil skull *Alligator sinensis* from the Pleistocene, Taiwan, with a Paleogeographic implication of the species. J Asian Earth Sci, 69(2013): 17–25

Shang Q H, Wu X C, Li C. 2011. A new eosauropterygian from the Middle Triassic of eastern Yunnan Province, southwestern China. Vert PalAsiat, 49: 155–173

Sharov A G. 1971. New flying Mesozoic reptiles from Kazakhstan and Kirgizia. Transactions of the Paleontological Institute, Academy of Sciences, USSR, 130: 104–113

Shikama T. 1972. Fossil crocodilian from Tsochin, southwestern Taiwan. Science Report of Yokohama National University, Biological and Geological Sciences, 19: 125–131

Sigogneau-Russell D. 1981. Presence d'un nouveau Champsosauride dans le Cretace superieur de Chine. C R Acad Sci Paris, 292(6): 541–544

Sigogneau-Russell D, Russell D E. 1978. Etude osteologique du reptile *Simoedosaurus* (Choristodera). Ann Paleontol (Vert), 64: 1–84

Simmons D. 1965. The non-therapsid reptiles of the Lufeng Basin, Yunnan, China. Fieldiana: Geol, 15: 1–93

Simpson G G. 1937. An ancient eusuchian crocodile from Patagonia. American Museum Novitates, 965: 19–20

Skutschas P P, Danilov I G, Kodrul T M, Jin J H. 2014. The first discovery of an alligatorid (Crocodylia, Alligatoroidea, Alligatoridae) in the eocen of China. Journal of Vertebrate Paleontology, 34(2): 471–476

Sookias R B, Sullivan C, Liu J, Butler R J. 2014. Systematics of putative euparkeriids (Diapsida: Archosauriformes) from the Triassic of China. PeerJ 2:e658; DOI 10.7717/peerj.658

Soto M, Pol D, Perea D. 2011. A new specimen of *Uruguaysuchus aznarezi* (Crocodyliformes: Notosuchia) from the middle Cretaceous of Uruguay and its phylogenetic relationships. Zoological Journal of the Linnean Society, 163: 173–198

Steel R. 1973. Crocodylia. Encyclopedia of Paleoherpetology, Part 16. Portland, Oregon: Gustav Fischer Verlag. 116 pp

Stocker M R. 2012. A New Phytosaur (Archosauriformes, Phytosauria) from the Lot's Wife Beds (Sonsela Member) within the Chinle Formation (Upper Triassic) of Petrified Forest National Park, Arizona. Journal of Vertebrate Paleontology, 32(3): 573–586

Stocker M R, Zhao L-J, Nesbitt S J, Wu X-C, Li C. 2017. A short-snouted, Middle Triassic phytosaur may indicate salt-water tolerance is ancestral for Archosauria. Scientific Reports , 7: Article number 46028. doi:10.1038/srep46028'

Storrs G W, Gower D J. 1993. The earliest possible choristodere (Diapsida) and gaps in the fossil record of semi-aquatic reptiles. J Geol Soc, 150: 1103–1107

Storrs G W, Gower D J, Large N F. 1996. The diapsid reptile *Pachystropheus rhaeticus*, a probable choristodere from the Rhaetian of Europe. Palaeontology, 39: 323–349

Sues H D. 2003. An unusual new archosauromorph reptile from the Upper Triassic Wolfville Formation of Nova Scotia. Can J Earth Sci, 40(4): 635–649

Sues H D, Fraser N C. 2010. Triassic Life on Land: The Great Transition. New York: Columbia University Press. 1–236

Sues H-D, Clark J M, Jenkins F A. 1994. Early Jurassic tetrapods from the Glen Canyon Group of the American Southwest. In: Fraser F C, Sues H-D eds. In the Shadow of the Dinosaurs—Early Mesozoic Tetrapods. Cambridge: Cambridge University Press. 284–294

Sues H-D, Olsen P E, Carter J G, Scott D M. 2003. A new crocodylomorph archosaur from the Upper Triassic of North Carolina. Journal of Vertebrate Paleontology, 23: 329–343

Sullivan C, Wang Y, Hone D W, Wang Y Q, Xu X, Zhang F C. 2014. The vertebrates of the Jurassic Daohugou Biota of northeastern China. Journal of Vertebrate Paleontology, 34(2): 243–280

Sun A L, Ye X K, Dong Z M, Hou L H. 1992. The Chinese Fossil Reptiles and Their Kins. Beijing, New York: Science Press. 1–260

Swisher III C C, Wang Y Q, Wang X L, Xu X, Wang Y. 1999. Cretaceous age for the feathered dinosaurs of Liaoning, China. Nature, 400: 58–61

Swisher III C C, 汪筱林 (Wang X L), 周忠和 (Zhou Z H), 王元青 (Wang Y Q), 金帆 (Jin F), 张江永 (Zhang J Y), 徐星 (Xu X), 张福成 (Zhang F C), 王原 (Wang Y). 2001. 义县组同位素年代新证据及土城子组 ^{40}Ar/^{39}Ar 年龄测定. 科学通报, 46(23): 2009–2012

Tatarinov L P. 1960. Discovery of pseudosuchians in the Upper Permian of the USSR. Paleontologicheskii Zhurnal, 1960: 74–80 (in Russian)

Teng F F, Lü J C, Wei X F, Hsiao Y, Pittman M. 2014. New material of *Zhenyuanopterus* (Pterosauria) from the Early Cretaceous Yixian Formation of western Liaoning. Acta Geologica Sinica (English Edition), 88(1): 1–5

Turner A H. 2015. A review of *Shamosuchus* and *Paralligator* (Crocodyliformes, Neosuchia) from the Cretaceous of Asia. PLOS ONE, DOI:10.1371/journal.pone.0118116: 1–39

Turner A H, Sertich J W. 2010. Phylogentic history of *Simosuchus clarki* (Crocodyliformes: Notosuchia) from the Late Cretaceous of Madagascar. Journal of Vertebrate Paleontology, 30: 177–236

Unwin D M. 1995. Preliminary results of a phylogenetic analysis of the Pterosauria (Diapsida: Archosauria). In: Sun A L ed. Sixth Symposium on Mesozoic Terrestrial Ecosystems and Biota. Beijing: China Ocean Press. 69–72

Unwin D M. 2001. An overview of the pterosaur assemblage from the Cambridge Greensand (Cretaceous) of Eastern England. Mitteilungen der Museum Naturkunde Berlin Geowissenschaften, Reihe, 4: 189–221

Unwin D M. 2002. On the systematic relationships of *Cearadactylus atrox*, an enigmatic Early Cretaceous pterosaur from the Santana Formation of Brazil. Mitteilungen der Museum Naturkunde Berlin Geowissenschaften, Reihe, 5: 239–263

Unwin D M. 2003. On the phylogeny and evolutionary history of pterosaurs. In: Buffetaut E, Mazin J M eds. Evolution and Palaeobiology of Pterosaurs. London: Geological Society, Special Publications, 217(1): 139–190

Unwin D M. 2006. The Pterosaurs from Deep Time. New York, Pi Press. 1–347

Unwin D M, Bakhurina N N. 1994. *Sordes pilosus* and the nature of the pterosaur flight apparatus. Nature, 371: 62–64

Unwin D M, Lü J C. 1997. On *Zhejiangopterus* and the relationships of pterodactyloid pterosaurs. Historical Biology, 12(3-4): 199–210

Unwin D M, Martill D M. 2007. Pterosaurs of the Crato Formation. In: Martill D M, Bechly G, Loveridge R F eds. The Crato Fossil Beds of Brazil, Window into a Ancient World. New York: Cambridge University Press. 475–524

Unwin D M, Frey E, Martill D M, Clarke J B, Riess J. 1996. On the nature of the pteroid in pterosaurs. Proceedings of the Royal Society of London. Series B: Biological Sciences, 263(1366): 45–52

Unwin D M, Lü J C, Bakhurina N N. 2000. On the systematic and stratigraphical significance of pterosaurs from the Lower Cretaceous Yixian Formation (Jehol Group) of Liaoning, China. Mitteilungen der Museum Naturkunde Berlin Geowissenschaften, Reihe, 3: 181–206

Upchurch P, Andres B, Butler R J, Barrett P M. 2015. An analysis of pterosaurian biogeography: implications for the evolutionary history and fossil record quality of the first flying vertebrates. Historical Biology, 27(5-6): 697–717

von Huene F. 1914. Beitrage zur Geschichte der Archosaurier. Geol Paläontol Abh, 13: 1–53

von Huene F. 1920. Osteologie von *Aëtosaurus ferratus* O. Fraas. Acta Zool, 1: 465–491

von Huene F. 1921. Neue Pseudosuchier und Coelurosaurier aus dem württembergischen Keuper. Acta Zoologica, 2: 329–403

von Huene F. 1935. Ein Rhynchocephale aus dem Rhät (*Pachystropheus* n. g.). Neues Jahrbuch für Geologie und Paläontologie Abhandlungen, 74: 441–447

von Huene F. 1942. Die fossilen Reptilien des südamerikanischen Gondwanalandes. 161–332. Ergebnisse der Sauriergrabungen in SüdBrasilien 1928/29. C. H. Beck'sche Verlagsbuchhandlung, Munich, 342 pp

von Huene F. 1960. Ein grosser Pseudosuchier aus der Orenurger Trias. Palaeontographica Abteilung A, 114: 105–111

von Meyer H. 1830. Abbildungen von Resten thierischer Organismen. Isis von Oken, 1830: 517–519

von Meyer H. 1846. *Pterodactylus* (*Rhamphorhynchus*) *gemmingi* aus dem Kalkschiefer von Solenhofen. Palaeontographica, 1: 1–20

von Meyer H. 1850. Description de l'Atoposaurus jourdani et du *Sphenosaurus thiollierei*. Ann Soc Agric Lyon, (2) III(1): 113–127

von Meyer H. 1851. *Ctenochasma römeri*. Palaeontographica, 2: 82–84

von Meyer H. 1852. Die saurier des Muschelkalkes mit ruecksicht auf die saurier aus Buntem Sanstein und Keuper. Zur fauna der Vorwelt, zweite Abteilung, 42: 1–167

Von Nopcsa F. 1923. Die Familien der Reptilien. Fortsch Geol Paläontol, 2: 1–210

von Soemmerring S T. 1812. Über einen *Ornithocephalus*. Denkschriften der Königlich Bayerischen Akademie der Wissenschaften, mathematisch-physikalische Classe, 3: 89–158

Wagner A. 1861. Charakteristik einer neuen Flugeidechse, *Pterodactylus elegans*. Sitzungsberichte der Bayerischen Akademie der Wissenschaften Mathematisch-naturwissenschaftliche Abteilung 1: 363–365

Walker A D. 1968. *Protosuchus*, *Proterochampsa*, and the origin of phytosaurs and crocodiles. Geological Magazine, 105: 1–14

Walker A D. 1970. A revision of the Jurassic reptile *Hallopus victor* (Marsh), with remarks on the classification of crocodiles. Philosophical Transactions of the Royal Society of London B, 257: 323–372

Walker A D. 1990. A revision of *Sphenosuchus acutus* Haughton, a crocodylomorph reptile from the Elliot Formation (Late Triassic or Early Jurassic) of South Africa. Philosophical Transactions of the Royal Society of London B, 330: 1–120

Wang L, Li L, Duan Y, Cheng S L. 2006. A new istiodactylid pterosaur from western Liaoning. Geological Bulletin of China, 25: 737–740

Wang R F, Xu S C, Wu X C, Li C, Wang S Z. 2013. A new specimen of *Shansisuchus shansisuchus* Young, 1964 (Diapsida: Archosauriformes) from the Triassic of Shanxi, China. Acta Geol Sinica (English Edition), 87: 1185–1197

Wang X F, Bachmann G H, Hagdorn H, Martin P S, Gilles C, Chen X-H, Wang C-S, Chen L-D, Cheng L, Meng F-S, Xu G-H. 2008. The Late Triassic black shales of the Guanling area (Guizhou Province, southwest China) —a unique marine reptile and pelagic crinoid fossillagestätte. Paleontol, 51(1): 27–61

Wang X L, Dong Z M. 2008. Order Pterosauria. In: Li J L, Wu X C, Zhang F C eds. The Chines Fossil Reptiles and Their Kin. Second edition. Beijing: Science Press. 215–234

Wang X L, Zhou Z H. 2003. Two new pterodactyloid pterosaurs from the Early Cretaceous Jiufotang Formation of western Liaoning, China. Vertebrata PalAsiatica, 41(1): 34–41

Wang X L, Zhou Z H. 2004. Palaeontology: pterosaur embryo from the Early Cretaceous. Nature, 429: 621–621

Wang X L, Zhou Z H. 2006. Pterosaur assemblages of the Jehol Biota and their implication for the Early Cretaceous pterosaur radiation. Geological Journal, 41(3-4): 405–418

Wang X L, Kellner A W A, Zhou Z H, Campos D A. 2005. Pterosaur diversity and faunal turnover in Cretaceous terrestrial ecosystems in China. Nature, 437: 875–879

Wang X L, Kellner A W A, Zhou Z, Campos D A. 2007. A new pterosaur (Ctenochasmatidae, Archaeopterodactyloidea) from the Lower Cretaceous Yixian Formation of China. Cretaceous Research, 28(2): 245–260

Wang X L, Campos D A, Zhou Z H, Kellner A W A. 2008a. A primitive istiodactylid pterosaur (Pterodactyloidea) from the Jiufotang Formation (Early Cretaceous), northeast China. Zootaxa, 1813: 1–18

Wang X L, Kellner A W A, Zhou Z, Campos D A. 2008b. Discovery of a rare arboreal forest-dwelling flying reptile (Pterosauria, Pterodactyloidea) from China. Proceedings of the National Academy of Sciences, 105(6): 1983–1987

Wang X L, Kellner A W A, Jiang S X, Meng X. 2009. An unusual long-tailed pterosaur with elongated neck from western Liaoning of China. Anais da Academia Brasileira de Ciências, 81(4): 793–812

Wang X L, Kellner A W A, Jiang S X, Cheng X, Meng X, Rodrigues T. 2010. New long-tailed pterosaurs (Wukongopteridae) from western Liaoning, China. Anais da Academia Brasileira de Ciências, 82(4): 1045–1062

Wang X L, Kellner A W A, Jiang S X, Cheng X. 2012. New toothed flying reptile from Asia: close similarities between early Cretaceous pterosaur faunas from China and Brazil. Naturwissenschaften, 99(4): 249–257

Wang X L, Kellner A W A, Jiang S X, Wang Q, Ma Y X, Paidoula Y, Cheng X, Rodrigues T, Meng X, Zhang J L, Li N, Zhou Z H. 2014a. Sexually dimorphic tridimensionally preserved pterosaurs and their eggs from China. Current Biology, 24: 1323–1330

Wang X L, Rodrigues T, Jiang S X, Cheng X, Kellner A W A. 2014b. An Early Cretaceous pterosaur with an unusual mandibular crest from China and a potential novel feeding strategy. Scientific Reports, 4: 6329. DOI: 10.1038/srep06329

Wang X L, Kellner A W A, Cheng X, Jiang S X, Wang Q, Sayão J M, Rodrigues T, Fabiana R C, Li N, Meng X, Zhou Z H. 2015. Eggshell and histology provide insight on the life history of a pterosaur with two functional ovaries. Anais da Academia Brasileira de Ciências, 87(3): 1599–1609

Wang X R, Shen C Z, Gao C L, Jin K M. 2014. New material of *Feilongus* (Reptilia: Pterosauria) from the Lower Cretaceous Jiufotang Formation of western Liaoning. Acta Geologica Sinica (English Edition), 88(1): 13–17

Wang Y Y, Sullivan C, Liu J. 2016 Taxonomic revision of *Eoalligator* (Crocodylia, Brevirostres) and the paleogeographic origins of the Chinese alligatoroids. Peer J 4: e2356 https://doi. org/10.7717/peerj. 2356

Watson D M S. 1917. A sketch classification of the Pre-Jurassic tetrapod vertebrates. Proc Zool Soc Lond, 1917: 167–186

Weinbaum J C, Hungerbühler A. 2007. A revision of *Poposaurus gracilis* (Archosauria: Suchia) based on two new specimens from the Late Triassic of the southwestern U.S.A. Paläontol Zeitsch, 81(2): 131–145

Wellnhofer P. 1970. Die Pterodactyloidea (Pterosauria) der Oberjura-Plattenkalke Süddentschlands. Bayerischen Akademie der Wissenshaften, Mathematisch-Naturwissenschaftliche Klasse Ahandlungen, Neue Folge, 141: 1–133

Wellnhofer P. 1975. Die Rhamphorhynchoidea (Pterosauria) der Oberjura-Plattenkalke Süddeutschlands. Paläontographica A,

148: 1–33

Wellnhofer P. 1978. Encyclopedia of Paleoherpetology. Pterosauria. 19: 1–82

Wellnhofer P. 1991. The Illustrated Encyclopedia of Pterosaurs. London: Salamander Books Ltd. 1–192

Wellnhofer P. 2003. A Late Triassic pterosaur from the Northern Calcareous Alps (Tyrol, Austria). In: Buffetaut E, Mazin J M eds. Evolution and Palaeobiology of Pterosaurs. London: Geological Society, Special Publications, 217(1): 5–22

Wellnhofer P. 2008. A short history of pterosaur research. Zitteliana, B28: 7–19

Welman J. 1998. The taxonomy of the South African proterosuchids (Reptilia, Archosauromorpha). Journal of Vertebrate Paleontology, 18: 340–347

Westphal F. 1976. Phytosauria. In: Khun O ed. Encyclopedia of Paleoherpetology, Part 13. Stuttgart: Gustav Fischer Verlag. 99–120

Whetstone K N, Whybrow P J. 1983. A "cursorial" crocodilian from the Triassic of Lesotho (Basutoland), southern Africa. Occasional Papers of the Museum of Natural History. The University of Kansas, 106: 1–37

Wild R. 1980. Die Triasfauna der Tessiner Kalkalpen. XXIV. Neue Funde von *Tanystropheus* (Reptilia, Squamata). Schweizer Paläontol Abh, 102: 1–43

Wild R. 1984. A new pterosaur (Reptilia, Pterosauria) from the Upper Triassic (Norian) of Friuli, Italy. Gortania, 5: 45–62

Wiman C. 1925. Über *Pterodactylus Westmani* und andere Flugsaurier. Bulletin of the Geological Institution of the University of Uppsala, 20: 1–38

Witton M P. 2012. New insights into the skull of *Istiodactylus latidens* (Ornithocheiroidea, Pterodactyloidea). PloS ONE, 7(3): e33170

Witton M P. 2013. Pterosaurs: Natural History, Evolution, Anatomy. Princeton and Oxford: Princeton University Press. 1–291

Wu X-C, Brinkman D B. 2015. A new crocodilian (Eusuchia) from the uppermost Cretaceous of Alberta, Canada. Can J Earth Sci, 52: 590-607 dx.Doi.org/10.1139/cjes-2014-0133

Wu X-C, Chatterjee S. 1993. *Dibothrosuchus elaphros*, a crocodylomorph from the Lower Jurassic of China and the phylogeny of the Sphenosuchia. Journal of Vertebrate Paleontology, 13(1): 58–89

Wu X-C, Russell A P. 2001. Redescription of *Turfanosuchus dabanensis* (Archosauriformes) and new information on its phylogenetic relationships. Journal of Vertebrate Paleontology, 21: 40–50

Wu X-C, Sues H D. 1996a. Reassessment of *Platyognathus hsui* Young, 1944 (Archosauria: Crocodyliformes) from the Lower Lufeng Formation (Lower Jurassic) of Yunnan, China. Journal of Vertebrate Paleontology, 16(1): 42–48

Wu X-C, Sues H D. 1996b. Anatomy and phylogenetic relationships of *Chimaerasuchus paradoxus*, an unusual crocodyliform reptile from the Lower Cretaceous of Hubei, China. Journal of Vertebrate Paleontology, 16(4): 688–702

Wu X-C, Brinkman D B, Lü J C. 1994. A new species of *Shantungosuchus* from the Lower Cretaceous of Inner Mongolia (China), with comments on *S. chuhsienensis* Young, 1961 and the phylogenetic position of the genus. Journal of Vertebrate Paleontology, 14(2): 210–229

Wu X-C, Sues H D, Sun A L. 1995. A plant-eating crocodyliform reptile from the Cretaceous of China. Nature, 376: 678–680

Wu X-C, Sues H D, Brinkman D B. 1996a. An atoposaurid neosuchian (Archosauria: Crocodyliformes) from the Lower Cretaceous of Inner Mongolia (People's Republic of China). Can J Earth Sci, 33(4): 599–605

Wu X-C, Brinkman D B, Russell A P. 1996b. *Sunosuchus junggarensis* sp. nov. (Archosauria: Crocodyliformes) from the Upper Jurassic of Xinjiang, People's Republic of China. Can J Earth Sci, 33(4): 606–630

Wu X-C, Sues H D, Dong Z M. 1997. *Sichuanosuchus shuhanensis*, a new ?Early Cretaceous protosuchian (Archosauria:

Crocodyliformes) from Sichuan (China), and the monophyly of protosuchia. Journal of Vertebrate Paleontology, 17(1): 89–103

Wu X-C, Cheng Z W, Russell A P. 2001. Cranial anatomy of a new crocodyliform (Archosauria: Crocodylomorpha) from the Lower Cretaceous of Song-Liao Plain, northeastern China. Can J Earth Sci, 38: 1653–1663

Wu X-C, Cheng Y N, Li C, Zhao L J, Sato T. 2011. New information on *Wumengosaurus delicatomandibularis* Jiang et al., 2008 (Diapsida: Sauropterygia), with revision of the osteology and phylogeny of the taxon. Journal of Vertebrate Paleontology, 31: 70–83

Young C C. 1935. Dinosaurian remains from Mengyin, Shantung. Bulletin of the Geological Society of China. 14(4): 519–533

Young C C. 1936. On a new *Chasmatosaurus* from Sinkiang. Bulletin of the Geological Society of China, 15(3): 291–320

Young C C. 1937. New Triassic and Cretaceous reptiles in China. Bulletin of the Geological Society of China, 17(1): 109–120

Young C C. 1944a. On a supposed new pseudosuchian from Upper Triassic saurischian-bearing beds of Lufeng Yunnan, China. Amer Mus Novitates, 1246: 1–4

Young C C. 1944b. On the reptilian remains from Weiyuan, Szechuan, China. Bulletin of the Geological Society of China, 24(3-4): 187–209

Young C C. 1946. The Triassic vertebrate remains of China. Amer Mus Novitates, 1324: 1–14

Young C C. 1948. Fossil crocodiles in China, with notes on dinosaurian remains associated with the Kansu crocodiles. Bulletin of the Geological Society of China, 28(3-4): 255–288

Young C C. 1951. The Lufeng sautischian fauna in China. Palaeontologia Sinica, N. Ser. C, 13: 1–96

Young M T, Andrade M B. 2009. What is *Geosaurus*? Redescription of *Geosaurus giganteus* (Thalattosuchia, Metriorhynchidae) from the Upper Jurassic of Bayern, Germany. Zoological Journal of the Linnean Society, 157: 551–585

Young M T, Brusatte S L, Andrade M B, Desojo J B, Beatty B L, Steel L, Fernández M S, Sakamoto M, Ruiz-Omeñaca J I, Schoch R R. 2012. The cranial osteology and feeding ecology of the metriorhynchid crocodylomorph genera *Dakosaurus* and *Plesiosuchus* from the Late Jurassic of Europe. PLOS ONE 7(9): e44985, http://dx.doi.org/10.1371/journal.pone.0044985

Young T Y. 2014. Filling the 'Cocodilian Gap': re-description of a metriorhynchid crocodylomorph from the Oxfordian (Late Jurassic) of Headington, England. Historical Biology, 26(1): 80–90

Zhou C F. 2010. A possible Azhdarchid pterosaur from the Lower Cretaceous Qingshan Group of Laiyang, Shandong, China. Journal of Vertebrate Paleontology, 30(6): 1743–1746

Zhou C F. 2014. Cranial morphology of a *Scaphognathus*-like pterosaur, *Jianchangnathus robustus*, based on a new fossil from the Tiaojishan Formation of western Liaoning, China. Journal of Vertebrate Paleontology, 34(3): 597–605

Zhou C F, Schoch R P. 2011. New material of the non-pterodactyloid pterosaur *Changchengopterus pani* Lü, 2009 from the Late Jurassic Tiaojishan Formation of western Liaoning. Neues Jahrbuch für Geologie und Paläontologie Abhandlungen, 260(3): 265–275

Zhou Z H, Jin F, Wang Y. 2010. Vertebrate assemblages from the Middle-Late Jurassic Yanliao Biota in northeast China. Earth Science Frontiers, 17(Special Issue): 252–254

Zittel K A V. 1887–1890. Handbuch der Palaeontologie, Vol 3, Vertebrata (Pisces, Amphibia, Reptilia, Aves). Munich: Oldenbourg. 1–900

汉-拉学名索引

拉-汉学名索引

附件

《中国古脊椎动物志》总目录 (2016年10月修订)

（共三卷二十三册，计划 2015 - 2020 年出版）

第一卷　鱼类　　主编：张弥曼，副主编：朱敏

第一册（总第一册）　**无颌类**　朱敏等 编著　　（2015 年出版）

第二册（总第二册）　**盾皮鱼类**　朱敏、赵文金等 编著

第三册（总第三册）　**辐鳍鱼类**　张弥曼、金帆等 编著

第四册（总第四册）　**软骨鱼类 棘鱼类 肉鳍鱼类**

张弥曼、朱敏等 编著

第二卷　两栖类 爬行类 鸟类　　主编：李锦玲，副主编：周忠和

第一册（总第五册）　**两栖类**　王原等 编著　　（2015 年出版）

第二册（总第六册）　**副爬行类 大鼻龙类 龟鳖类**　李锦玲、佟海燕 编著

第三册（总第七册）　**鱼龙类 海龙类 鳞龙型类**　高克勤、李淳、尚庆华 编著

第四册（总第八册）　**基干主龙型类 鳄型类 翼龙类**

吴肖春、李锦玲、汪筱林等 编著　　（2017 年出版）

第五册（总第九册）　**鸟臀类恐龙**　董枝明、尤海鲁、彭光照 编著　　（2015 年出版）

第六册（总第十册）　**蜥臀类恐龙**　徐星、尤海鲁、莫进尤 编著

第七册（总第十一册）　**恐龙蛋类**　赵资奎、王强、张蜀康 编著　　（2015 年出版）

第八册（总第十二册）　**中生代爬行类和鸟类足迹**　李建军 编著　　（2015 年出版）

第九册（总第十三册）　**鸟类**　周忠和等 编著

第三卷　基干下孔类 哺乳类　主编：邱占祥，副主编：李传夔

PALAEOVERTEBRATA SINICA (modified in October, 2016)
(3 volumes 23 fascicles, planned to be published in 2015−2020)

Volume I Fishes

Editor-in-Chief: **Zhang Miman**, Associate Editor-in-Chief: **Zhu Min**

Fascicle 1 (Serial no. 1)   Agnathans   **Zhu Min et al.**   (2015)

Fascicle 2 (Serial no. 2)   Placoderms   **Zhu Min, Zhao Wenjin et al.**

Fascicle 3 (Serial no. 3)   Actinopterygians   **Zhang Miman, Jin Fan et al.**

Fascicle 4 (Serial no. 4)   Chondrichthyes, Acanthodians, and Sarcopterygians
    Zhang Miman, Zhu Min et al.

Volume II Amphibians, Reptilians, and Avians

Editor-in-Chief: **Li Jinling**, Associate Editor-in-Chief: **Zhou Zhonghe**

Fascicle 1 (Serial no. 5)   Amphibians   **Wang Yuan et al.**   (2015)

Fascicle 2 (Serial no. 6)   Parareptilians, Captorhines, and Testudines
    Li Jinling and Tong Haiyan

Fascicle 3 (Serial no. 7)   Ichthyosaurs, Thalattosaurs, and Lepidosauromorphs
    Gao Keqin, Li Chun, and Shang Qinghua

Fascicle 4 (Serial no. 8)   Basal Archosauromorphs, Crocodylomorphs, and
    Pterosaurs   **Wu Xiaochun, Li Jinling, Wang Xiaolin et al.**   (2017)

Fascicle 5 (Serial no. 9)   Ornithischian Dinosaurs   **Dong Zhiming, You Hailu,
    and Peng Guangzhao**   (2015)

Fascicle 6 (Serial no. 10)   Saurischian Dinosaurs   **Xu Xing, You Hailu, and Mo Jinyou**

Fascicle 7 (Serial no. 11)   Dinosaur Eggs   **Zhao Zikui, Wang Qiang, and Zhang Shukang**
    (2015)

Fascicle 8 (Serial no. 12)   Footprints of Mesozoic Reptilians and Avians   **Li Jianjun**   (2015)

Fascicle 9 (Serial no. 13)   Avians   **Zhou Zhonghe et al.**

Volume III Basal Synapsids and Mammals

Editor-in-Chief: **Qiu Zhanxiang**, Associate Editor-in-Chief: **Li Chuankui**

(Q—4053.01)

www.sciencep.com

ISBN 978-7-03-054169-7

9 787030 541697 >

定 价：198.00元